EL SIGLO NÓMADA

GAIA VINCE

EL SIGLO NÓMADA

CÓMO ENFRENTARSE AL CATACLISMO CLIMÁTICO

geoPlaneta

EL SIGLO NÓMADA
1.ª edición
geoPlaneta
Diagonal 662-664. 08034 Barcelona
info@geoplaneta.es – www.geoplaneta.com

DE LA EDICIÓN ORIGINAL INGLESA
Título original: *Nomad Century - How to Survive the Climate Upheaval*

DE LA EDICIÓN ESPAÑOLA

ISBN: 978-84-08-28838-1
Depósito legal: B. 3.500-2024
Impresión y encuadernación: Rotoprint
Printed in Spain – Impreso en España

Para mi padre
y para quienes cultivan flores tropicales
bajo grises cielos nórdicos.

SUMARIO

LISTADO DE GRÁFICOS

INTRODUCCIÓN

Se aproxima un gran cataclismo. Nos cambiará a nosotros y al planeta.

En el sur del planeta, los cambios climáticos extremos obligarán a un gran número de personas a abandonar sus hogares, con vastas regiones que se volverán inhabitables; en el norte, donde el clima es más confortable, las economías bregarán por sobrevivir a los cambios demográficos con una fuerte carencia de mano de obra y una población anciana empobrecida.

En los próximos cincuenta años, las temperaturas más elevadas junto con una humedad más intensa harán que extensas áreas del planeta sean mortíferas para 3500 millones de seres humanos. Huyendo de los trópicos, las zonas costeras y las tierras otrora cultivables, enormes masas de población tendrán que buscar un nuevo lugar donde vivir; y el lector estará entre ellos, o bien entre quienes tendrán que acogerlos. Esta migración ya ha empezado: todos hemos sido testigos de los flujos de personas que huyen de zonas azotadas por la sequía en América Latina, África y Asia, donde la agricultura y otras formas de sustento rural se han vuelto imposibles. Los traslados debidos al clima se suman a la enorme migración actual hacia las ciudades en todo el mundo. En la última década la cantidad de migrantes a nivel mundial se ha duplicado y con el calentamiento del planeta será cada vez más acuciante el problema de qué hacer ante el rápido aumento de los grupos de desplazados.

Sin duda alguna, estamos ante una emergencia que afecta a toda la especie, pero *somos capaces* de controlarla. Podemos sobrevivir, pero para ello es necesaria una migración planificada y ponderada que la humanidad no ha emprendido nunca hasta ahora.

Por fin la gente empieza a enfrentarse a la emergencia climática. Sin embargo, a pesar de que algunas naciones se movilizan para reducir las emisiones de dióxido de carbono e intentan adaptar los lugares en peligro a condiciones más cálidas, hay otra verdad que nadie quiere ver: en amplias zonas del mundo, las condiciones ya se están volviendo demasiado extremas y *no hay forma de adaptarse*. Actualmente, en el mundo, se ha duplicado la cantidad de días con temperaturas superiores a cincuenta grados con respecto a hace treinta años; se trata de un nivel de calor letal para los seres humanos, pero también extremadamente problemático para edificios, carreteras y centrales eléctricas. En resumen, convierte una zona en invivible.

Este explosivo drama planetario requiere una respuesta humana dinámica y las soluciones están en nuestras manos. Si queremos construir una sociedad global más resiliente donde todos salgan beneficiados, tenemos que ayudar a las poblaciones a alejarse de las zonas de peligro y pobreza para asentarse en condiciones de seguridad y bienestar. Este siglo se caracterizará por movimientos humanos a una escala sin precedentes que reconfigurarán nuestro mundo. Podría tratarse de una catástrofe o, si se gestiona bien, de nuestra salvación.

Las personas tendrán que desplazarse para sobrevivir.

Ingentes poblaciones deberán migrar y no solo hacia las ciudades más cercanas, sino de un continente a otro. Quienes viven en regiones con condiciones climáticas más tolerables, sobre todo en países de las latitudes septentrionales, tendrán que acoger a millones de migrantes en ciudades cada vez más atestadas mientras a su vez se adaptan a las exigencias de la transformación climática. Tendremos que crear ciudades nuevas de cero cerca de los polos, que gozan de temperaturas más frescas, en terrenos que se están liberando rápidamente del hielo. Algunas partes de Siberia, por ejemplo, ya han registrado temperaturas de 30 °C durante varios meses consecutivos.

Independientemente de dónde vivamos, esta migración repercutirá en nosotros y en las vidas de nuestros hijos. Podría parecer obvio que Bangladés, un país en el que un tercio de la población vive a lo largo de una costa baja y en continua erosión, se esté volviendo inhabitable. (Se calcula que más de trece millones de bangladesís, casi el diez por ciento de la población, abandonarán el país para el 2050.) O que naciones desérticas como Sudán se estén volviendo invivibles. Pero en las próximas décadas también algunas naciones ricas se verán gravemente afectadas: será el caso de Australia, con su clima tórrido y la sequía, así como algunas zonas de Estados Unidos, donde millones de personas se verán obligadas a abandonar ciudades como Miami o Nueva Orleans en busca de condiciones seguras en estados con temperaturas inferiores, como Oregón y Montana. Habrá que construir nuevas ciudades para acogerlas.

Solo en India correrán peligro casi mil millones de personas. Unos quinientos millones deberán desplazarse dentro de China y otros millones por América Latina y África. El apreciado clima mediterráneo de Europa meridional ya se ha desplazado hacia el norte y ha dejado tras de sí condiciones desérticas desde España hasta Turquía. Mientras tanto, algunas zonas de Oriente Medio ya son del todo intolerables a causa del aumento del calor, la falta de agua y la pobreza del terreno.

La gente empezará a marcharse. De hecho, ya lo está haciendo.

*

Estamos viviendo una convulsión planetaria que afecta a toda la especie y se da en un momento no solo de cambios climáticos sin precedentes, sino también de cambios demográficos.

En las próximas décadas, la población mundial seguirá aumentando hasta quizá alcanzar el pico de los 10 000 millones en la década del 2060. La mayor parte de este aumento tendrá lugar en las regiones tropicales, que son las más afectadas por la catástrofe climática, y ello empujará a las personas a huir hacia el norte. El norte del planeta se encuentra ante el problema contrario: una crisis demográfica de pirámide invertida en que una población anciana muy numerosa es mantenida por una fuerza laboral demasiado pequeña. Se prevé que al menos veintitrés países, entre ellos España y Japón, vean reducida su población a la mitad para el 2100. En América del Norte y Europa hay 300 millones de personas por encima de la edad tradicional de jubilación (más de sesenta y cinco años) y en el 2050 el índice de dependencia económica de la tercera edad será de 43 personas ancianas por cada 100 personas activas de edades comprendidas entre los veinte y los sesenta y cuatro años.[1] Las ciudades, desde Múnich hasta Búfalo, rivalizarán para *atraer* a migrantes. La competencia se acentuará sobre todo hacia finales de siglo, cuando algunos de los lugares del sur inhabitables por el cambio climático quizá vuelvan a ser vivibles gracias a las innovaciones de la geoingeniería que permitirán reducir las temperaturas a nivel global o regional, mediante la eliminación del dióxido de carbono y las intervenciones tecnológicas que puedan enfriar grandes áreas a bajo coste. Este es realmente el siglo de los desplazamientos humanos planetarios sin precedentes.

Ahora es el momento de planificarlo de forma pragmática, adoptando un enfoque como especie para garantizar que nuestras comunidades y sistemas humanos tengan la resiliencia para capear los temporales que se nos avecinan. Sabemos qué poblaciones tendrán que reubicarse antes del 2050, cuando yo tenga setenta años. También sabemos qué lugares serán más seguros a finales de siglo, cuando mis hijos sean viejos.

Necesitamos pensar *ahora* en dónde poder recolocar de forma sostenible a esos miles de millones de personas. Y para ello será necesaria una acción diplomática internacional, negociar sobre las fronteras y adaptar las ciudades ya existentes. El Ártico, por ejemplo, será un destino relativamente habitable para millones de personas, aunque las actuales infraestructuras, por mínimas que sean, se están hundiendo en el permafrost y deberán ser reconstruidas con vistas a condiciones climáticas más cálidas. Prepararse para esta migración supone abandonar gradualmente las grandes ciudades, trasladarse a otras y construir urbes nuevas en tierras extranjeras.

Londres, la ciudad donde vivo, tiene al menos dos mil años y aloja a nueve millones de personas. Nos quedan pocas décadas para adaptar, expandir y crear de cero dichas ciudades. Como vimos durante la pandemia de la COVID-19, somos capaces de levantar hospitales de emergencias en pocos días; no me cabe duda de que podemos construir ciudades ambiciosas en cuestión de años. Pero ¿qué tipo de ciudades y para quién?

La próxima migración será grande y diversa. Afectará a los más pobres del mundo, que escaparán de olas de calor letales y malas cosechas. Pero también incluirá a la clase media instruida, gente que ya no puede vivir donde había planificado porque no consigue una hipoteca o un seguro para el hogar; porque el empleo se ha ido a otra parte; porque el barrio se ha convertido en una zona poco deseable dado que quien podía ya se ha marchado en busca de un clima más tolerable. En Estados Unidos el cambio climático ya ha desplazado a millones de personas: en el 2018 fueron 1,2 millones a causa de las condiciones extremas; en el 2020 el total anual llegó a 1,7 millones. Actualmente, en el país se registra un desastre de mil millones de dólares cada dieciocho días.[2] Según una encuesta del 2021 entre estadounidenses que se estaban mudando, la mitad citó los riesgos climáticos como uno de los factores influyentes.

Mientras estoy escribiendo, más de la mitad occidental de los Estados Unidos está haciendo frente a condiciones de sequía extrema, y los agricultores de la cuenca de Klamath, en Oregón, hablan de recurrir a métodos ilegales para abrir las compuertas de las presas y así obtener agua para el riego. En el extremo opuesto, en el 2050 medio millón de las actuales casas de Estados Unidos estarán asentadas en terrenos que se inundarán al menos una vez al año, según los datos de Climate Central, un ente de análisis e información compuesto por científicos y periodistas. Tales casas están valoradas en un total de 241 000 millones de dólares. Y aunque haya algún edificio sin inundarse, si una cierta cantidad de la infraestructura local sí lo hace, el barrio se vuelve impracticable y los vecinos se trasladan. Entre las personas afectadas estarán los residentes de ciudades importantes, como los 400 000 habitantes de Nueva Orleans. En Isle de Jean Charles, en Luisiana, ya se han destinado 48 millones de dólares de impuestos federales a trasladar a toda la comunidad a causa de la erosión del litoral y el aumento del nivel de los mares. En Gran Bretaña, a los vecinos del pueblo galés de Fairbourne les han comunicado que deben abandonar sus hogares por la amenaza del mar y que el pueblo entero será «clausurado» en el 2045. Otras grandes ciudades costeras también corren peligro: por ejemplo, se prevé que en el 2050 dos tercios de Cardiff, la capital galesa, queden sumergidos.

Para el lector, este inminente trastorno podría transformarse en un éxodo repentino e impostergable porque el cambio climático ha destrozado las cosechas, los precios de los alimentos se han disparado y su país se ha visto atrapado en conflictos violentos y se ha vuelto inseguro. O quizá suceda que un huracán destruya su ciudad o las olas del océano barran su pueblo. La convulsión será repentina, tras las catástrofes, o bien tendrá lugar lentamente, con cuentagotas. La Organización Internacional para las Migraciones de las Naciones Unidas calcula que en los próximos treinta años podría haber hasta mil quinientos millones de emigrantes medioambientales. Después del 2050, la cifra está destinada a aumentar a causa del ulterior calentamiento del planeta y del aumento de la población global hasta el pico previsto a mediados de la década del 2060. A nivel mundial, los desastres ambientales ya desplazan a diez veces más personas que los conflictos y las guerras.

Con nuestros cambios ambientales estamos creando un mundo nuevo y muy distinto. Teniendo en cuenta que somos los únicos seres con uso de razón capaces de una transformación planetaria tan audaz, debemos tener la madurez y la sabiduría suficientes para encauzar nuestras habilidades hacia nuestra salvación.

Reconozco haberme agobiado mirando por Google los precios de los terrenos en Canadá y Nueva Zelanda, en busca de un lugar seguro para el futuro de mis hijos, rico en agua y vegetación para las décadas venideras. Pero también he tenido que aceptar el hecho de que no se trata de un desafío al que podamos enfrentarnos individualmente. Porque, si pensamos responder a las grandes migraciones de forma fragmentaria —quienes se lo pueden permitir se compran condiciones de vida seguras en las partes del mundo menos afectadas—, corremos el peligro de crear una desigualdad en las posibilidades de supervivencia que nos amenaza a todos. Probablemente nos encontraríamos frente a una enorme pérdida de vidas humanas, a terribles guerras y miseria, mientras los ricos levantan barreras contra los más pobres. Hoy ya somos testigos de esta situación devastadora, aunque de forma limitada: no podemos permitir que tal caos funesto continúe en la escala prevista para dentro de unas décadas.

Aparte de la aversión moral, nadie se sentiría en paz. En cambio, tenemos que unirnos como sociedad global para hacer frente a este problema causado por nosotros mismos. Somos una especie planetaria, dependiente de una única biosfera compartida. Debemos observar nuestro mundo con una mirada nueva y sopesar dónde es mejor ubicar a su población humana y satisfacer todas nuestras necesidades para un futuro sostenible.

Y para ello es necesario un replanteamiento radical. La pregunta para la humanidad pasa a ser: ¿cuál es el aspecto de una Tierra Prometida sostenible? Si logramos formar una mancomunidad de la humanidad, seguiremos dominando el globo, aunque tanto nosotros como nuestra producción de alimentos nos veremos limitados a un área relativamente pequeña. Será necesario desarrollar un modo totalmente nuevo de alimentar, mantener y sostener nuestros estilos de vida en esta era antropocénica, a la vez que reducimos los niveles de dióxido de carbono en la atmósfera. Tendremos que vivir en mayores concentraciones en menos ciudades, y a la vez reducir los riesgos asociados al hacinamiento de la población, como cortes de corriente eléctrica, problemas de salubridad, sobrecalentamiento, contaminación y enfermedades infecciosas.

Igual de complicado será, de todos modos, poder superar una cierta mentalidad geopolítica, es decir, la idea de que pertenecemos a un territorio en concreto y que este nos pertenece. En otras palabras, en cuanto refugiados procedentes de otras naciones, tendremos que pasar colectivamente a una percepción de nosotros mismos como ciudadanos de la Tierra. Será necesario que nos liberemos de las identidades tribales para abrazar una identidad global como especie. Tendremos que integrarnos en sociedades globalmente distintas, viviendo en nuevas ciudades polares. Y tendremos que estar listos para trasladarnos de nuevo cuando sea necesario.

Con cada grado de aumento de temperatura, aproximadamente mil millones de personas se verán expulsadas de las zonas donde los humanos llevan viviendo milenios. No nos queda demasiado tiempo para gestionar esta inminente convulsión antes de que sea abrumadora y mortal. La migración no es el problema, es la solución.

La migración nos salvará porque precisamente es lo que nos ha convertido en lo que somos.

Empezaré mostrando el espíritu nómada que habita en todos nosotros. La migración es un aspecto imprescindible de la naturaleza de nuestra especie. Hace cientos de miles de años nuestros antepasados desarrollaron la capacidad de adaptarse a vivir en cualquier sitio. Por eso fuimos el primate planetario.

Algo aún más insólito es que los humanos no se limitan a trasladarse ellos mismos, sino que también desplazan otros elementos del planeta: animales, plantas, agua, materiales. Para prosperar confiamos en la creación de redes sociales y el intercambio de los genes, las ideas y los recursos. Con el tiempo, dichas redes se volvieron tan fuertes que no sentimos la necesidad de desplazarnos, pues podíamos obtener los materiales del planeta que necesitábamos: una migración virtual. A diferencia de los demás animales, no sobrevivimos gracias a los recursos del lugar donde nos encontramos, sino gracias a estas migraciones virtuales continuas. Estoy escribiendo estas líneas usando componentes extraídos de rocas congolesas, vestida con ropa fabricada en Vietnam, tras almorzar patatas cultivadas en Perú. La ecología humana es planetaria. Está reconfigurando la Tierra.

En los próximos decenios nos enfrentaremos a múltiples crisis que incluirán el calor y los incendios, las inundaciones y el aumento del nivel de los mares, las condiciones meteorológicas extremas y los cambios demográficos de nuestra creciente población. En la base de todos estos eventos, y transformándolos de peligros en crisis humanitarias en toda regla, están la desigualdad social y la pobreza. El cambio climático a menudo se describe como un multiplicador de amenazas: la gente más afectada es aquella cuya existencia y medios de subsistencia ya están bajo amenaza, que viven en ambientes degradados, con una renta inestable, con dificultades para ahorrar dinero o recursos, sin una asistencia sanitaria accesible, en condiciones higiénico-sanitarias inadecuadas, en países con mala gobernanza y con imposibilidad de actuar para modificar sus propias condiciones de vida. Las crisis y el estrés del cambio climático cargan con más fuerza contra la gente con menos resiliencia y la arrojan más allá de su capacidad de hacerles frente. Estamos ante un *apartheid* climático.

En estos capítulos exploraremos qué significan para nuestro mundo y para las poblaciones humanas algunas de las crisis emergentes —y aquí va una advertencia: no es nada bueno—. Pero no hay que desanimarse, veremos que las soluciones ya están a nuestro alcance.

Este libro examina los lugares donde será seguro vivir, cómo y en qué cantidad. Veremos dónde se pueden producir comida, energía, agua y otros recursos. La convulsión también afectará a las personas que, en lugar de migrar, acojan a migrantes. Las ciudades tendrán que reconvertirse y adaptarse a las cambiantes condiciones ambientales y a la población creciente, tanto que serán irreconocibles —aunque podrían aprovechar la ocasión para mejorar—. Este nuevo mundo transformará la imagen que tenemos de nosotros mismos y de los demás, como ciudadanos, comerciantes y miembros de una sociedad global.

La forma en que lidiemos con este proceso global y el sentido de humanidad que mostremos durante las migraciones serán la clave para determinar si este siglo de convulsión avanza sin escollos o con conflictos violentos y muertes innecesarias. Si se gestiona correctamente, este gran cambio podría llevarnos a una nueva mancomunidad global de la humanidad.

Los seres humanos evolucionaron mediante la cooperación y también la migración. La turbulencia que nos espera no tendrá precedentes, pero nace de una larga historia fundada en el mismo comportamiento adaptativo. Ha llegado el momento de recuperar nuestra flexibilidad intrínseca respecto al lugar donde vivimos.

Es una oportunidad para reconocer la dependencia que tenemos los unos de los otros y la dependencia de nuestra especie del mundo natural, a la vez que le devolvemos su sana función para la protección de todos nosotros. La parte final del libro trata de ello, del restablecimiento de la habitabilidad de nuestro planeta para que grandes poblaciones humanas puedan volver a vivir en los trópicos. Ello implica reducir las peligrosas temperaturas globales que caracterizarán este siglo, algo que puede lograrse descarbonizando nuestros sistemas energéticos, eliminando el carbono de la atmósfera y reflejando el calor del sol otra vez hacia el espacio. Examinaré las últimas innovaciones tecnológicas y las innumerables disputas políticas, sociales y diplomáticas que tendremos que armonizar para crear un mundo justo para 9000 millones de seres humanos. Mientras lee este libro, le pido al lector que acoja las ideas propuestas con mentalidad abierta, independientemente del bando ideológico por el que se decante: que frene el impulso de rechazar inmediatamente las soluciones radicales que considere «implausibles» o «impracticables», o las soluciones tecnológicas que vea como «innaturales» o «peligrosas». Somos simios sociales y tecnológicos: resolvemos nuestros problemas usando nuestra excepcional habilidad en ambos campos y esta crisis, la mayor a la que la humanidad se ha enfrentado en toda la historia de nuestra especie, exigirá el uso de todas las herramientas a nuestra disposición. Ni los cambios tecnológicos a gran escala ni los cambios sociales radicales son opciones fáciles o cómodas, y ambos conllevan retos significativos, pero la situación en que nos encontramos no nos deja muchas alternativas. Este libro es mi valoración del mejor modo que tenemos para salir adelante.

Las historias de migraciones han forjado mi infancia y siempre me ha atraído la gente de otros lugares. Como hija y nieta de refugiados y migrantes, he vivido en tres continentes y he viajado mucho. Durante mi viaje más largo, un itinerario de dos años y medio por 50 países para documentarme para mi primer libro, hablé con príncipes, presidentes y personas muy pobres sobre lo que significaba perder la propia casa: entre ellos estaban los presidentes de Maldivas y de Kiribati, que deben tomar decisiones difíciles mientras sus tierras desaparecen a causa del cambio climático. Visité al pueblo apátrida de los char, que vive en los islotes de lodo que aparecen y desaparecen en el río Ganges entre India y Bangladés. Y viví durante un tiempo con cazadores-recolectores africanos y centroamericanos, para quienes su hogar nunca es una dirección fija. En la última década he estado estudiando la ciencia de nuestros crecientes cambios ambientales, desde el sobrecalentamiento de la atmósfera a la pérdida de biodiversidad y la expansión de los terrenos agrícolas, mientras entramos en el Antropoceno, un mundo que va más allá de cualquier realidad experimentada hasta ahora en la historia de la humanidad. He escrito sobre las amenazas y los peligros relativos al ambiente natural y a la existencia humana, he participado en programas de radio y televisión explicando cómo podemos adaptarnos a este nuevo mundo. Con todo, la adaptación más importante para muchos millones de personas —y cada vez más a menudo la única opción— apenas se menciona o pocas veces se defiende: la migración.

Gracias a mi formación científica, sé que muchos de los cambios climáticos a los que nos enfrentamos seguirán como tales durante décadas, si no siglos. Sabemos que la temperatura del planeta está aumentando y, sin embargo, seguimos emitiendo dióxido de carbono. El margen de actuación es cada vez menor.

El mundo 4 °C más cálido*

Las condiciones de una amplia franja tropical hacen que vastas regiones sean inhabitables y el aumento del nivel de los mares sumerge muchas islas y asentamientos costeros. Sin embargo, en todo el mundo se puede producir energía renovable y la comida suficiente para alimentar a 10 000 millones de personas.

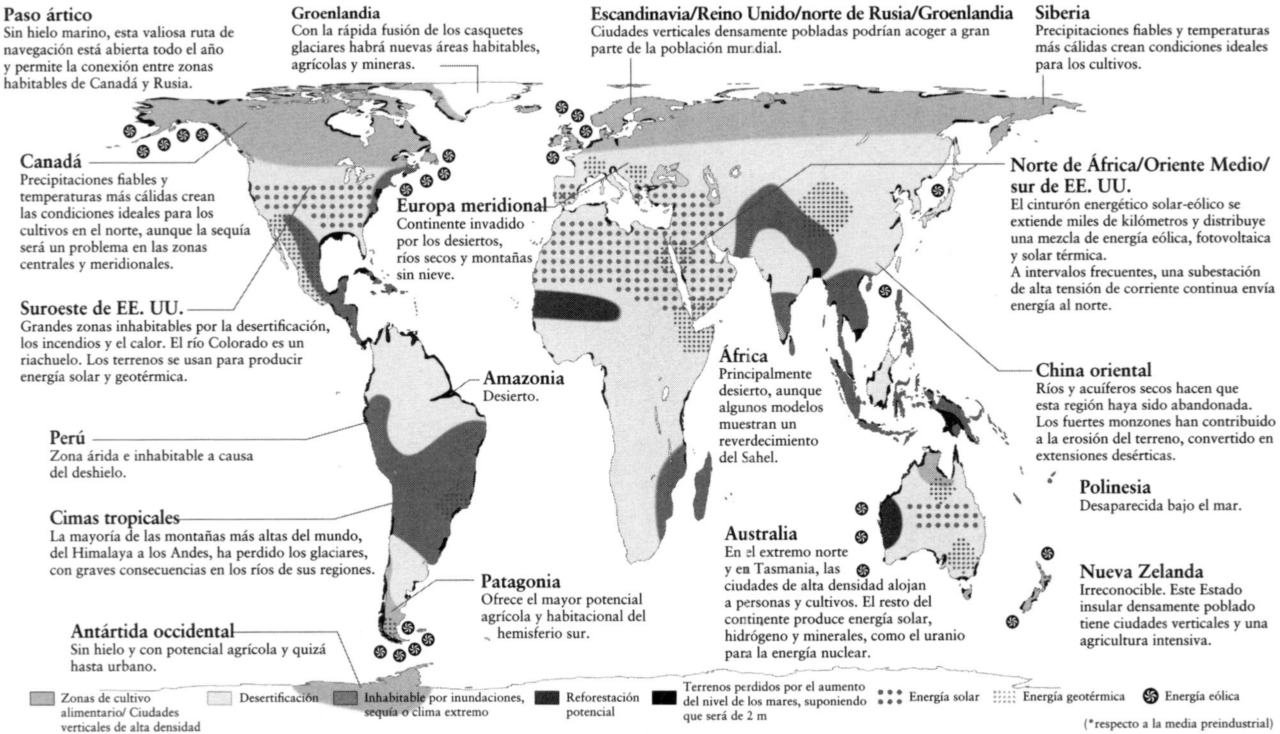

(*respecto a la media preindustrial)

Franjas de habitabilidad en un mundo 4 °C más cálido

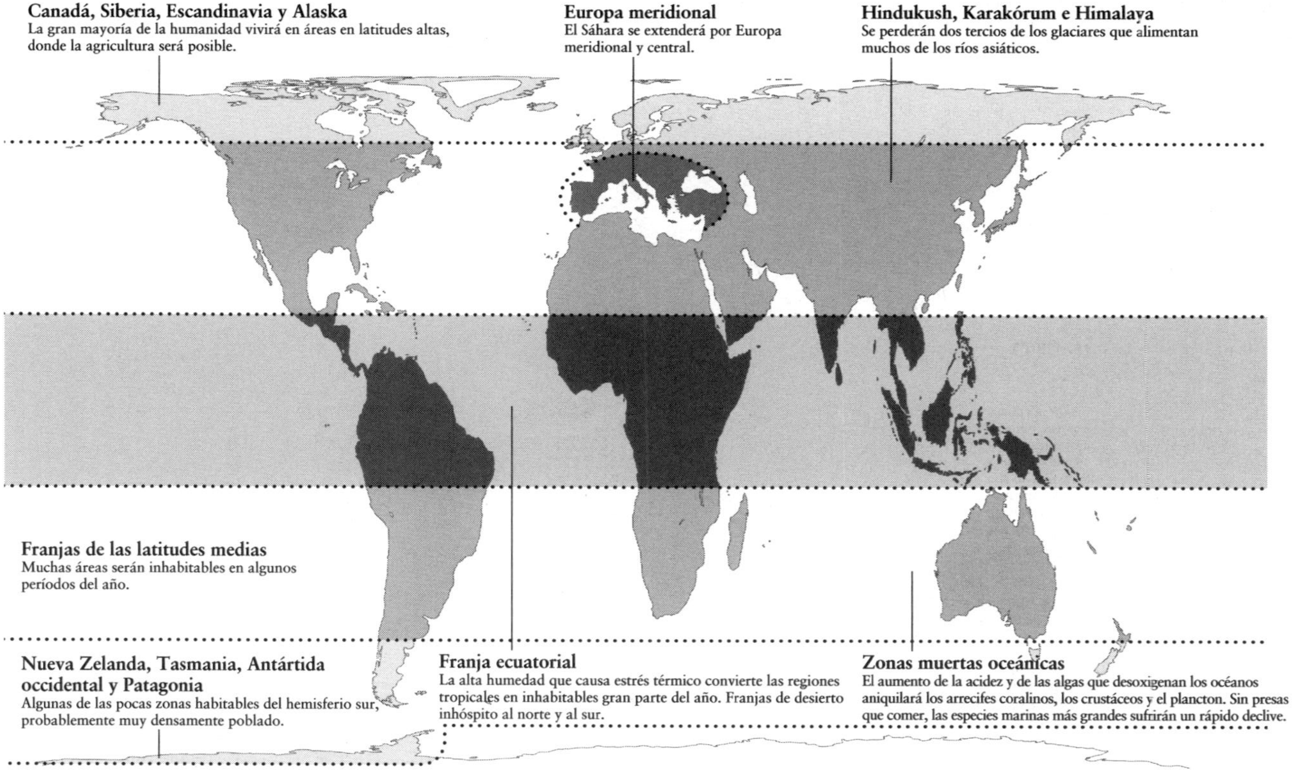

CAPÍTULO I

LA TORMENTA

Las previsiones son aciagas. Estamos frente a una catástrofe ambiental, social y demográfica: ciudades sumergidas, mares estancados, desplome de la biodiversidad, olas de calor intolerables, países enteros que se vuelven inhabitables, hambruna generalizada y una población global de unos diez mil millones de personas. Un mundo con una temperatura de 3-4 °C más es una pesadilla y, sin embargo, es hacia donde nos dirigimos en cuestión de décadas.

Nuestros problemas son sistémicos y se alimentan entre sí creando un efecto avalancha devastador para la humanidad. Los sondeos muestran que en todo el mundo la mayoría de la gente ya se ha convencido de que nos hallamos ante una «emergencia climática»,[3] pero ni siquiera esta expresión alarmante abarca la magnitud del desastre, que podría ser un colapso social global en toda regla.

La cantidad de dióxido de carbono presente en la atmósfera, que en el 2022 alcanzó las 420 ppm, ya es superior a la de los últimos tres millones de años.[4] Está calentando el planeta más de lo que los seres humanos hemos experimentado en toda nuestra historia evolutiva, y lo está haciendo rápido. Por lo que sabemos, lo único que provocó un cambio climático más rápido que el actual calentamiento inducido por los humanos fue el impacto de un meteorito en el Cretácico-Paleógeno, hace sesenta y seis millones de años. Durante ese evento, famoso por haber causado la muerte de los dinosaurios, se liberaron entre 600 y 1000 gigatoneladas de anhídrido carbónico (con enormes cantidades de otros gases que alteran el clima).[5] Ahora, *nosotros* somos el asteroide, que ha tardado solo veinte años en liberar 600 gigatoneladas de dióxido de carbono.

Hemos creado para nosotros mismos una situación planetaria igual de peligrosa y no estamos mucho más preparados que los dinosaurios para el desastre inminente. En conjunto, hasta ahora el mundo no ha logrado responder a la triple crisis de pobreza, cambio climático y fallo del ecosistema con la capacidad y la velocidad que tan desesperadamente necesitan las personas más vulnerables.

Consideremos el cambio climático: sabemos que nuestras emisiones de dióxido de carbono están aumentando la temperatura de la atmósfera y de los océanos, lo que causa fenómenos meteorológicos extremos, la subida del nivel de los mares y la alteración de los patrones de las precipitaciones en todo el mundo. Sabemos que todo eso es peligroso y que debemos disminuir tales emisiones a un ritmo mucho más rápido: no solo debemos igualar la velocidad a la que se elimina el dióxido de carbono de la atmósfera, sino que tenemos que rebajarla. Es decir, tenemos que ir más allá de las emisiones «netas cero» y empezar a reducir la cantidad de anhídrido carbónico presente hasta niveles seguros. Todo eso lo sabemos, pero la gran mayoría del complejo sistema económico, cultural y tecnológico humano —del que todos formamos parte— cambia lentamente. Seguimos trazando un camino hacia un aumento de la temperatura de 4 °C en este siglo.[6]

La principal razón de este calentamiento es que el uso global de energía está aumentando (y seguirá haciéndolo durante muchas décadas) y la mayor parte de dicha energía se genera añadiendo dióxido de carbono a la atmósfera porque deriva de la combustión de materiales fósiles. Así pues, las alternativas más evidentes, determinadas por la física del calentamiento planetario, son: producir mucha menos energía, capturar el anhídrido carbónico antes de que entre en la atmósfera o producir energía sin quemar carbón. En cuanto esta ecuación física se aplica al mundo real de los sistemas socioeconómicos y políticos, está claro que las cosas se complican bastante. Cualquiera que afirme que descarbonizar el mundo y arreglar el problema del calentamiento global es fácil está loco o es un charlatán. Se trata del problema más complejo al que la sociedad humana se ha enfrentado. Y cuesta. Además, nos lo hemos complicado aún más: me refiero a que intereses particulares del mundo rico han convertido el problema en mucho más difícil de lo que podría ser para el resto del mundo, sobre todo para las zonas más pobres del sur, que también son las más vulnerables a un planeta más cálido. Hemos creado este problema porque somos humanos, dotados de todas las capacidades y defectos que comporta; y lo resolveremos empleando precisamente estas dotes humanas.

Hay muchas señales alentadoras que indican que el mundo está empezando a actuar. Por ejemplo, ya es casi universal la aceptación de la crisis causada por el calentamiento global de origen humano. En el 2015, el mismo año en que el mundo llegó a 1 °C por encima de la temperatura media preindustrial, los gobiernos reunidos en París se comprometieron a mantener el aumento de la temperatura netamente por debajo de los 2 °C y a «esforzarse» por limitar el aumento de la temperatura a 1,5 °C antes del 2100. El encuentro sobre el clima celebrado en Glasgow en el 2021 conllevó un aumento de los compromisos nacionales para la reducción de las emisiones, y también hemos dado otros pasos fundamentales hacia el respeto del Acuerdo de París, sobre todo gracias al fuerte incremento de la producción de electricidad a partir de fuentes renovables. Hoy es más barato instalar una nueva planta solar o un parque eólico que seguir produciendo electricidad en una central de carbón ya existente. En el Reino Unido, la producción eléctrica con fuentes renovables ya ha superado regularmente a la de combustibles fósiles. La caída del coste de las fuentes renovables ha coincidido con una mejora acelerada de su capacidad. Contamos con paneles solares, turbinas eólicas, baterías y vehículos eléctricos mejores y más eficientes, y somos mucho más expertos en integrar la electricidad generada de esta forma en los sistemas de red. Y todo ello seguirá mejorando.

Sin embargo, por muy entusiasmados que estemos con este progreso, solo representa una mínima parte de lo que es necesario hacer para estabilizar las emisiones, por no hablar de su disminución. Para mantener el calentamiento por debajo de 1,5 °C, habría que reducir a la mitad las emisiones globales antes del 2025 y llegar al cero neto antes del 2050. En cambio, nuestras emisiones de gases de efecto invernadero siguen creciendo (el incremento anual continuó a pesar de los grandes cierres industriales causados por la pandemia de la COVID-19), las temperaturas van en aumento, el deshielo se está acelerando y el cambio climático, como habían previsto los científicos, está empeorando. Los niveles de dióxido de carbono actuales son un 50 % más altos que la media preindustrial.

Muchos científicos consideran altamente improbable que consigamos mantenernos en un nivel de calentamiento inferior a los 2 °C antes de finales de siglo y menos aún que se logre el objetivo «seguro» de 1,5 °C. La mayoría de los países está muy lejos de hacer progresos suficientes para llegar a la reducción de emisiones a la que se comprometieron y, aunque la respetaran a rajatabla, los objetivos nacionales son tan inadecuados que tampoco bastarían para frenar el calentamiento por debajo de los 2 °C. Muchos países declaran emisiones de gases de efecto invernadero muy inferiores respecto a las reales, de ahí que sus esfuerzos en la lucha contra la crisis climática se basen en datos erróneos. China e India, el primer y el cuarto país del mundo por emisiones, en el 2030 tendrán emisiones más elevadas que en el 2020. En el 2021, la ciudad finlandesa de Salla, situada dentro del círculo polar ártico, lanzó su candidatura como sede de los Juegos Olímpicos de verano del 2032. Está previsto que el primer verano sin hielo en el océano Ártico sea en el 2035.

Los modelos climáticos prevén que nos dirigimos hacia un calentamiento de entre 3 y 4 °C para el 2100, y no olvidemos que se trata de temperaturas medias globales. Si de estos cálculos restamos los mares, descubrimos que en los polos y en las tierras donde vive la gente el aumento podría ser del doble, es decir, que las personas podrían experimentar un aumento de hasta diez grados para el 2100. Si parece una fecha lejana, piénsese en todas las personas conocidas que aún estarán vivas para entonces. Mis hijos tendrán ochenta años, por ejemplo, quizá con hijos de mediana edad e incluso nietos. Estamos creando su mundo. Y será muy distinto.

La generación del calentamiento global: ¿cuánto aumentará la temperatura a lo largo de nuestra vida?

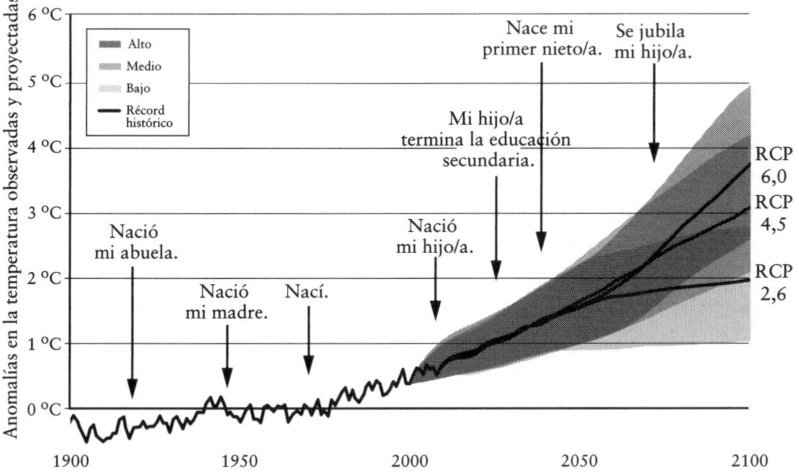

Consideremos un calentamiento planetario totalmente plausible de 4 °C para finales de siglo, que es más probable de lo que la mayoría de la gente cree, así que pido paciencia mientras explico las razones. Los científicos que elaboran los modelos climáticos prevén aumentos de temperatura basados en distintos escenarios de emisiones futuros. El Grupo Intergubernamental de Expertos sobre el Cambio Climático (IPCC) ha trazado cuatro trayectorias económicas diferentes (denominadas «trayectorias de concentración representativas», RCP por sus siglas en inglés) que podríamos adoptar a nivel global a lo largo del siglo: la RCP 8,5, en que seguimos con nuestras actividades comerciales normalmente sin apenas tentativas por descarbonizar nuestras economías; la moderada RCP 6,0, en que las emisiones alcanzan el pico alrededor del 2060 y luego disminuyen rápidamente; la intermedia RCP 4,5, que es más ambiciosa y calcula que las emisiones tocan techo en el 2040 para luego bajar; y la estricta RCP 2,6. Teniendo en cuenta las políticas actuales, en vigor desde la conferencia sobre el clima COP26 del 2011, estamos trazando una trayectoria que se coloca entre la RCP 4,5 y la RCP 6,0, con la primera ligeramente más probable en este momento. Las proyecciones muestran que los +4 °C para el 2100 están a medio camino entre lo seguramente posible y lo razonablemente probable.[7] En realidad, podríamos alcanzar los +4 °C antes de acabar el siglo, quizá en el 2075, incluso ateniéndonos a una trayectoria moderada.

¿Cuánto calor se puede alcanzar?
Previsiones del Servicio Meteorológico del Reino Unido sobre el aumento de la temperatura media global con modelos efectuados según las distintas trayectorias de reducción de las emisiones adoptadas por las economías mundiales. La temperatura podría situarse en cualquier punto de la franja sombreada.

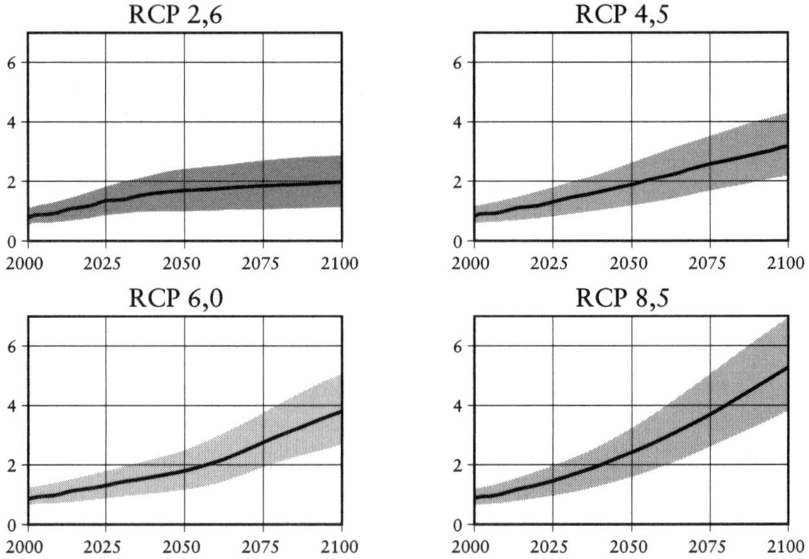

Para los distintos escenarios de las emisiones, uso las proyecciones del Servicio Meteorológico del Reino Unido sobre los cambios de la temperatura media anual de la superficie global (respecto a las temperaturas preindustriales), puesto que tienen en cuenta los sistemas del mundo real, donde las cosas se complican. Por ejemplo, cuando el suelo se calienta, la biomateria se descompone más rápidamente y libera más dióxido de carbono en la atmósfera y más rápido. Los penachos representan la mejor estimación de las incertidumbres combinadas en el sistema de modelización, incluidos elementos como la retroalimentación de las nubes y del vapor de agua, que no se tienen en cuenta en las principales proyecciones del IPCC. Los penachos podrían reducirse a medida que se introducen nuevos datos en los modelos, pero por otra parte aún quedan variables por incluir de forma detallada, como las consecuencias del deshielo del permafrost y los incendios.

Proyección del calentamiento global por encima de los niveles preindustriales con un escenario de emisiones medio-alto (RCP 6,0), considerando los sistemas del «mundo real» (Servicio Meteorológico del Reino Unido)

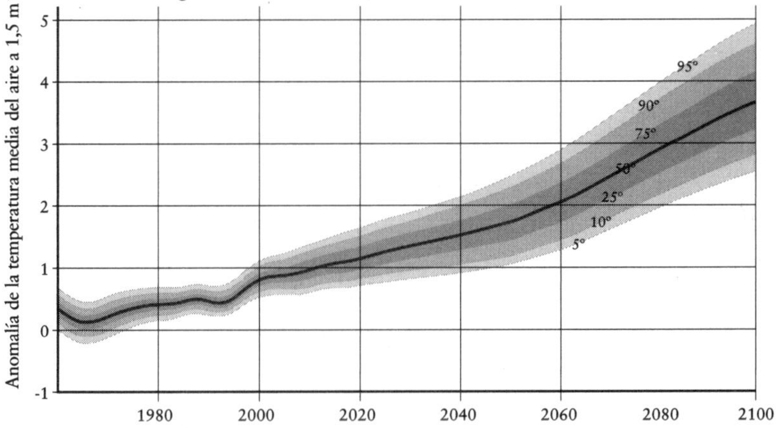

El aumento de varios grados por década de la temperatura global apenas será percibido por muchas personas; el problema urgente lo representan los eventos extremos que desencadenará el calor de más: olas de calor, inundaciones repentinas, violentos huracanes e incendios devastadores. Estos fenómenos son los que trastocan la vida de las personas.

Hay señales alarmantes que sugieren que podríamos encontrarnos por encima de la trayectoria moderada. Según un estudio publicado en el 2021, el derretimiento de los hielos en todo el planeta está avanzando a un ritmo récord, con un índice de pérdida actual acorde con los peores escenarios del IPCC.[8] Aproximadamente la mitad de los glaciares perdidos son de origen terrestre, lo que contribuye directamente al aumento del nivel de los mares, con la fusión de los casquetes polares de Groenlandia y la Antártida acelerándose rápidamente, lo que nos conduce hacia un aumento del nivel de los mares de un metro para finales de siglo. Al acabar el 2021, varios investigadores señalaron la presencia de grietas enormes y crecientes en el glaciar Thwaites, una masa de hielo del tamaño de Gran Bretaña o Florida que se extiende hacia la Antártida occidental.[9] La plataforma flotante del glaciar podría fragmentarse y caer al océano en tan solo cinco años, avisan los investigadores, lo que desencadenaría una reacción de colapsos en cadena. La pérdida completa del Thwaites supondría un ulterior aumento del nivel de los océanos de 65 cm, o incluso de varios metros si con él cayeran los glaciares circundantes. En los últimos veinticinco años se han perdido al menos veintiocho billones de toneladas de hielo terrestre, lo bastante como para crear una capa de hielo de 100 m de espesor encima de todo el Reino Unido, según los investigadores. Y la pérdida de hielo a menudo deja al descubierto superficies rocosas u oceánicas, lo que acelera aún más el calentamiento porque el calor del sol se absorbe en lugar de reflejarse. En el 2021, los investigadores del Ártico anunciaron que una parte significativa del manto de hielo de Groenlandia estaba al borde de un punto de inflexión, tras el cual el deshielo acelerado sería inevitable, aunque se detuviera el calentamiento global.[10] Considerando todo ello, la alta probabilidad de un aumento de 4 °C de la temperatura global para el 2100 debería llevarnos a organizarnos consecuentemente.

Un calentamiento medio del globo de 4 °C lo convertiría en un lugar irreconocible respecto a lo que han experimentado antes los humanos.

No es la primera vez que se alcanza una temperatura de +4 °C: ocurrió en el mundo hace unos quince millones de años, antes de la aparición de los humanos, en el Mioceno, cuando las intensas erupciones volcánicas en América del Norte occidental emitieron grandes cantidades de dióxido de carbono. El nivel de los mares creció unos cuarenta metros respecto a hoy: el río Amazonas fluía en sentido contrario, el valle central de California era océano abierto, una vía marítima se extendía desde Europa occidental hasta Kazajistán, desembocando en el océano Índico, y bosques frondosos poblaban la Antártida y el Ártico. El anhídrido carbónico en la atmósfera alcanzó las 500 ppm, un nivel que hoy se acerca al escenario más ambicioso y optimista posible de limitación de nuestras futuras emisiones de carbono.

Sin embargo, aquel calentamiento global se produjo a lo largo de muchos miles de años, por lo que las plantas y los animales tuvieron tiempo para adaptarse a las nuevas condiciones y, lo fundamental, los ecosistemas del planeta no habían sido degradados por los seres humanos.

Las cosas no pintan muy bien para nuestro mundo del 2100, con muchas extinciones a causa de la lucha de las especies por migrar y adaptarse. En los océanos veremos vastas zonas muertas, puesto que la combinación de los contaminantes con aguas más cálidas produce una explosión de algas que privan de oxígeno a la vida marina. Para colmo, la acidez de los océanos causada por la disolución del dióxido de carbono provocará la extinción masiva de crustáceos, moluscos, plancton y corales: perderemos los arrecifes mucho antes de llegar al 2100, a una temperatura comprendida entre +2 y +4 °C. Sin los arrecifes coralinos, que actúan como viveros naturales de los peces, las poblaciones ictícolas también se desplomarán a nivel mundial.

Alrededor del 2100 el nivel de los mares quizá haya aumentado más de dos metros. Para entonces, ya nos encaminaremos hacia un mundo exento de hielo, al haber superado el punto de inflexión para los casquetes de Groenlandia y la Antártida occidental,[11] lo que nos llevará a un incremento de al menos diez metros del nivel de los mares en los siglos siguientes. En el 2100 también habremos perdido la mayoría de los demás glaciares, incluidos los que alimentan a muchos importantes ríos asiáticos.

Una amplia franja ecuatorial de humedad elevada causará un estrés térmico intolerable en gran parte de las zonas tropicales de Asia, África, Australia y América, lo que convertirá estas vastas áreas en inhabitables durante buena parte del año. Las selvas tropicales, habitadas por especies que toleran bien el calor, prosperarán en estas zonas húmedas, con concentraciones altas de dióxido de carbono, sobre todo cuando desaparezcan las infraestructuras humanas y la agricultura, si bien estas condiciones probablemente favorecerán más a especies trepadoras como las vides que a los árboles, de crecimiento más lento.[12] Al sur y al norte de estas zonas húmedas, las franjas de desierto en expansión también descartarán la práctica de la agricultura y los asentamientos humanos. Algunos modelos pronostican que las condiciones desérticas se extenderán desde el Sáhara hasta Europa meridional y central, con la consiguiente desecación de ríos como el Danubio y el Rin.

En Sudamérica, los modelos vaticinan un debilitamiento de los vientos alisios orientales en el Atlántico, el agostamiento del Amazonas, el aumento de los incendios y la transformación de la selva pluvial en praderas. El punto de no retorno para el Amazonas podría desencadenarlo la deforestación: si bien la selva intacta puede soportar cierta sequía porque genera y mantiene su propio ecosistema húmedo, en las zonas degradadas por la tala dicha humedad se escapa y la selva acaba convirtiéndose en una sabana. Para el 2050, las selvas tropicales, Amazonas incluido, podrían emitir más dióxido de carbono del que absorben.

No cabe duda de que será un mundo mucho más hostil y peligroso. El calor hará que extensas áreas del globo sean inhabitables y nos costará alimentarnos. Muchos de los lugares donde hoy se cultivan alimentos ya no serán adecuados por el estrés térmico o la sequía; pese a las precipitaciones más intensas, los terrenos más cálidos comportarán una evaporación más rápida y a la mayor parte de las poblaciones le costará procurarse suficiente agua dulce. Los precios globales de los productos alimentarios se dispararán y obligarán a decenas de millones de personas hambrientas a echarse a la calle, hacia las ciudades o más allá de sus fronteras. Con el crecimiento del nivel de los mares serán inhabitables las actuales islas bajas y muchas regiones costeras, donde reside casi la mitad de la población mundial, lo que generará unos dos mil millones de refugiados para el 2100, según algunas previsiones.[13]

Un mundo 4 °C más cálido es una perspectiva terrible, un lugar inhabitable para miles de millones de personas. Espero vivamente que no lleguemos a ese punto, pero no hay más que ver cómo nos encontramos ahora con solo 1,2 °C de más respecto a las temperaturas preindustriales. A nivel global, ya hace más calor que nunca en cien mil años.[14] El único motivo por el que aún no vemos un mundo profundamente distinto, con florecientes bosques en la Antártida, es que los cambios llevan su tiempo. Los sistemas planetarios están reaccionando, pero aún no han llegado a un equilibrio con los ultimísimos cambios en la atmósfera: tendrán que pasar siglos.

Estamos abandonando el santuario de una era climática insólitamente estable en la historia de la Tierra, que ha permitido la cosecha de productos y el desarrollo de las civilizaciones humanas.[15] Ya podemos ver el principio de este cambio mientras asistimos a un desastre meteorológico tras otro. Es alarmante notar que el ciclo global del agua —el esquema por el que se evapora y precipita de nuevo en todo el mundo— ahora se está acelerando al doble de velocidad que lo previsto por los modelos climáticos y probablemente se intensificará hasta un veinticuatro por ciento para finales de siglo.[16] Ello podría causar huracanes más intensos y frecuentes, con volúmenes de lluvia significativamente mayores. Y también podría comportar un desplazamiento de los principales sistemas meteorológicos, como la zona de convergencia intertropical (ITCZ, por sus siglas en inglés), una franja de precipitaciones situada en torno al ecuador, donde los vientos alisios se encuentran en los trópicos. La ITCZ alimenta los monzones y, a lo largo de la historia, su posición en el planeta ha sido sinónimo de vida o, como le ocurrió a la civilización maya clásica, de muerte. Los modelos climáticos no están de acuerdo sobre cómo afectará a la ITCZ el calentamiento de nuestro planeta, pero nos dirigimos hacia un mundo de sequías cada vez más frecuentes e intensas, así como su opuesto: las tormentas y las inundaciones letales.

Tampoco será un paseo llegar a +1,5 °C, previsto para principios de la década del 2030. Con esta temperatura, alrededor del quince por ciento de la población del planeta estará expuesta a olas de calor letales al menos cada cinco años: se trata de 1300 millones de personas, que se convertirán en 3300 cuando se alcancen +2 °C. Entonces se duplicarán las probabilidades de sufrir una mala cosecha y la pesca se reducirá a la mitad respecto a hoy. El nivel de los mares ya está creciendo más rápido incluso que las predicciones más pesimistas.[17]

Nuestro mundo será un mundo en el que se habrá agotado la biodiversidad de la que dependemos y donde tendremos que hacer frente continuamente a un cóctel de eventos negativos, desde incendios hasta sequía. En cuestión de décadas, corremos el peligro de hallarnos en un mundo turbulento, plagado de conflictos, con grandes pérdidas de vidas humanas y tal vez el fin de nuestras civilizaciones.

CAPÍTULO 2

LOS CUATRO JINETES DEL ANTROPOCENO

El cambio climático es un multiplicador de peligros que agrava los demás problemas sociales, ambientales y económicos a los que se enfrentan los pueblos. Los incendios, el calor, la sequía y las inundaciones transformarán el planeta durante este siglo. Estos cuatro jinetes del Antropoceno serán la causa de que una parte significativa de nuestro mundo sea invivible para los seres humanos. He aquí la explicación.

INCENDIOS

La luz del primer amanecer del 2020 nunca llegó para mi tía Helen, en la costa meridional de Nueva Gales del Sur, en Australia. El cielo del 1 de enero, negro de humo y ceniza, estuvo día y noche iluminado con el mismo escalofriante resplandor naranja. Helen pasó el día en una playa abarrotada con otros cientos de personas evacuadas de sus hogares, perros, gatos, caballos y pollos, cercados por un muro de fuego. Las carreteras se habían vuelto impracticables y, con las llamas que crepitaban por doquier, la comunidad había buscado amparo junto al agua. Pero el fuego avanzaba. Al final, los rescataron de la marea que subía con barcos.

Varios días después aparecieron muertas miles de aves en esas mismas playas. Rosellas rojas, mieleros, loris arcoíris, petirrojos, cotorras reales, zordalas crestadas orientales y cacatúas fúnebres coliamarillas, que también se habían refugiado en el océano, habían muerto a causa de inhalación de humos y agotamiento.

Este mapa muestra las regiones donde podrían darse varios fenómenos graves simultáneos, con un calentamiento global de 4 °C respecto a los niveles preindustriales. Entre ellos están el estrés térmico por calor extremo, las inundaciones fluviales, la sequía y el peligro de incendios forestales, que en el mapa se sobreponen a un indicador de la actual inseguridad alimentaria.

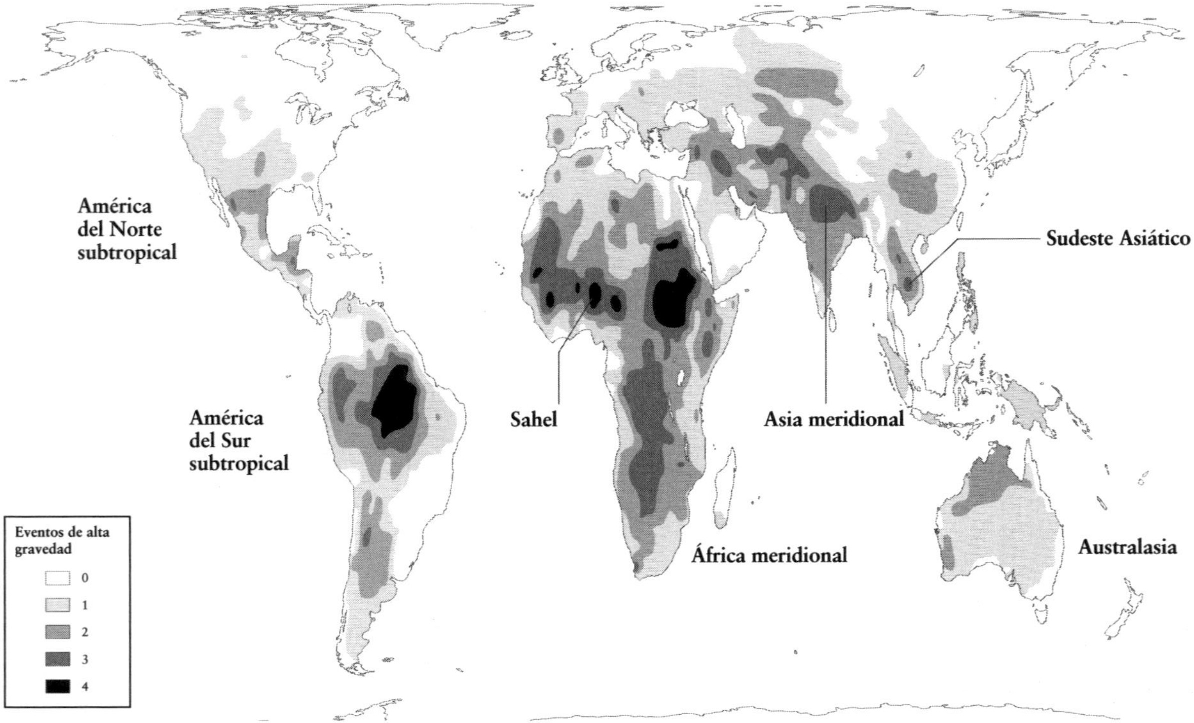

Mientras que la tía Helen fue evacuada de casa dos veces en pocas semanas, la tía Margi, su hermana mayor, que vivía en el campo en el norte del estado, solo lo fue una vez y con la antelación suficiente para recoger sus efectos personales, fotos y documentos. Después de que controlaran los incendios, Margi se unió a las operaciones de extinción cerca de su casa, vestida con un equipo de protección y cargando con contenedores de agua a la espalda, a sus setenta y cinco años, subiendo y bajando por empinados senderos del bosque para apagar los focos aún activos entre árboles ennegrecidos.

«Fue un trabajo duro, muy duro, y daba miedo», comenta. Pero reconoce que esta es la nueva normalidad. Esto es lo que significa convivir con el fuego: la incertidumbre, el omnipresente estrés por el estrépito de las llamas, las maletas listas, la confianza en la comunidad, la aceptación de días de aire irrespirable, la pérdida de valor de nuestra propiedad y el vertiginoso aumento del seguro siempre y cuando se pueda contratar. Tras cada devastador incendio, la comunidad se erosiona. Algunos sitios dejan de ser practicables, el peligro de incendio es demasiado elevado. Pequeñas localidades desaparecen del mapa, se niegan los proyectos de desarrollo. En Australia los lugares donde es seguro vivir se están reduciendo.

Si no hubiera sido por la pandemia global de coronavirus, el 2020 habría sido el año en que nos habríamos despertado, conmocionados, en el Piroceno, una era planetaria de fuego.[18] Millones de australianos pasaron el principio del año bajo una asquerosa capa de humo o luchando contra incendios de una furia y una magnitud jamás imaginadas. Con cientos de frentes abiertos y un calor histórico, se exhortó a más de cien mil personas para que abandonaran las zonas de alto riesgo en la mayor evacuación vivida por el país.

El «verano negro», como se calificó a la peor temporada australiana de incendios forestales, fue la consecuencia directa del cambio climático —el 2019 fue el año más cálido y seco del país— y sus secuelas se dejarán sentir en las décadas futuras, aunque estos eventos ya serán «normales». La gente de las ciudades, lejos de los bosques, se vio abrumada por el humo y durante meses sufrieron peligrosos niveles de contaminación. Más del ochenta por ciento de la población se vio afectada, 34 personas murieron y

6000 edificios quedaron destruidos. Pero el verdadero número de víctimas será mucho mayor, ya que se estima que la contaminación por humo causó 400 muertes prematuras y probables efectos negativos en nonatos y neonatos. El humo ha matado a diez veces más personas que las llamas. Australia es un país de migrantes, con una población creciente, pero ¿querrán seguir viviendo donde se lucha de tres a seis meses contra un calor intolerable y el humo?

Las consecuencias de los incendios en la fauna autóctona fueron terribles y el mundo vio las desgarradoras imágenes de canguros y aves a la fuga, mientras los koalas, encaramados en los árboles, gritaban y sucumbían a las llamas. Desaparecieron casi tres mil millones de animales salvajes, uno de los peores desastres ecológicos de la historia moderna. La magnitud de la devastación es tal que los científicos australianos la describen como «omnicidio», la matanza de todo. Incluso los bosques poblados por árboles que prosperan gracias a los ciclos de combustión y recuperación se están volviendo menos resistentes frente a los incendios, que aumentan en frecuencia, difusión e intensidad.

Los incendios extremos del verano negro australiano reflejan una tendencia global que afecta a los bosques de California a la Columbia Británica, de Europa a Asia, del Amazonas a Indonesia. Los bosques son húmedos por naturaleza, pero el cambio climático está creando condiciones de calor y sequía, mayores caídas de rayos, reducción de nevadas y lluvias, y aumento de parásitos invasores que transforman los árboles vigorosos en yesca. En el 2020 California vivió su peor temporada de incendios, con más de dieciséis mil kilómetros cuadrados en llamas, cien mil personas evacuadas y unos treinta muertos.[19] En las zonas de fuertes vientos, algunos suministradores de servicios tuvieron que cortar la corriente para evitar que las líneas eléctricas caídas o dañadas hicieran saltar chispas, por lo que las familias tuvieron que hacer frente a ese horrible momento a oscuras. Se calcula que en el 2020 una décima parte de las secuoyas gigantes del planeta fue pasto de las llamas. Y se ha previsto que los días con alto riesgo de incendios —caracterizados por temperaturas altas, humedad baja y viento a alta velocidad— se duplicarán en zonas del estado para el 2100 y aumentarán un 40 % en el 2065.

En el 2019, los incendios en el Amazonas, asolado por la sequía, produjeron tanto humo que oscurecieron el cielo de São Paulo, a miles de kilómetros, en la costa. En Europa, los incendios forestales provocaron evacuaciones en varios países, con fuegos récord en las regiones meridionales, como Grecia y Portugal. No hay lugar a salvo de la amenaza de las llamas, hasta los humedales han ardido. Tampoco las zonas más frías del planeta son inmunes. Los bosques árticos se están quemando, con megaincendios que devoran Siberia, Groenlandia y Alaska. Incluso en enero, en la criosfera siberiana hubo incendios de turba, pese a las temperaturas inferiores a -50 °C. Estos «incendios zombis» arden todo el año bajo tierra, en el círculo polar ártico y alrededores, y luego estallan en fuertes llamaradas por Siberia, Groenlandia, Alaska y Canadá. En el 2019, unos colosales incendios destruyeron más de cuatro millones de hectáreas de taiga siberiana durante tres meses y crearon una nube de hollín y ceniza tan grande como toda la Unión Europea. Los modelos prevén que los incendios en las selvas boreales y la tundra ártica se cuadruplicarán en el 2100.[20]

En los próximos decenios, parques nacionales enteros de Estados Unidos arderán, con un agravamiento del peligro de incendios en la costa oeste, pero también un incremento de hasta el quinientos por ciento en zonas húmedas como los Grandes Lagos y los Everglades. A nivel global, los modelos de incendios muestran «fuertes aumentos previstos para la cuenca mediterránea europea y el levante mediterráneo, el hemisferio meridional subtropical (costa atlántica de Brasil, África meridional y costa centrooriental de Australia) y el suroeste de Estados Unidos y México».[21] Los incendios más intensos pueden generar vastos penachos energéticos —pirocumulonimbos— capaces de inyectar humo en la estratosfera, donde puede circular alrededor del planeta durante meses, igual que las emisiones de una erupción volcánica.

Aparte de la devastación que causan, los incendios aumentan la temperatura global al destruir la vegetación (que absorbe el dióxido de carbono) y añadir directamente anhídrido carbónico procedente del suelo y la combustión. Los incendios del verano negro produjeron hasta mil doscientos millones de toneladas de dióxido de carbono, el equivalente a las emisiones anuales de todos los aviones comerciales del mundo. Los incendios latentes suponen una amenaza aún mayor para el clima global,[22] porque como arden durante mucho más tiempo pueden transferir el calor a mayor profundidad del suelo y el permafrost, liberando el doble de carbono que un incendio normal.

Los incendios están aumentando en el mundo. Son desagradables, dañinos, peligrosos, costosos... y las personas decidirán —o no tendrán otra opción— alejarse de ellos. Pensemos en la contaminación. El humo, las cenizas y las partículas no quemadas de los incendios son un peligro para la salud, en particular la de personas con patologías como el asma. En el 2020, durante el tórrido verano, unos amigos míos con críos que vivían en Oregón (Estados Unidos) tuvieron que quedarse en casa sin abrir las ventanas por el denso humo de los incendios forestales, sin poder alojarse en casa de amigos u otros familiares por las restricciones de la COVID-19. Al final, el avance del fuego les obligó a escapar y durante varios días tuvieron que vivir en el coche. Otros que fueron evacuados, o cuya casa o actividad comercial fue devorada por las llamas, lo pasaron peor. Algunos volverán y la reconstruirán —esta vez—. Quizá también la siguiente, pero ¿y luego? Para muchos, serán otros quienes tomarán la decisión por ellos: las compañías de seguros se niegan a asegurar las propiedades con tanto riesgo;[23] las disposiciones gubernamentales prohíben reconstruir o residir en lugares peligrosos. En enero del 2022, Adam McCay, director de la película *No mires arriba*, una alegoría apocalíptica del cambio climático, tuiteó: «Me acaban de anular el seguro de la casa porque el sur de California ahora es una zona de altísimo riesgo de incendios e inundaciones».[24] Conozco personalmente a algunos vecinos californianos en una situación igual de difícil: en algunos distritos, el departamento de seguros emitió una moratoria de las anulaciones, pero no es una medida sostenible a largo plazo.[25]

Algunos amigos hablan de alejarse de las áreas forestales, quien vive en el campo se traslada a la ciudad, donde el acceso a los servicios antiincendios es mejor... Más de un año después del verano negro, aún hay familias australianas sin casa, sobreviviendo en refugios temporales en una de las naciones más ricas del mundo. Se puede hacer mucho por minimizar el riesgo de incendios con una mejor gestión. Pero, a fin de cuentas, con un mundo cada vez más cálido y árido, y con más rayos, el peligro de incendios forestales crece irremediablemente. La gente tendrá que alejarse de las áreas de riesgo.

CALOR EXTREMO

Los incendios copan los titulares por su potencia y brutalidad, pero su primo menos llamativo, el calor, es más letal. Actualmente, el número de días a más de cincuenta grados en el mundo se ha duplicado respecto a hace treinta años.

Durante gran parte de la historia, la mayoría de los humanos ha vivido en un rango de temperaturas sorprendentemente estrecho, en lugares cuyo clima permitía una producción alimentaria abundante. Al calentarse el planeta, esta franja climática se aleja de los trópicos y expone a miles de millones de personas a temperaturas peligrosas. Hasta ahora, los océanos han absorbido la mayor parte del calentamiento global: una cantidad increíble equivalente a 20 ZJ (20×10^{21} julios) de energía extra, solo en el 2020,[26] o a diez bombas atómicas de Hiroshima por segundo. Ello supone un problema para la vida marina, pues frena el intercambio vital de las capas oceánicas donde circulan los nutrientes y el oxígeno, y es terrible para nosotros, porque altera los patrones meteorológicos y aumenta la probabilidad de fenómenos extremos letales.

Pese a que los océanos han contribuido a camuflar el calentamiento en tierra firme, es un fenómeno real y de avance rápido. En el 2070 una de cada tres personas podría experimentar temperaturas medias anuales de más de veintinueve grados, un clima que actualmente solo se registra en los asentamientos desérticos más cálidos.[27] Pero tampoco tendremos que esperar décadas: las temperaturas ya están superando las que los modelos habían previsto para el actual incremento global de 1,2 °C. En el verano del 2021, el valle de la Muerte (Estados Unidos) registró una abrumadora temperatura de 55,6 °C; Las Vegas, de 47,2 °C; incluso en Canadá se alcanzaron los 49,6 °C, muy por encima de la media de la década. Este calor anómalo también se ha vivido en los polos: en marzo del 2022, la Antártida registró temperaturas más de 40 °C superiores a la norma temporal, a la vez que algunas estaciones del Ártico alcanzaron temperaturas 30 °C por encima de la norma.

El calor se vuelve especialmente peligroso si se combina con la humedad y ya estamos experimentando niveles letales que no estaban previstos hasta el 2050. Por cada grado Celsius de calentamiento del planeta, la atmósfera retiene un 6 % más de vapor de agua. Ello se vuelve letal porque solo podemos hacer frente a temperaturas altas produciendo sudor que nos refresca al evaporarse, pero la elevada humedad impide que dicho sudor se evapore y nos sobrecalentamos.

Para medir los efectos del calor sumado a la humedad, los científicos usan el llamado cálculo de la temperatura «de bulbo húmedo», es decir, la temperatura más baja a la que el aire puede enfriarse por evaporación. El método más elemental consiste en envolver el bulbo de un termómetro con un paño húmedo y luego medir la temperatura del aire. Una temperatura del bulbo húmedo superior a 35 °C, el llamado «umbral de supervivencia», causa el sobrecalentamiento y la muerte en menos de seis horas incluso de personas sanas. Aunque parezca una temperatura baja, equivale a casi 45 °C con una humedad del 50 %, produciendo una sensación de 71 °C.[28] Durante la ola de calor que azotó Europa en el 2003, por ejemplo, la temperatura de bulbo húmedo alcanzó los 28 °C y murieron más de setenta mil personas. En el 2020, los científicos descubrieron varios puntos —por la costa del golfo Pérsico, en los valles fluviales de India y Pakistán— donde se superó el umbral de supervivencia por primera vez en la historia de la humanidad. Por suerte, solo fue durante una o dos horas cada vez, pero estos eventos serán cada vez más comunes.

Para el 2070, la franja tropical experimentará a menudo unas temperaturas como las del Sáhara. Unos tres mil quinientos millones de personas viven en este anillo, que abarca grandes partes de América, África y Asia. Para finales de siglo, será miles de kilómetros más ancho. Y en el 2100, en algunos lugares, como zonas de India o China oriental, las temperaturas podrían aumentar tanto que salir de casa solo unas pocas horas «podría causar la muerte incluso de personas que gozan de una buena salud y que están a la sombra y con ventilación», según un estudio.[29] Algunos de los lugares más cálidos estarán en latitudes medias de Norteamérica, el Mediterráneo, el Sahel en África y el Amazonas profundo, en rápida desertificación, en Sudamérica. Los habitantes de estos lugares tendrán que migrar para sobrevivir y empezarán a hacerlo mucho antes del 2070. Para entonces, miles de millones de personas vivirán olas de calor extremo varias veces por década.

Incremento anual del índice de exposición al calor extremo en personas que viven en entornos urbanos, 1983-2016

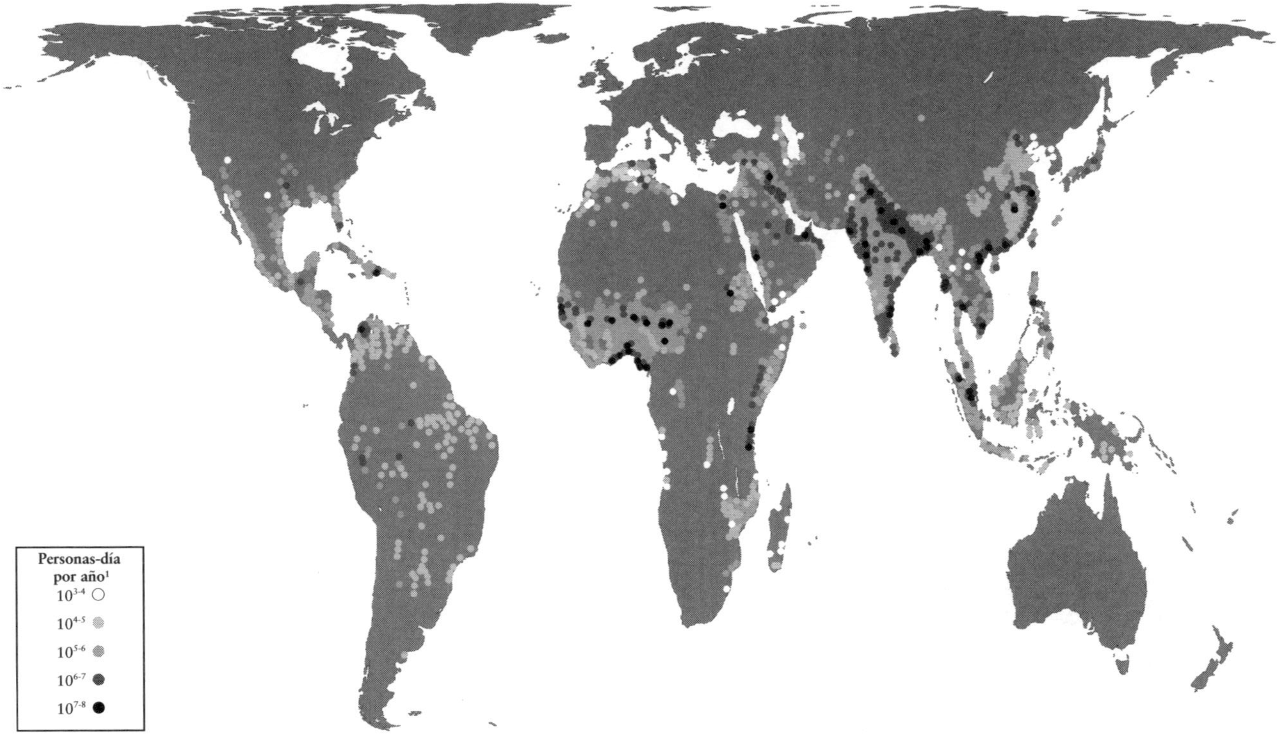

La exposición al letal calor urbano se ha triplicado desde la década de 1980 y un quinto de la población mundial ya se ve afectada.[30] En los próximos treinta años, la franja climática subtropical se extenderá unos mil kilómetros hacia latitudes más altas. En Londres se estará como en Barcelona, en Moscú como en Sofía y en Tokio como en Changsha. A un londinense le parecerá agradable, pero a nivel global significa que, con un calentamiento de solo 1,5 °C, más del cuarenta por ciento de las 44 megalópolis más grandes del planeta vivirán cada año condiciones de calor excesivo peligroso, mientras que con un aumento de 2 °C serán mil millones de personas las que se verán expuestas al calor extremo, cantidad que con +4 °C aumentará a 3500 millones, según un análisis del 2021 del Servicio Meteorológico del Reino Unido; y son datos que no tienen en cuenta el aumento de la población.

A +1,5 °C, los Estados miembros de la Unión Europea contarán 30 000 defunciones al año a causa del calor en torno al 2030. En el 2010, cuando Rusia vivió una megaola de calor durante casi dos meses, los cuerpos se amontonaban en las morgues de las ciudades, devastadores incendios ardían descontrolados y camiones cisterna rociaban agua en las calles para que el asfalto no se derritiera. En zonas del mundo más próximas al ecuador que ya sufren un calor letal, como el subcontinente indio o partes de África, ulteriores olas de calor serán catastróficas. Sin un amplio acceso al aire acondicionado, en un verano medio morirán decenas de miles de personas, sobre todo los que trabajan al aire libre en los campos, en las carreteras o en la construcción. Los países africanos podrían llegar a gastarse decenas de miles de millones en aire acondicionado para sobrevivir en un mundo con +2 °C. La Agencia Internacional de la Energía (AIE) calcula que para el 2050 la demanda de aire acondicionado requerirá un suministro eléctrico adicional equivalente a la capacidad de generación de Estados Unidos, la Unión Europea y Japón juntos. En el 2100, el cambio climático será tan letal, per cápita, como todas las enfermedades infecciosas juntas hoy, según un estudio del 2020.[31] El coordinador del estudio afirma que ya hoy muchos ancianos mueren por las consecuencias indirectas del calor y lo define como «un fenómeno inquietante parecido a la COVID-19, porque las personas vulnerables son las que sufren patologías preexistentes o subyacentes. El cuerpo de una persona con problemas cardíacos que pase varios días expuesto al calor extremo acabará sufriendo un colapso».

Aparte del impacto en la salud humana y animal y en la agricultura, el calor extremo también causa problemas en las infraestructuras, por ejemplo, deformando carreteras, líneas ferroviarias y puentes. A nivel global, por cada aumento de 0,1 °C de la temperatura, el número de socavones aumenta un 1-3 %.[32] El calor también afecta a los vuelos, ya que a los aviones les cuesta despegar con temperaturas superiores a 43 °C.[33] Los problemas a los que se enfrentarán las sociedades serán múltiples a medida que empecemos a vivir rápidamente en un mundo muy distinto.

La fecha en que los científicos calculan que el calor extremo hará que algunas partes del mundo sean inhabitables se está aproximando más porque los nuevos modelos ahora prevén que ocurrirá a temperaturas globales más bajas. En un principio, los investigadores habían fijado el umbral para las migraciones de masas en un escenario de +5 °C; hoy está entre +3 y +4 °C, aunque incluso con un aumento global inferior a 2 °C tendrán que desplazarse al menos mil millones de personas.[34]

Con +4 °C, los modelos muestran que la exposición al calor extremo a nivel global se multiplica por treinta respecto a hoy, mientras que en África al menos lo hace por cien.[35] Y no se trata solo de los trópicos; también las regiones situadas en latitudes medias e incluso subpolares tendrán meses de canícula cada año. Según un estudio del 2018, la mayoría de las regiones situadas a menos de treinta grados de latitud respecto al ecuador podrían sufrir hasta doscientos cincuenta días de calor extremo, lo que supondría una «transformación radical» de las zonas tropicales y subtropicales, que pasarían gran parte del año en condiciones de ola de calor.[36] En un mundo con +4 °C, la mitad de la superficie terrestre y casi tres cuartos de la población global estarán expuestos a un calor mortal durante más de veinte días al año. En Estados Unidos, por ejemplo, los estados meridionales experimentarán cada año picos de temperatura superiores a las actuales condiciones del valle de la Muerte y más de ocho semanas anuales a más de treinta y siete grados centígrados. Incluso el interior de Alaska tendrá temperaturas anuales por encima de los treinta y cinco grados. Piénsese en lo que significa para las grandes urbes: Nueva York tendrá entre veinte y cincuenta días de calor letal al año, pero en Yakarta será así *cada día del año*.

Inevitablemente, estas temperaturas comportarán un aumento de las muertes en todo el mundo: se prevé un aumento de la mortalidad en exceso por las olas de calor del 500 % en Estados Unidos y del 2000 % en Colombia.[37] En el futuro, el riesgo más elevado de olas de calor extremo se concentra en las regiones densamente pobladas de las cuencas fluviales del Ganges y el Indo, una región de Asia meridional donde vive una quinta parte de la población humana mundial. Para los investigadores, la temperatura de bulbo húmedo «probablemente superará el umbral de supervivencia» en algunos puntos de India nororiental y Bangladés, y se acercará al umbral crítico en la mayor parte del resto de Asia meridional. Casi mil millones de personas tendrán que elegir entre arriesgarse a morir en veranos cada vez más cálidos o trasladarse. Además, los investigadores que estudian el riesgo en China avisan de que el calor y la sequía «podrían limitar la habitabilidad de la región más poblada [la llanura china septentrional] del país más poblado de la Tierra».[38] En las próximas tres décadas, se esperan olas de calor letal y temperaturas de bulbo húmedo peligrosas en la llanura septentrional y en la costa oriental de China, incluso en un escenario de reducción de las emisiones (RCP 4,5). Se trata de una región con al menos quinientos millones de personas, donde se hallan importantes ciudades como Shanghái (34 millones de habitantes) y Hangzhou (22 millones de habitantes).

Se podría pensar que podemos superar las dificultades del calor y la humedad con el aire acondicionado y el agua desalinizada. Al fin y al cabo, es lo que hacen ciudades imposibles como Dubái y Doha en regiones desérticas; Catar incluso ha empezado a climatizar espacios exteriores, enfriando los estadios deportivos, las aceras, los mercados y las zonas de restauración al aire libre, una decisión que ha contribuido a convertirlo en el mayor emisor de gases de efecto invernadero per cápita del mundo.[39] Por lo tanto, sí, en ciertos lugares algunas poblaciones podrán resistir más tiempo viviendo principalmente de puertas para dentro, con aire acondicionado o de noche, y quizá vistiendo monos eléctricos climatizados.[40]

Sin embargo, aun ignorando el coste energético e hídrico de la adaptación extrema, tales estrategias solo funcionarán limitadamente para una pequeña porción de la sociedad urbana. Después de todo, estas poblaciones dependerían en gran medida de los recursos producidos en el exterior, como la comida. Hasta en los ricos países del golfo Pérsico se teme continuamente por la seguridad alimentaria, puesto que en la región no hay ríos permanentes ni lagos, de ahí la fuerte vulnerabilidad a las crisis, como la de la COVID-19. Países como los Emiratos Árabes Unidos importan el 90 % de la comida que necesitan. Actualmente, la mitad de la comida mundial se produce en pequeñas empresas agrícolas usando el trabajo físico, pero con el calentamiento global en aumento cada vez habrá más días en que será físicamente imposible trabajar al aire libre, lo que reducirá la productividad y la seguridad alimentaria. Los arroceros vietnamitas ya trabajan en los campos de noche con focos para evitar el calor peligroso[41] y Catar tuvo que imponer la prohibición de trabajar al aire libre entre las diez de la mañana y las tres y media de la tarde a partir de mayo. Como ha mostrado la comisión climática de la revista *The Lancet*, ya en el 2018 se perdieron más de ciento cincuenta mil millones de horas laborables a causa de las temperaturas y la humedad extremas.[42]

La cifra podría duplicarse o hasta cuadruplicarse, según cuántas personas sigan trabajando en la agricultura rural hasta que no sea económicamente insostenible o imposible de hacer. Según la Organización Internacional del Trabajo, para el 2030, con el escenario más optimista del calentamiento global, que prevé un aumento de la temperatura de solo 1,5 °C en este siglo, el aumento del estrés térmico causará unas pérdidas de productividad globales equivalentes a 80 millones de trabajos a tiempo completo. O, lo que es igual, a pérdidas económicas globales de 2,4 billones de dólares. Es una previsión prudente, basada en puestos de trabajo al aire libre, como los de la agricultura y la construcción, desarrollados a la sombra —lo cual obviamente no suele pasar—. Ya hoy las naciones más ricas y moderadas desde el punto de vista climático están externalizando gran parte de su trabajo sucio y caluroso hacia países más pobres y cálidos. Aquí los obreros sufren estrés térmico, deshidratación y agotamiento mientras trabajan explotados en fábricas abarrotadas y sofocantes para producir aparatos de climatización y camisas con protección de rayos UVA, y para construir los vestíbulos de mármol de los hoteles donde las personas del mundo rico están al fresco.

Estos cambios agravarán las desigualdades sociales existentes. También en los países ricos, los migrantes procedentes de naciones más pobres son los que a menudo se ocupan de recolectar las cosechas bajo un calor insoportable. En los barrios pobres y densamente poblados suele hacer más calor que en los ricos, donde hay árboles. Las mujeres y las niñas son más propensas a morir en una ola de calor que los hombres. De hecho, numerosos estudios demuestran que las mujeres son más vulnerables a las catástrofes, incluido el impacto de los cambios climáticos: tienen más probabilidades de ser desplazadas durante eventos extremos, de perder el trabajo o ver su salario reducido, y de perder el acceso a la educación. Más del sesenta por ciento de las mujeres trabaja en la agricultura, donde experimentan una mayor carga laboral que los hombres y tienen menos capacidad de adaptación porque su acceso a la información es menor que el de ellos.

La desigualdad mata. Algunos estudios llevados a cabo en Estados Unidos demuestran que en los primeros diez años de vida el calor tiene un enorme impacto nocivo en todos los aspectos, desde la salud hasta la educación, pero quienes viven en barrios pobres son los más perjudicados.[43] Los barrios más desfavorecidos, principalmente ocupados por negros y latinos, suelen tener una temperatura media 2,8 °C superior que los barrios ricos en una misma ciudad estadounidense, y en estos hogares la posibilidad de contar con aire acondicionado se reduce a la mitad, por lo que la exposición al calor aumenta. Las políticas de vivienda racistas que condujeron a esta diferencia tienen consecuencias incluso antes del nacimiento, porque el calor es un factor de riesgo en el embarazo[44] y sus graves repercusiones son especialmente evidentes en las comunidades negras más pobres. En las próximas décadas la situación no hará sino empeorar, ya que el sur de Estados Unidos vivirá algunos de los peores impactos del calor y del cambio climático. Y el calor extremo, como muchas otras consecuencias del cambio climático, está mediado por la desigualdad.

SEQUÍA

Con el calentamiento del planeta, pese al aumento de la humedad, la lluvia caerá más sobre los océanos y menos en la tierra. Es posible que ya hayamos entrado en una era de megasequías y, cuando las temperaturas globales aumenten 4 °C, nos encontraremos en un mundo azotado por tormentas de arena.

Los cientos de millones de personas cuyo suministro hídrico depende de los glaciares de montaña, en concreto en Asia meridional y Sudamérica, corren peligro de perder graneros enteros cuando estos depósitos desaparezcan. En Asia meridional la supervivencia de al menos ciento veintinueve millones de personas depende básicamente de las aguas de deshielo de las altas cotas, a los que se suman 221 millones de personas en Pakistán, Afganistán, Tayikistán, Turkmenistán, Uzbekistán y Kirguistán. Los modelos muestran que algunas partes de esta región alcanzarán el «pico hídrico» esta década, con un fuerte descenso consecutivo durante el resto del siglo a medida que los glaciares se reduzcan y desaparezcan.

En el 2050, los modelos muestran una disminución de las precipitaciones anuales en el Mediterráneo, Australia y el sur de África. Las reducciones más drásticas están previstas para la mitad septentrional de Sudamérica, que comprende gran parte de Brasil y los países circunstantes y cubrirá prácticamente toda la selva amazónica, donde según los investigadores se dará la sequía más intensa de todo el planeta.

De todos los cambios globales de los que he sido testigo, la sequía es el que ha afectado a más personas. En mis viajes por rincones remotos del mundo, he visto cómo se despoblaban y morían aldeas rurales a causa de la sequía que arrasaba con los medios de subsistencia agrícolas y los valiosos alimentos; en los extensos barrios de chabolas de las ciudades del mundo en constante crecimiento, desde Bombay hasta Nairobi o Lima, he visto las consecuencias de estas aldeas muertas. En Uttarakhand, por ejemplo, un estado montañoso del norte de India, más de cuatro millones de personas han emigrado (el 40 % de la población) y han quedado casi ochocientos «pueblos fantasma» deshabitados, porque el aumento de la temperatura y la sequía han hecho que resulte casi imposible cultivar a esa altitud. Por toda Sudamérica, desde Perú hasta Bolivia pasando por Colombia, los aldeanos rurales sufren la combinación de una sequía atroz a largo plazo con la desaparición de los glaciares andinos que alimentaban los riegos con agua de deshielo.

Incluso hace veinte años, el pueblo de Ovejería, en el altiplano boliviano, era una activa comunidad agrícola que vendía maíz, quinoa, patatas, aguacates y fruta en los mercados de la capital, La Paz. En el 2010, el cambio climático asoló el paisaje. Las sequías persistentes acabaron con las cosechas, el ganado y, en última instancia, el pueblo. Cuando estuve de visita solo quedaban nueve personas, que sobrevivían en cabañas de adobe. Luciano Méndez, un campesino de setenta y cinco años con aspecto arcaico que masticaba hojas de coca para aplacar el hambre, me contó que el último de sus ocho hijos se había marchado con su familia tres años antes, tras una serie de cosechas perdidas. «Durante la estación lluviosa, solo llueve veinte minutos cada tres o cuatro días», me dijo. «Primero se mueren las vacas, luego los burros. Las cabras son las más resistentes.»

Los primeros que se marchan son los más jóvenes —algunos poco más que niños—, luego familias enteras, que abandonan sus aldeas andinas para ir a pueblos más grandes o a las ciudades. Se los reconoce fácilmente, desde Colombia hasta Centroamérica, porque cargan con sus pertenencias envueltas en chales quechua sobre los hombros, cansados tras semanas durmiendo a la intemperie. No sorprende que este continente esté a la cabeza en cuanto a las migraciones del campo a la ciudad en las zonas en vías de desarrollo. La agricultura de subsistencia, en la que una mala cosecha puede significar la hambruna para los campesinos, está experimentando una disminución de la producción en la mayor parte de los cultivos, desde el arroz hasta el trigo.

Un estudio de *The Lancet* calcula que un aumento de la temperatura global de 2 °C comportaría una reducción (respecto a hoy) de la disponibilidad alimentaria global en el 2050 de 99 kcal por persona al día: un problema serio para gente al borde de la inanición. Los cultivos, además, serán menos nutritivos en condiciones de estrés térmico, con una reducción de proteínas, zinc y hierro de casi un veinte por ciento respecto a los actuales. Las consecuencias para los seres humanos podrían ser terribles. «Según nuestros cálculos, el aumento del dióxido de carbono podría causar una carencia de zinc para 175 millones de personas y una carencia de proteínas para otros 122 millones», advierten los investigadores.[45]

El problema es que nuestra comida procede directa o indirectamente de las plantas y estas necesitan agua para crecer. Con el aumento de la temperatura, el agua se evapora más rápido del suelo y de las hojas y no llueve con la misma regularidad ni cantidad. Además, las plantas estresadas por el calor (y los animales) necesitan más agua. Ello significa que, con el aumento de las temperaturas globales, la agricultura será cada vez más difícil y en muchos lugares imposible, y obligará a los campesinos a trasladarse. Como los seres humanos no podemos vivir sin comida, tendremos que buscar soluciones rápidamente.

El calor mismo es perjudicial para las cosechas. Las células, los tejidos y las enzimas vegetales se destruyen a unos treinta y nueve grados y a menudo la planta muere. Cada día a más de treinta grados se reduce el rendimiento del maíz en un 1 % (casi un 2 % en condiciones de sequía), por lo que una ola de calor de tres semanas podría reducir un cuarto la cosecha. Los estudios demuestran que las pérdidas de las cosechas serán insostenibles con un aumento de la temperatura global de 4 °C, con olas de calor que llevarán las temperaturas regionales a más de cuarenta grados en las latitudes medias y a más de cincuenta en las regiones subtropicales.

Estados Unidos, por ejemplo, corre el peligro de perder la mitad de su cosecha de maíz, incluida la mayor parte del actual Corn Belt (región del Medio Oeste donde se cultiva este cereal de forma intensiva). Si se suman las sequías, las pérdidas se disparan al 80 % o más. No se tratará únicamente de una catástrofe interna: Estados Unidos, Brasil, Argentina y Ucrania producen casi el noventa por ciento de las exportaciones globales de maíz y una temperatura de +4 °C reduciría las cosechas y anularía cualquier exportación. El trigo, que aporta un 20 % de las calorías alimentarias globales, se ve igualmente amenazado: en las últimas décadas el impacto de la sequía en su producción global se ha duplicado. Para el 2050 se prevé una grave escasez hídrica en una franja casi continua que va desde la península ibérica, en el oeste, hasta Anatolia y Pakistán, en el este, y cruza las regiones meridionales de Rusia, el oeste de Estados Unidos y México.

Según los modelos, antes de que acabe el siglo más de la mitad de la superficie terrestre se clasificará como «árida». Más de tres cuartas partes de las áreas afectadas se hallan en países en vías de desarrollo, pero también habrá zonas hiperáridas en Alaska, el noroeste de Canadá y Siberia. Incluso zonas no clasificadas como áridas sufrirán episodios de sequía extrema más graves y frecuentes, como el continente europeo al completo, menos Islandia. A nivel global, hacia el 2100 otros 3000 millones de personas sufrirán estrés hídrico, con un tercio de la población mundial sin acceso a una cantidad suficiente de agua potable, lo que tendrá consecuencias sanitarias al aumentar el riesgo de ingerir agentes patógenos.[46]

Grandes porciones del planeta no serán aptas para la agricultura, ni siquiera para la explotación ganadera. Cuando los medios de subsistencia rurales se vuelvan imposibles, las personas tendrán que marcharse.

INUNDACIONES

Mientras una vasta parte del globo, que comprende las regiones más pobladas, se volverá invivible a causa de la escasez de agua, las personas que viven en otros lugares —incluidas muchas de las grandes ciudades del mundo— se enfrentarán al problema opuesto: el agua en exceso.

Un mundo más cálido nos amenaza con un exceso de agua principalmente de tres formas: unos océanos más calientes son más expansivos y con niveles de agua más elevados; tierras más calientes significan deshielo de los glaciares con las consiguientes crecidas repentinas de ríos y deltas, y un ulterior aumento del nivel de los mares en el litoral; y una atmósfera más caliente conlleva tormentas más violentas y precipitaciones extremas.

Son fenómenos que representan un peligro, sobre todo para quienes viven en zonas bajas, cerca de las costas y de los sistemas fluviales: en otras palabras, la gran mayoría de los humanos. El nivel de los mares, por ejemplo, ya está creciendo más rápido de lo que se había vaticinado y podría superar el metro antes de finales de siglo. Sería catastrófico para nuestras ciudades, la mayor parte de las cuales son costeras y alojan a cientos de millones de personas.

Uno de los principales riesgos del crecimiento del nivel de los mares es la salinización de las aguas subterráneas. Ya estamos viendo las consecuencias en la agricultura de Bangladés, por ejemplo, donde los arroceros han tenido que convertir los terrenos en cultivos de camarones o han tenido que abandonarlos para trabajar en el sector textil de Dhaka. Y un nivel de los mares más alto comporta una mayor erosión costera y mayores daños en caso de tormenta, por lo que más comunidades tendrán que abandonar sus casas no asegurables y una agricultura de subsistencia impracticable. Todos los habitantes de los tugurios de Dhaka con los que hablé habían huido de sus aldeas por este motivo.

El cuadro es particularmente desolador para las islas y los atolones bajos, entre los que están países como las Maldivas o Tuvalu, que ya a partir del 2050 serán inhabitables a causa del aumento de la erosión y de la infiltración del agua marina en las faldas freáticas que destruye el suelo, la vegetación y las infraestructuras. El derecho internacional actual mide la zona económica exclusiva de un país —incluidos los derechos de pesca, minería y turismo— desde la línea de costa, por lo que, si esta se retira o desaparece, lo hacen también sus territorios económicos oceánicos. Este doble mazazo significa que las economías terrestres y marinas de estas naciones están en peligro a la vez.

Y aunque las temperaturas globales no aumenten más de 1,5 °C, cientos de millones de personas se verán perjudicadas. Hay un número significativo de países donde al menos cincuenta millones de personas viven en terrenos expuestos al crecimiento del nivel de los mares, como China, Indonesia, Japón, Filipinas y Estados Unidos. Si las temperaturas globales aumentan 2 °C, las inundaciones afectarán al menos a ciento treinta y seis megalópolis, con unos daños equivalentes a 1,4 billones de dólares al año hacia finales de siglo. El coste de contener el crecimiento del océano, a través de diques marinos y otras defensas, ya es prohibitivo: téngase en cuenta que solo Estados Unidos ya prevé invertir 400 000 millones de dólares en defensa costera durante los próximos veinte años, con costes a más largo plazo para quienes viven en comunidades más pequeñas, que pueden llegar a un millón de dólares por persona.

Como promedio, 1,7 millones de personas serán evacuadas por cada centímetro que aumente el nivel de los mares, así que, para el 2100, cientos de millones de personas tendrán que trasladarse. Se prevé que para el 2050 todo Vietnam meridional esté bajo el nivel del mar, así como gran parte de las zonas centrales y septentrionales del país.[47] La Florida costera ya empieza a ver las primeras señales de la crisis inmobiliaria causada por el clima, con una caída primero de las ventas y luego de los precios, ya que las lujosas casas del paseo marítimo serán una compra demasiado arriesgada. En el 2018, las ventas en las zonas vulnerables disminuyeron un 20 % respecto a las zonas seguras tras el huracán Sandy, que causó daños en 650 000 hogares y dejó sin corriente a 8,5 millones de personas (algunas durante meses), motivo por el cual los compradores se volvieron más cautos.

También se verá muy perjudicada Europa, con sus 100 000 km de costa densamente poblada. Se calcula que la cantidad de personas expuestas a las inundaciones costeras pasará del actual 0,1 millón al año a 3,6 millones en el 2100, con el Reino Unido como el más afectado económicamente, seguido por Francia e Italia. Hay que recordar que los holandeses ya se gastan entre 1200 y 1600 millones de euros al año en su Programa Delta para proteger el país de las inundaciones y que Londres y Venecia han realizado fuertes inversiones en las compuertas de protección ante las mareas. Proteger las grandes ciudades costeras podría costar cientos de miles de millones de euros al año y, a medida que la subida de las aguas aumenta la cantidad de personas que viven bajo el nivel del mar, la ruptura o mal funcionamiento de dichas defensas podría causar unas bajas catastróficas. Si lo vemos a largo plazo, en los próximos siglos ninguna de las actuales ciudades costeras será habitable en un mundo a +4 °C, de ahí que la pregunta es cuándo y cómo abandonarlas. Como escribía un equipo de científicos en el 2016, la humanidad «tendrá un margen de tiempo muy limitado después de la mitad del siglo para adaptarse a un aumento del nivel de los mares sin precedentes desde el inicio de la Edad de Bronce».[48]

Los aluviones también se convertirán en un problema en puntos lejos de la costa, porque, con el aumento global de las temperaturas, el aire retiene más agua y tiene más fuerza. Por eso, los fenómenos meteorológicos extremos serán más frecuentes e intensos, con precipitaciones catastróficas, destrucción de cultivos, casas y carreteras, y grandes pérdidas de vidas humanas. Los científicos han comprobado que las precipitaciones extremas en las regiones monzónicas del Sudeste Asiático son las más sensibles al calentamiento global, con un aumento aproximado de la intensidad del 10 % por cada grado de más de temperatura. Para el 2050, una quinta parte de la superficie terrestre mundial sufrirá un incremento significativo de inundaciones graves que durarán semanas y los países pobres serán los más perjudicados. Bangladés debe enfrentarse a un futuro cada vez más peligroso, amenazado por el aumento de los mares del sur y los potentes caudales fluviales del norte. Según las proyecciones, las crecidas que hoy se dan una vez al siglo aumentarán un 80 % para el río Meghna, un 63 % para el Brahmaputra y un 54 % para el Ganges antes de finales del siglo; además, estos tres ríos quizá acaben sincronizando su período de pico de caudal máximo.[49] A ello hay que sumar las mareas de tempestad causadas por tormentas ciclónicas más fuertes en el golfo de Bengala, que impedirán que el agua fluya hacia el mar. Bangladés es uno de los países más poblados del mundo, por lo tanto, decenas de millones de personas vulnerables tendrán que hacer frente a inundaciones regulares, si no casi permanentes.

En marzo del 2022, mi tía Margi, tras sobrevivir a los incendios, se quedó de nuevo aislada del mundo y tuvo que racionarse la comida enlatada: esta vez fue víctima de las terribles inundaciones que azotaron la costa este de Australia tras una «bomba de agua» que duró varios días. Su casa en Lismore sufrió daños, pero las de muchos vecinos quedaron totalmente destrozadas y el centro de la ciudad estaba irreconocible. Me mandaba fotos del centro recreativo arrastrado por la corriente de un río. A causa de los corrimientos de tierra y las inundaciones, hubo que rescatar a la gente en helicóptero. Cientos de miles de personas recibieron órdenes de evacuación y, con tantas casas destruidas, no todos pudieron volver.

Las inundaciones se convertirán en un problema cada vez mayor fuera de las regiones monzónicas, con precipitaciones más intensas que aumentarán el caudal de los ríos hasta un cincuenta por ciento en todo el hemisferio septentrional. Las muchas ciudades y pueblos que ya corren peligro por los aluviones y las propiedades construidas en zonas sujetas a desbordamientos quedarán abandonados y no serán asegurables, mientras las zonas de riesgo seguirán creciendo. Esto vale también para grandes áreas de ciudades: muchas de las personas que fallecieron en Nueva York en el 2021 durante el huracán Ida eran de los residentes más pobres, que vivían en sótanos de apartamentos que se inundaron.

Yo vivo en una casa victoriana de ciento veinticinco años situada en una colina en un barrio de Londres. Según las proyecciones hidrológicas, mi casa está a salvo de las inundaciones, pero no así las muchas casas, colegios, tiendas y medios de transporte que se hallan a los pies de la colina, junto al río. Un análisis de la oficina del alcalde londinense revela que en las próximas décadas un 20 % de los colegios de Londres será susceptible de inundaciones. Por muy feliz que me haga saber que mis suelos estarán secos, ninguno de nosotros vive excluido de la sociedad y las inundaciones serán dolorosas y costosas para todos. Será necesario elevar las carreteras de los alrededores de mi zona —dos de ellas se remontan a la época romana—, así como también la centenaria línea ferroviaria. Y estamos hablando de una parte diminuta de un barrio de una ciudad.

Los actuales sistemas meteorológicos tropicales, como huracanes y tifones, serán cada vez más frecuentes y graves, y se darán con más asiduidad en latitudes más altas. Si las temperaturas globales aumentan 4 °C, los modelos prevén el doble de fenómenos fuertes como el Niño, capaz de desplazar las franjas de lluvia hasta mil kilómetros y desencadenar el caos meteorológico en todo el mundo. Durante el megafenómeno del Niño de 1997-

1998, en Sudamérica se produjeron inundaciones catastróficas en zonas normalmente áridas, la vida marina quedó destrozada y 23000 personas fallecieron a causa de desastres meteorológicos. A un Niño extremo, le suele seguir un fenómeno de la Niña también extremo. Cuando así ocurrió en 1998-1999, el suroeste de Estados Unidos vivió una de sus peores sequías, en Venezuela las inundaciones y los corrimientos de tierra causaron la muerte de unas cincuenta mil personas, en China las tormentas y las inundaciones obligaron a evacuar a 200 millones de personas, y la mitad de Bangladés quedó sumergida bajo las riadas. La Niña también puede propiciar una temporada de huracanes intensa en el Atlántico norte, que en 1998 vio la formación del huracán Mitch, una de las tormentas más fuertes y letales jamás registradas, que se cobró más de once mil vidas a su paso por Honduras y Nicaragua en Centroamérica. Los fenómenos extremos de este tipo serán cada vez más frecuentes, sobre todo en las latitudes bajas en una ancha franja alrededor del ecuador, obligando a millones de personas a abandonar sus hogares en busca de un lugar seguro.

Un planeta habitable, de todos modos, no es una causa perdida. Todavía podemos invertir el rumbo y tenemos que intentarlo. Por cada grado de temperatura extra que logremos evitar, estaremos más seguros; incluso cada décima de grado es importante.

Ahora bien, ya estamos en un aumento medio de la temperatura global de 1,2 °C, por eso, para mantenernos por debajo de 1,5 °C, por ejemplo, hay que trabajar rápido y con decisión. Aunque hoy mismo detuviéramos todas las emisiones globales, la inercia del sistema climático terrestre haría que las temperaturas siguieran aumentando durante unos años antes de empezar a descender. De todos modos, a nuestro favor, esta inercia —desfase sistémico— implica que aún podemos invertir rápidamente el rumbo. Y los líderes mundiales están hablando seriamente sobre qué medidas tomar: los dos principales contaminantes, Estados Unidos y China, se han comprometido a alcanzar emisiones netas cero en los años 2050 y 2060 respectivamente, por ejemplo. Si los esfuerzos de todos los países del mundo para lograr el cero neto se respetaran, en teoría el aumento de la temperatura global podría reducirse hasta 2,1 °C para finales de siglo. Es un reto significativo y pocos elementos indican que estemos preparándonos para alcanzarlo. Para que tengamos alguna posibilidad de limitar el aumento a 1,5 °C, tendríamos que ser mucho más ambiciosos a corto plazo. Existen modos para lograrlo —debemos hacerlo— y los examinaré más adelante en este libro.

Sin embargo, tenemos que ser realistas y el escenario más probable, en el momento en que escribo, es un aumento de 3-4 °C de la temperatura global en este siglo, aunque nuestros esfuerzos de mitigación podrán impedir un calentamiento planetario aún mayor. Como ya he dicho, amplias zonas del planeta serán inhabitables, zonas donde hoy vive la mayor parte de la población mundial. No existe una fecha mágica para establecer cuándo se producirá; el mundo ya es un lugar peligroso para millones de personas a causa del actual nivel de emisiones y la situación empeorará con el mínimo aumento de temperatura. Al principio, el problema seguirá siendo mucho más grave para los más pobres, que dependen principalmente del ambiente que los rodea, que viven en las regiones más afectadas del sur del mundo y que no pueden protegerse de los cambios de las condiciones climáticas con aire acondicionado y comidas transportadas en avión. Pero dentro de poco será un problema de todos.

Este cuadro se ve agravado por el continuo aumento de la población global, sobre todo en algunas de las regiones más azotadas por el cambio climático y la pobreza. La población africana se habrá cuadruplicado en el 2100, aunque fuera de ese territorio el crecimiento se esté frenando. Ello significa que habrá un mayor número de personas en las áreas afectadas por calor extremo, sequía y tormentas catastróficas, y un mayor número de personas que necesitará comida, agua, energía, una vivienda y recursos, en un momento en que cada vez será más difícil proporcionarlos. Globalmente, está previsto que la población alcance su pico en el 2064,[50] para luego bajar a los niveles actuales a finales de siglo. Esta suma y la posterior resta de miles de millones de personas, en un período de enorme alteración planetaria de nuestro clima, los ecosistemas y la disponibilidad del agua, añade una presión notable a las capacidades de adaptación de la humanidad.

Nos enfrentamos a un mundo muy hostil, caracterizado por una franja de inhabitabilidad que atraviesa la mayor parte de las regiones hoy más pobladas, entre las que están gran parte de Asia, África, Latinoamérica y Oceanía. Se trata de una situación completamente nueva para nuestra especie, en la que nuestra población en expansión tiene que lidiar con unas zonas habitables cada vez más reducidas, para colmo dentro de la jaula restrictiva de las fronteras sociales y geopolíticas.

Aunque la magnitud y la extensión de lo que tenemos que afrontar en este siglo son insólitas, en los últimos cientos de miles de años ya hemos pasado por otras crisis. Y hemos sobrevivido migrando. La migración no es el problema, es la solución y siempre lo ha sido. Como veremos, la migración es el recurso más antiguo de supervivencia.

Capítulo 3

ABANDONAR EL PROPIO HOGAR

La migración es nuestra vía de salida de la crisis

La migración nos ha convertido en lo que somos. Puede resultar difícil de entender en el contexto actual de las identidades y los vínculos geopolíticos, donde podría hasta parecer una aberración, pero, desde un punto de vista histórico, lo anómalo son nuestras identidades y fronteras nacionales. Las migraciones han transformado nuestro mundo y han globalizado nuestra especie, tanto si han sido fomentadas por un deseo de exploración y aventura, como por la búsqueda de un lugar a salvo de los desastres o de una nueva tierra de oportunidades, motivadas por Dios o la propia alma, por el comercio o el arte, impuestas a la fuerza o a causa de un secuestro. Las migraciones han conformado la base del sistema humano del que hoy todos formamos parte.

Para los seres humanos, la migración está profundamente entrelazada con la cooperación: solo gracias a nuestras extensas colaboraciones somos capaces de migrar y nuestras migraciones han forjado la actual sociedad global colaborativa. Solo si entendemos las peculiaridades de nuestra especie y cómo conseguimos dominar el planeta y su clima, seremos capaces de divisar el camino que tenemos por delante, aceptando nuestra fuerza intrínseca representada por la migración colaborativa para superar la crisis ambiental a la que nos enfrentamos.

La migración es una estrategia de supervivencia muy utilizada en la naturaleza. Muchas especies han desarrollado una respuesta migratoria innata a las variaciones estacionales o geográficas de los nutrientes y las condiciones meteorológicas. Animales tan dispares como la aguja colipinta y el salmón del Atlántico emprenden viajes largos, agotadores y peligrosos porque su constitución biológica los obliga a hacerlo. Puedo entenderlos bien. Durante el desolador inicio del 2021, tras varios meses de restricciones de los viajes por la pandemia en los que apenas salí de casa, se apoderó de mí una especie de *Zugunruhe*, el «gusanillo migratorio» que atrapa a los pájaros cuando es hora de levantar el vuelo. Las señales son evidentes: insomnio, alteración de las actividades normales, nerviosismo... Un mirlo americano enjaulado se lanzaría sin tregua hacia el norte, golpeando las paredes de cristal de la pajarera, aunque no pudiera ver el exterior. El correlimos de Alaska, cuyos órganos digestivos se atrofian para adecuarse a las exigencias de la migración,[51] acumula de forma obsesiva alimentos e incluso fármacos que mejoran sus prestaciones.[52]

Nosotros también somos una especie inquieta. La mayoría de nosotros elige —de hecho, paga para hacerlo— pasar un tiempo lejos del hogar. Lo hacemos no para procurarnos alimentos y recursos esenciales, sino para disfrutar de los placeres de «otros lugares». Aunque ya no llevamos un estilo de vida nómada ni migramos de forma continua, conservamos el deseo y la curiosidad por explorar nuevos confines y vivir aunque sea por unos días en un sitio distinto.[53] Es insólito —incluso anormal— quedarse en la propia casa y salir solo para lo estrictamente necesario. De hecho, es un comportamiento asociado a la agorafobia, un trastorno psiquiátrico.

Los estudios llevados a cabo en la naturaleza muestran que la dispersión global es la estrategia más eficaz de las especies para evitar la extinción. Sin embargo, solo unas pocas son capaces de adaptarse a múltiples ambientes; la mayoría se adapta perfectamente al propio nicho. Entre los primates, solo los humanos se han extendido por todo el mundo sin convertirse en especies distintas según el lugar.

En cierto momento de nuestra ascendencia homínida, adquirimos la capacidad de vivir en cualquier sitio. Pero conquistar ese superpoder supuso perder la adaptación innata a un nicho ambiental concreto. Para criaturas tan grandes y necesitadas de calorías y recursos como los humanos, supuso un riesgo evolutivo. Y se superó porque el cerebro humano es altamente adaptativo y somos seres hipersociales, capaces de cooperar con un gran número de individuos no emparentados, apoyándonos y compartiendo recursos, ideas y conocimiento. Los humanos aprendieron a modificar el ambiente para adaptarlo a sus exigencias, pero también se adaptaron ellos mismos con ciertas habilidades y comportamientos para responder a los distintos ambientes. La migración permitió que nuestra especie sobreviviera a retos ambientales, enfrentamientos intertribales, luchas territoriales, escasez de comida y recursos, endogamia y enfermedades.

Cuando el clima lo permitía, los cazadores-recolectores marchaban a poblar el mundo. Pero no se trataba de migraciones en solitario. Los seres humanos confiaban en la colaboración de grupo, tejiendo redes de agentes cooperadores para distribuir el riesgo y la energía necesarios para trasladarse lejos de su nicho evolutivo original. Y esto sucedía en el Pleistoceno, un mundo muy distinto del que conocemos hoy. Capas de hielo de más de un kilómetro de espesor cubrían Europa y Asia septentrional y un tercio de América del Norte, y por los territorios sin hielos erraba un vasto número de grandes mamíferos, incluidos decenas de temibles carnívoros, cazados hasta su extinción. Abrirse camino en un paisaje tal exigía flexibilidad y una profunda confianza en el apoyo del grupo. Necesitaremos ambas este siglo.

La migración de las cosas

A pesar de todo, no solo nosotros nos desplazamos. Basta con que el lector mire dónde vive ahora: podemos sobrevivir en el lugar que ocupamos —nuestro nuevo «nicho»— gracias a todos los elementos de otros contextos que nos han traído. En mi caso sería el agua, la comida, la infraestructura y los objetos de mi casa. De los recursos que uso, los únicos que derivan de este ambiente son el terreno donde me encuentro y el aire que respiro. Para todo lo demás dependo de una intrincada red global de miles de personas que se mueven por el planeta desplazando cosas para que lleguen hasta mí.

La migración humana depende de una migración secundaria pero clave: el movimiento de las cosas. Para nuestros antepasados más lejanos, ello incluía el agua (transportada en botas), que les permitía cazar resistiendo varios días, y los instrumentos necesarios para matar, despiezar y trabajar las presas, como hachas de piedra, lanzas de madera y materiales combustibles para encender el fuego. La capacidad de transportar los recursos que necesitaban les permitía superar zonas desoladas e inhóspitas y realizar viajes más largos. Somos el único animal que lo hace y es lo que liberó a nuestros antepasados, al permitirles desarrollar sus tecnologías a lo largo de la vida y las generaciones.

El siguiente paso fue combinar la colaboración con el desplazamiento de los recursos: empezaron los intercambios dentro de un mismo grupo y entre distintos grupos. El comercio rebajaba drásticamente los costes de energía de la adquisición de recursos, sobre todo en los viajes largos, y reducía los riesgos de fundar un asentamiento en un lugar nuevo. En la época de nuestros antepasados *Homo*, los individuos habían creado redes sociales entre grupos tan fuertes que posibilitaron los intercambios de recursos de origen geográfico remoto y entre personas. Esto les permitió viajar más lejos y durante más tiempo y, a la larga, salir de África para colonizar Asia, Australia, Europa y América.

Quizá fue precisamente esta capacidad de intercambiar recursos entre redes solidarias lo que dio ventaja a nuestra especie respecto a las otras ya extinguidas. Cuando los seres humanos modernos suplantaron a los neandertales, las densidades de población se multiplicaron al menos por diez. La capacidad de carga del territorio probablemente aumentó mediante la transferencia de riquezas a través de una «moneda» de objetos de valor, como podían ser las caracolas. Los neandertales también fabricaban toda una serie de objetos decorativos, pero no está claro si los comercializaban a gran escala. Nuestros antepasados, en cambio, recogían e intercambiaban materias primas a grandes distancias y con ellas creaban objetos dotados de un valor añadido que luego comercializaban. El comercio —la migración organizada de los recursos— hizo posible que nuestros antepasados construyeran redes sociales más extensas y aumentara el tamaño de los grupos, las instituciones culturales y su resiliencia a los ambientes difíciles. También ayudó a los grupos a especializarse en actividades culturales y tecnologías concretas, sin dejar de cubrir sus necesidades básicas. Así, nuestros ancestros pudieron ocupar vastos territorios en distintos continentes, mientras que los neandertales nunca se aventuraron más allá de Eurasia.

Las actuales tribus de cazadores-recolectores se dividen a menudo en bandas durante la estación de la caza, para luego reunirse en grandes fiestas que duran aproximadamente una semana, varias veces al año. Durante estos encuentros, intercambian carnes, historias y otros recursos, se estudian ideas, técnicas e instrumentos, se examinan objetos decorativos y se desarrollan relaciones comerciales. Como preparación a los festivales, las sociedades de cazadores-recolectores de nuestros días, como los pueblos !Kung del Kalahari occidental, dedican mucho tiempo a la producción de objetos de valor comercial, como joyas con cáscara de huevo de avestruz, que intercambian con los derechos de migración hacia el territorio de otro grupo donde poder cazar o recoger alimentos. El comercio ayudó a los grupos antiguos a migrar porque redistribuía los riesgos ambientales: si los pozos de agua del territorio de una tribu se agotaban y ello causaba la carestía de presas, entonces se adquiría comida de otra tribu más lejana mediante un intercambio comercial.

Para los primeros antepasados cazadores-recolectores la migración fue continua pero gradual. El ambiente hostil del Pleistoceno, donde los humanos pasaron la mayor parte de su historia evolutiva, mantuvo la densidad de la población baja y limitó las ocasiones de intercambios entre los grupos, lo que se refleja en las pequeñas diferencias genéticas que surgieron posteriormente entre descendientes separados del mismo grupo relativamente pequeño de exploradores africanos. El color de la piel, determinado por varios genes distintos, es un marcador visible de la migración ancestral, que generalmente se aclara (perdiendo melanina) con la latitud, a medida que el sol pierde fuerza. La melanina protege de los rayos ultravioletas, pero limita la cantidad de vitamina D imprescindible que la piel produce en reacción con la luz solar. Mientras que los chimpancés tienen la piel clara, los humanos, sin pelo, se protegen con la piel oscura. La piel clara tan común en Europa es sorprendentemente reciente: los europeos tenían piel y pelo oscuro (y ojos azules) incluso hace cuatro mil años.

Antes de que acabara la última glaciación, los humanos migraban y se asentaban durante una estación como mucho, organizaban reuniones regulares de tribus, pero pronto se dispersaban en densidades de población más sostenibles. Los primeros británicos, por ejemplo, no se asentaron. Llegaron para cazar y luego se retiraron por un puente de tierra hacia áreas más cálidas en el sur del continente.

CÓMO LA MIGRACIÓN DE LAS COSAS COBRÓ IMPORTANCIA

Las migraciones han diversificado nuestros genes y nuestra cultura. Pensemos en el norte de Europa: durante la Edad de Piedra y de Bronce hubo tres migraciones masivas clave que alteraron profundamente la configuración genética de los europeos, sobre todo porque se dieron en períodos de baja densidad de población. La primera, hace unos dieciocho mil años, fue la de los cazadores-recolectores de los Balcanes hacia el norte, cuyo ADN constituye aún hoy alrededor del treinta por ciento de los genes europeos. La segunda fue una migración hacia el norte, desde Anatolia, de granjeros que llegaron hace unos ocho mil años[54] y que al principio cohabitaron con los cazadores-recolectores autóctonos. La tercera, hace tan solo cinco mil años, fue la migración de pastores nómadas desde las estepas eurasiáticas hacia tierras cultivadas.

La segunda migración fue la que empezó a anclar a la gente a la geografía, a una parcela de terreno. La antigua transición de un estilo de vida basado en la caza y la recolección a la práctica de asentamientos humanos permanentes ejerció una presión extra sobre los recursos locales. Los cultivadores modificaron radicalmente el paisaje del planeta, lo volvieron más productivo para la supervivencia humana. Si se invertía en la siembra de un campo, había que estar presente para recoger los frutos, así que la agricultura cambió profundamente los patrones migratorios humanos. Nos arraigamos a la tierra, nuestra identidad estaba vinculada a ella, aunque no la poseyéramos. Sin embargo, al principio la agricultura solo nos volvió relativamente sedentarios, porque cuando los campos se empobrecían volvíamos a trasladarnos.

Hoy el cambio climático nos está desarraigando, pero en aquel entonces fue crucial para un tipo de cambio muy distinto: podríamos decir que nos arraigó. Me refiero a que la transformación de nuestra especie en granjeros fue posible solo gracias al cambio climático global. Durante la última glaciación, la atmósfera terrestre contenía tan poco dióxido de carbono (180 ppm) que la fotosíntesis era muy ineficiente y, por consiguiente, la vegetación total del planeta no llegaba a la mitad de la actual. Las tribus nómadas de hace veinte mil años no habrían podido asentarse de forma definitiva porque las pocas praderas que lograban crecer en aquella época no habrían podido dar un sustento permanente a los rebaños y menos aún servir para el cultivo. Sin embargo, hace ocho mil años el dióxido de carbono creció a 250 ppm, lo que produjo un aumento tal de la productividad de las plantas que los cazadores-recolectores no se vieron en la necesidad de recorrer largas distancias para abastecerse, los rebaños podían establecerse durante períodos más largos y los asentamientos eran lo bastante estables como para invertir en infraestructuras, desde canales de riego hasta silos para los cereales.

Sin embargo, la agricultura, sobre todo en los primeros tiempos, era un estilo de vida inseguro y muchos morían de hambre o vivían al límite de la supervivencia: la fauna local era escasa porque los grupos de humanos asentados la agotaban y, si las cosechas fallaban, costaba más migrar hacia nuevos pastos. Un instrumento clave de su kit de supervivencia —la capacidad de migrar— se había estropeado justo cuando los humanos más lo necesitaban. En un yacimiento arqueológico de Anatolia se han recogido pruebas de un período comprendido entre hace nueve mil y ocho mil años que demuestran que, por ejemplo, con el rápido crecimiento de la población también aumentó la tasa de infección ósea y las caries debidas a dietas pobres en almidones y proteínas. Pese a estas desventajas para la salud, la agricultura es el modo más eficiente de usar la tierra para la alimentación y el sedentarismo permitía que las mujeres redujeran la distancia entre los partos, al no estar limitadas por el lastre de transportar a bebés y niños. Así, tenían más hijos, que requerían más tierra. La agricultura, por lo tanto, amplió las poblaciones humanas y su difusión en una forma nueva y fundamental.

Los demógrafos, con los modelos de la evolución del sedentarismo, han llegado a la conclusión de que este solo tiene lugar cuando la población alcanza un nivel que impide un movimiento constante (y el índice de agotamiento de los recursos es bajo).[55] Es decir, el sedentarismo y la agricultura evolucionaron a partir de nuestro éxito como especie migratoria. Gracias a la agricultura nacieron y prosperaron las civilizaciones. El bienestar social, sin embargo, se resintió y muchas injusticias persisten aún hoy. Está demostrado que con los asentamientos permanentes las sociedades igualitarias se volvieron más desequilibradas. El fantástico asentamiento de Çatalhöyük en la actual Turquía —ya hace ocho mil años una ciudad compuesta por cientos de casas de adobe— revela pruebas de una sociedad extraordinariamente igualitaria. Pero hace seis mil quinientos años la situación cambió, con desigualdades entre las familias y violentos castigos para los miembros díscolos de la comunidad, como muestran los cráneos con marcas cicatrizadas de agresiones deliberadas.

La estabilidad tenía claras ventajas a nivel social, ya que permitía que poblaciones más numerosas desarrollaran culturas más complejas. Pero estar atado a un lugar te vuelve vulnerable si las condiciones se vuelven adversas. Por ejemplo, el cambio climático siempre ha propiciado las migraciones. En cuanto el planeta se enfriaba, los pueblos migraban al sur rumbo al ecuador; si se calentaba, ponían rumbo norte. La repentina y brutal glaciación de hace doce mil novecientos años, cuando las temperaturas descendieron 12 °C en cincuenta años en algunos puntos de Europa, obligó a los cazadores-recolectores a dirigirse al sur, a Oriente Medio. El calentamiento global que empezó lentamente hace unos diez mil años los movilizó hacia el norte.

En todos los lugares donde se inventó o se importó la agricultura, los cultivadores colonizaron las tierras por donde antes vagaban los pueblos nómadas. Hace unos ocho mil años, los primeros agricultores africanos sembraron lo que hoy es el Sáhara oriental, pero hace seis mil años el clima cambió y la región se resecó, por lo que el desierto se expandió e, insólitamente, se puso fin a la agricultura a favor del pastoreo nómada y el sistema de caza-recolecta. Hace unos cuatro mil quinientos años, los bantús de África occidental aprendieron a cultivar el ñame e iniciaron migraciones a gran escala hacia el oeste y el sur, lo que obligó a los bosquimanos khoisán y a los pigmeos a abandonar las tierras fértiles y ocupar áreas residuales en las sabanas y selvas respectivamente. Asimismo, en América, los toltecas y los aztecas eran migrantes agricultores que sustituyeron a las comunidades indígenas.

La agricultura estable permitió que las poblaciones crecieran, como hemos visto, pero había un límite. Durante miles de años, los agricultores confiaron principalmente en el reciclaje de la materia biológica para compensar la carencia de nitrógeno y otros nutrientes esenciales para los cultivos del terreno. Dejaban que se pudrieran los tallos y el forraje en los campos, añadían cualquier otro material orgánico que tuvieran, como estiércol animal o humano, y practicaban la rotación de los cultivos. Pero, a medida que las poblaciones fueron creciendo, fue necesario que esos mismos terrenos produjeran más cosechas. Luego, en 1909, el químico alemán Fritz Haber inventó un modo de transformar el nitrógeno del aire en una forma absorbible por las plantas; su colega Carl Bosch lo convirtió en un proceso industrial. Había nacido la era de los fertilizantes artificiales: las consecuencias en el crecimiento de la población fueron inmediatas. Hoy la mitad de las proteínas de nuestro cuerpo provienen del proceso Haber-Bosch. Miles de millones de personas deben su ración diaria de pan, arroz y patatas a los fertilizantes artificiales, que han transformado completamente el ciclo del nitrógeno del planeta y han contribuido a catapultar a nuestra especie hasta la posición de dominio global con una población de 8000 millones de personas.

La migración mundial de los alimentos producidos con la agricultura moderna ha permitido que la inmensa mayoría de nosotros nos asentemos en las mismas pequeñas áreas ocupadas durante cientos de generaciones. Se trata de áreas con grandes concentraciones de personas, que apenas producen nada de comer pero que comercian con comida y otros recursos procedentes de fuera.

La agricultura fue el invento que transformó a los hombres de nómadas en sedentarios. El cambio no fue tan sencillo, claro. Los humanos no dejaron de migrar porque ya no cazaban ni recolectaban. Para empezar, la agricultura es una actividad precaria que deja las calorías de enteras poblaciones a merced de las condiciones meteorológicas. Hace unos tres mil doscientos años, por ejemplo, una red de civilizaciones completa se hundió cuando el caos climático desencadenó un período de sequía de trescientos años en Oriente Próximo.[56]

«Hay hambruna en [nuestra] casa. Si no llegáis pronto, moriremos de hambre. No veréis ni un alma viva en vuestra tierra.» Esta es la correspondencia entre los socios de una empresa comercial en Siria con destacamentos por la región, mientras ciudades desde el Levante hasta el Éufrates caían por el hambre. En todo el Mediterráneo y Mesopotamia, las dinastías que habían gobernado durante siglos se desmoronaron. Las paredes del templo funerario de Ramsés III —el último gran faraón del Imperio Nuevo— relatan las oleadas de migraciones en masa, por vía marítima y terrestre, y las guerras con misteriosos invasores procedentes de tierras lejanas. Los sumerios levantaron en vano un muro de 100 km para mantener a raya a los refugiados climáticos. (Algunos se establecieron al norte, construyendo una ciudad llamada Babilonia y dando vida a una nueva civilización.) Al cabo de pocos decenios, la Edad del Bronce llegó a su fin. Y quienes salieron ganando fueron los pueblos migratorios de las estepas.

Las vastas llanuras del planeta, con sus vientos constantes y terrenos secos, dificultan la agricultura, pero son un excelente pasto para caballos y otros herbívoros. Por eso llevan milenios siendo usadas por los pastores y cazadores nómadas. Muchos de estos pueblos también se convirtieron en célebres comerciantes, al intercambiar sus productos animales con alimentos cultivados y otros recursos, o bien saquear los bienes almacenados de los pueblos estables. Esta estrategia migratoria hizo posible que nuestra especie poblara algunos de los paisajes más arduos del planeta y difundiera genes, culturas y recursos por los continentes.

Los pueblos yamnayas, originarios de las estepas, quizá son el ejemplo más notable de estas culturas migratorias. Fueron los primeros que domesticaron caballos y los usaron para conquistar y colonizar Europa hace unos cinco mil años, lo que los convirtió en el tercer y último pueblo migratorio que modificó el ADN de todos los europeos. Los yamnayas debieron de ser un espectáculo extraordinario, algo que los agricultores europeos autóctonos no habían visto antes: guerreros de piel clara y ojos oscuros, embellecidos con joyas de bronce, que avanzaban a toda velocidad a lomos de caballos o en carros tirados por caballos. Desde Escocia hasta Marruecos se han desenterrado muestras de su avanzada elaboración del metal y su cerámica de intrincados motivos. También aportaron su lengua indoeuropea, cuyas raíces se hallaban en el norte de Irán, y pusieron en marcha el primer comercio eurasiático de marihuana. Las rutas comerciales que crearon los yamnayas y sus vecinos se convirtieron, varios milenios después, en parte de la Ruta de la Seda.

Los yamnayas fueron muy transformadores gracias a la red de contactos que habían creado —una red de sociedades móviles que conformaba un sistema de comunicaciones intercontinental— y también gracias a su pericia comercial. Una migración de éxito se basa en redes de colaboración y de intercambio. Seguramente el momento histórico jugó a su favor, pues llegaron a Europa poco después de que las calamidades asolaran todo el continente. La migración de los yamnayas fue una invasión violenta en todos los sentidos. Sus bandas irrumpieron por toda Europa y aplastaron a la población indígena con armas sofisticadas como hachas de guerra y un nuevo y ligero sistema de arco y flechas. Los invasores borraron alrededor del noventa por ciento del acervo genético originario, incluido el de los hombres de las actuales España y Portugal.

Un par de siglos después, la migración yamnaya había revolucionado la sociedad, la cultura y los genes europeos, dando pie a la Edad del Bronce. Hoy la mayoría de los europeos tiene la piel clara y la mitad de la población mundial habla un idioma indoeuropeo. Al menos el setenta por ciento del ADN europeo ha sido heredado de los migrantes anatolios que llegaron hace ocho mil años como agricultores o hace cinco mil de las estepas; el resto del ADN procede de los cazadores-recolectores que predominaban anteriormente. Estos fueron los últimos cambios significativos en el ADN europeo, pero no en la cultura.

A lo largo de los milenios posteriores, los guerreros nómadas de las estepas siguieron saqueando los asentamientos agrícolas y las ciudades, logrando ocupar las escasas llanuras aprovechándose de los cultivadores, pero periódicamente se veían obligados a retirarse hacia prados más ricos donde alimentar a sus caballos o donde asentarse definitivamente: este fue el origen de los antiguos griegos y de los turcos otomanos, por ejemplo. Los ágiles guerreros acabaron con imperios enteros y, una vez más, dejaron su huella en el patrimonio genético: el ADN de Gengis Kan está presente aproximadamente en un hombre de cada doscientos vivos hoy, es decir, unos dieciséis millones de personas.

Los océanos también fueron escenario de invasiones migratorias, como la de los filisteos (los «pueblos del mar»), que atacaron en repetidas ocasiones Egipto y Canaán (más o menos el Israel actual), donde se establecieron y fundaron Palestina; y la de los vikingos, que también se aprovechaban de comunidades estables y que con sus ágiles veleros de guerra atacaban por sorpresa a las poblaciones costeras. La palabra *vikingo* significa «asaltante» y algunas de sus expediciones las llevaban a cabo con una furia incontrolable unos vikingos llamados *berserkers*. Ese fue el ataque que sufrió el erudito Focio de Constantinopla, quien en el 860 dejó por escrito su lamento: «¿Por qué ha estallado esta densa y repentina granizada de bárbaros?».

La mayor parte de estos grupos nómadas desapareció o se asentó como resultado de la expansión agrícola, si bien aún quedan grupos dedicados al pastoreo que viven en las praderas, por ejemplo, en las estepas de Mongolia, en Masái Mara y Patagonia. El uso que hacen de estas praderas y terrenos marginales es mucho más sostenible.

Viajes de larga distancia

La migración humana también se ha visto motivada por la búsqueda de nuevos territorios y recursos por descubrir. La curiosidad y el espíritu de aventura han llevado a las personas a explorar más allá de la red de seguridad que representa el mundo conocido, adentrándose en los mares más profundos, en los polos y en el espacio cósmico. Las migraciones han distribuido a las poblaciones humanas por el planeta y han difundido así nuestros genes, prácticas culturales, creencias y tecnologías.

Durante miles de años, los polinesios migraban para hacer frente a la superpoblación y a las guerras civiles en sus reducidos entornos insulares. Los exploradores polinesios eran capaces de navegar con pericia a lo largo de miles de kilómetros en océano abierto usando las estrellas y su inigualable conocimiento de las corrientes oceánicas, lo que les permitió ocupar islas remotas desde Hawái hasta Indonesia.

Por el contrario, los navegantes europeos que descubrieron Nuevos Mundos (y nuevas partes de Viejos Mundos) a menudo encontraban estos territorios ya habitados. Las consecuencias de estas migraciones no solían ser positivas y los navegantes constantemente robaban recursos, tierras y personas de un lugar para trasladarlos a otro. A menudo los inmigrantes imponían su cultura a los nativos con la convicción de que era intrínsecamente mejor, alimentando la idea racista de que algunos pueblos eran «primitivos». Estos viajes pusieron en contacto a nuevas poblaciones, por lo que se globalizó tanto la comunidad humana como nuestras actividades y se amplió nuestro conocimiento del mundo. Pero los viajes también fueron portadores de muerte y enfermedades, devastaron culturas consolidadas y alteraron profundamente el ambiente. Aún hoy persiste un desequilibrio de poder entre los descendientes de los colonizadores y de los colonizados, que se manifiesta en desigualdades socioeconómicas perdurables.

La migración fue el motor del mundo industrializado, en parte con el fin de encontrar mano de obra forzada para transformar el ambiente y la riqueza de las naciones. La esclavitud es una práctica antigua, pero la trata de esclavos transatlántica la convirtió en una terrible empresa a escala industrial: en cuatro siglos trasladaron a unos doce millones de africanos al continente americano. El legado de este impresionante desplazamiento de hombres jóvenes, principalmente, de una sociedad a otra ha tenido efectos duraderos en los genes, la cultura, la sociedad y la demografía. Si bien los africanos ya llevaban milenios presentes en Europa y Asia, se trataba de cantidades relativamente pequeñas y las poblaciones de europeos y asiáticos que migraban al corazón de África también habían sido insignificantes. Ello se debe en parte a la geografía africana, con sus desiertos, selvas y ríos impenetrables. El clima y la ecología también influyeron: los métodos de cultivo usados en Eurasia no eran adecuados para los trópicos y las enfermedades africanas resultaron mortales para muchos aspirantes a colonizadores. Por eso, hasta la trata de esclavos, esta parte del mundo se había quedado excluida de la mezcla a gran escala de Eurasia. Gran parte de la diversidad genética y cultural presente hoy en América y en otros lugares arrastra una historia de brutalidad y vergüenza caracterizada por un enorme sufrimiento.

La gran mezcla de genes, pueblos, culturas y tecnologías de hoy debe una buena parte de su variedad y complejidad al deseo de migrar de los seres humanos. Las ventajas del comercio nos obligaron a cooperar con otras tribus con normas sociales, gentes y tecnologías diferentes. De esta forma se ampliaron nuestras redes sociales y los conocimientos colectivos de nuestras sociedades, y nos vimos con ánimo para explorar nuestro ambiente en busca de valiosas materias primas. A veces las prácticas culturales migran entre las poblaciones junto con los recursos; otras, los pueblos mismos migran y se integran, llevando consigo su tecnología. Los nuevos progresos de la genética de poblaciones, la arqueología, la paleontología y la lingüística empiezan a dibujarnos un cuadro mucho más completo de nuestra herencia migratoria. Por ejemplo, podemos ver dónde se establecieron los inmigrantes anglosajones en Gran Bretaña, hasta las ciudades concretas, porque en esos lugares modificaron el acervo genético; los romanos, los vikingos y los normandos, cuyas invasiones transformaron la historia cultural británica, dejaron una huella mucho menor en el ADN de los ingleses de hoy.

Las migraciones contribuyeron a difundir en toda la humanidad las modificaciones genéticas ventajosas, a menudo mezclándolas y recombinándolas en nuevas variantes. Los yamnayas aportaron los genes para digerir la leche en edad adulta, una adaptación adquirida gracias al pastoreo. Esta fuente suplementaria de calorías seguramente fue una gran ventaja para los campesinos malnutridos y mal desarrollados. Los genes de los yamnayas que determinaban la piel clara también habrían beneficiado a los agricultores nativos de piel oscura, que apenas tenían acceso a fuentes alimentarias de vitamina D, sobre todo durante los cortos días del invierno septentrional. Cuando se trata de pequeñas poblaciones, hasta la mínima ventaja puede llevar a la proliferación de un gen.

En los últimos dos siglos hemos asistido a la mayor mezcla de pueblos, que ha generado un mundo verdaderamente globalizado, en que vastas poblaciones han cruzado los continentes, huyendo de conflictos o buscando una vida mejor. En algunos casos, la inmigración fue organizada por el Estado para satisfacer una necesidad de mano de obra. Precisamente esto permitió el rápido desarrollo de Australia, California y el Sistema Sanitario Nacional británico. Y también es lo que atrae a trabajadores inmigrantes hasta Dubái, a los estudiantes hasta las ciudades universitarias y a los científicos hasta proyectos de colaboración internacional como el CERN. De hecho, no es una coincidencia que los descubrimientos y los avances científicos nazcan en los laboratorios de colaboración formados por migrantes: son lugares necesarios para fertilizar la innovación, consolidar el aprendizaje y diversificar las ideas.

Así, la migración no es simplemente un rasgo de las sociedades humanas, sino un factor esencial. Sin una migración suficiente, la complejidad cultural y genética puede disminuir tanto que las sociedades tendrían dificultades para sobrevivir o podrían incluso extinguirse. Esto es, por ejemplo, lo que le pasó a un pequeño grupo de paleoesquimales canadienses, que hace unos seis mil años cruzaron los inhóspitos hielos y el mar que separa Siberia de América del Norte y llegaron hasta Canadá. Pese a compartir el territorio con poblaciones indígenas amerindias altamente sofisticadas, se aislaron deliberadamente. Con el paso del tiempo, los paleoesquimales pasaron apuros y acabaron por extinguirse. Probablemente gozaban de una salud peor a causa de la endogamia y su cultura retrocedió. Un pueblo entero desapareció por la falta de comunicación con los demás.

Las redes sociales crean sinergias y permiten que grupos estructurados logren resultados que un conjunto de personas desvinculadas no obtendría. La migración se basa en redes de cooperación para solucionar problemas complejos, igual que para abrirse paso en tierras desconocidas e inhóspitas. Los pioneros son los que proporcionan la red de llegada para los posteriores migrantes procedentes de la misma comunidad de origen. Por eso, la migración no es un desplazamiento casual por el mundo, sino que sigue unas rutas y unos canales trazados por nuestros muchos antecesores históricos, desde los cruzados hasta los mercaderes de la Ruta de la Seda o la diáspora poscolonial.

Las migraciones, pues, han continuado durante el curso de la historia humana, a veces con la participación de grandes poblaciones, otras de pequeños grupos, y a menudo se trasladaban a territorios ocupados por otras sociedades preexistentes. Entrar en las tierras de otra tribu era peligroso y, al normalizarlo, nuestros antepasados se apartaron del comportamiento de los primates: los chimpancés, por ejemplo, atacan a los intrusos y a menudo los matan. La mayoría de las sociedades humanas, por el contrario, cuenta con unas normas sociales de bienvenida a los foráneos y la reputación del grupo y el prestigio de sus líderes dependen de las garantías de un trato hospitalario para con los visitantes.

Además, también exprimimos al máximo nuestros vínculos familiares. Uno de los motivos por los que las interacciones humanas entre grupos suelen ser de cooperación y no de hostilidad es que las ventajas del comercio entre grupos son mucho mayores; el otro motivo es el parentesco. Nuestras familias extendidas, que incluyen a la parte política, a menudo se hallan a caballo entre las fronteras de los grupos, por eso la mayoría de las personas están estrechamente emparentadas con otras que viven en regiones, países o incluso continentes distintos, y también por ese motivo gran parte de la población de la Tierra habla varios idiomas. Aparte de nuestra familia más cercana, estamos estrechamente vinculados unos con otros: con esto me refiero a que todos los humanos somos genéticamente muy parecidos, en comparación con la diversidad presente en el seno de otras especies; por ejemplo, el ADN de dos humanos escogidos al azar difiere una media de 0,1 %, mucho menos que el de dos chimpancés cualesquiera. Los grupos de diferencias genéticas entre poblaciones, incluso entre continentes, como entre un habitante de Sri Lanka y uno de Suecia, son diminutas anomalías. Ello se debe en parte a los descensos demográficos de las poblaciones ancestrales, pero sobre todo al mestizaje migratorio, favorecido por las redes comerciales. El África subsahariana, cuna de nuestra especie, alberga una octava parte de la población mundial y la mayor diversidad genética: las diferencias en el ADN entre habitantes de África occidental y oriental son el doble que entre europeos y asiáticos orientales. Y, sin embargo, pese a nuestra complejidad evolutiva de cientos de miles de años, las sociedades clasifican sistemáticamente a las personas como «negras» o «blancas», como si el tono de la piel fuera un estado binario y pudiera revelar una mínima distinción significativa sobre la «pureza» genética o la «raza» de un individuo.

La densa interconexión de la familia humana, nuestra semejanza genética, implica que, en términos biológicos, no existen razas distintas. Todos podemos reivindicar nuestra ascendencia en todo el mundo. Los vínculos que nos atan a un determinado lugar —nuestra identidad nacional— son culturales y se basan en una circunstancia temporal arbitraria, a menudo el punto del planeta donde nuestra madre dio a luz. Los rasgos genéticos se superponen y se dispersan a través de fronteras culturales y geográficas, por eso la variación genética en el seno de las poblaciones es igual de grande que la existente entre las poblaciones. (Incluso cuando las estrictas normas culturales prohibían el matrimonio entre grupos, las pruebas genéticas demuestran que se celebraban igualmente.)

Grandes migraciones de personas, invasiones, fugas, cruzadas, exploraciones, colonizaciones, comercio de esclavos; desplazamientos a causa de guerras, trabajo o casualidad: todo ello ha contribuido a la mezcla genética del último milenio, sobre todo de los últimos siglos. Las ramas de nuestro árbol genealógico se han entrelazado más, lo cual ha comportado una situación en que las poblaciones presentan una herencia de rasgos mixtos tan difusa que los prejuicios tribales entre quienes pertenecen o no a un grupo ya no serán posibles basándose en distinciones visibles[57] —la gran migración climática podría acelerar este proceso en cuestión de pocas generaciones—. Por ejemplo, la diferencia genética entre los pueblos de Europa y los de Asia occidental se ha reducido a más de la mitad en los últimos diez milenios. Es decir, ya no será creíble describir las diferencias entre las personas basándose en la falacia de la «raza» biológica.

Los puntos centrales de las redes comerciales interculturales son nuestras ciudades. Y las ciudades no pueden existir aisladas: dependen de las redes de intercambio de los comerciantes, los diplomáticos y los artesanos que importan nuevos recursos e ideas. La red social de los habitantes de las ciudades es muy distinta de la de los habitantes de las aldeas, y su sentido de identidad y los vínculos con la tierra también difieren. Respecto a los habitantes de los pueblos, los de las ciudades tienen más probabilidades de entrar en contacto con una gama diversificada de personas que tienen menos probabilidades de conocerse entre sí y esta expansión de las redes aumenta el potencial de las interacciones beneficiosas e impulsa la innovación. Las ciudades, por ende, son fábricas de cultura, que atraen a poblaciones diversas y concentradas y, como todas las redes sociales, son sinérgicas: con el incremento del 100 % de la población de una ciudad, la innovación crece un 115 %.

Históricamente, las personas que se han trasladado a los centros urbanos en busca de oportunidades han acelerado el progreso tecnológico, generando las civilizaciones, la escritura y las economías industriales modernas. Pero la vida metropolitana también ha empeorado nuestra salud al surgir nuevas epidemias que han disparado la mortalidad: de hecho, hasta el siglo XX, las ciudades eran tan peligrosas que la cantidad de población se mantenía estable solo gracias a la inmigración constante procedente de las áreas rurales. Hasta que no se introdujeron el saneamiento, los sistemas de alcantarillado y la medicina moderna, las ciudades no se convirtieron en lugares relativamente más seguros donde vivir.

El impacto genético de las ciudades puede sobrevivir a las ciudades mismas. Hace unos cuatrocientos años, un carismático líder de la tribu kuba de África occidental llamado Shyaam a-Mbul formó un reino en el actual suroeste central de la República

Democrática del Congo que reunía a las numerosas etnias de la región en una grande y sofisticada ciudad Estado. El reino Kuba contaba con un sistema político increíblemente moderno, que incluía una constitución, cargos políticos electos, procesos judiciales con jurado y el suministro de bienes públicos y apoyo social. Se convirtió en un rico centro de innovación, famoso por sus obras de arte. La colonización belga de finales del siglo XIX contribuyó en gran medida al declive de este extraordinario Estado cosmopolita, pero su herencia aún pervive: las poblaciones con antepasados del reino Kuba tienen una diversidad genética mucho mayor que otras de la misma zona.

Todas las principales ciudades del mundo fueron creadas por las migraciones, a menudo de refugiados, como Roma y Venecia en Europa. En los próximos ochenta años, con la mayor migración en masa de nuestra historia, cada diez días se construirá el equivalente de una ciudad de un millón de personas. En los decenios futuros, la mayor parte de la urbanización la conformarán las personas pobres de África y Asia que migrarán de las zonas rurales en busca de un trabajo retribuido. En su mayoría vivirán en barriadas de chabolas cuya densidad alcanzará las 2500 personas por hectárea, con dos o tres baños compartidos (la misma cantidad que en un hogar medio estadounidense). Actualmente, se cuentan unas treinta megalópolis y para el 2050 se prevé que se fusionen en decenas de megarregiones, como la de Hong Kong-Shenzhen-Cantón en China, donde más de cien millones de personas vivirán en una ciudad aparentemente infinita. Seguramente dichas megarregiones acabarán siendo más influyentes que los Estados nacionales.

Actualmente vemos que a las ciudades se les trasfiere cada vez más poder, gozan de una notable facultad de decisión sobre asuntos que van desde la migración hasta las medidas sobre el clima. Los Estados, por ejemplo, son los que deberían controlar el flujo de refugiados e inmigrantes que cruzan sus fronteras, pero en realidad suelen ser las autoridades municipales las que se ocupan de ello. Estas toman decisiones sobre cuestiones como la vivienda y el empleo de sus habitantes, tanto si han nacido en la ciudad como si han llegado legalmente o como inmigrantes irregulares; y muchas ciudades han empezado a expedir «visados urbanos»: el programa NYCID de Nueva York, por ejemplo, permite que cualquier persona con una prueba de residencia en la ciudad (como una factura de la luz) reciba un documento de identificación emitido por el gobierno. Según Benjamin Barber, fundador de Global Parliament of Mayors, «la ciudad se convierte, de hecho, en un ente que autoriza, controla, registra y supervisa a la población inmigrante que entra en su territorio sin el permiso del Estado, que no es capaz de controlarla ni lo hace».[58]

Aún estamos en una fase de transición y las ciudades son organismos sofisticados: cuanto más crecen, más rápido operan e innovan.

La historia de la migración humana es la historia de nuestros genes, nuestra cultura y nuestro paisaje, que han cambiado en el curso de los milenios. Es la historia del nomadismo y de la agricultura itinerante, de la lucha infinita entre los pueblos de las llanuras y de los terrenos cultivables, de los imperios que se expandieron y desaparecieron, de los exploradores que llegaron a los rincones más remotos de nuestro planeta y de la gente que siguió sus huellas. Es una historia de pertenencia y su opuesto: los desplazados, los sintecho y los apátridas. Y es la historia de la creación más triunfal del nicho humano, la ciudad, y de los miles de millones de migrantes que las ciudades atraen.

Nos diseminamos por el mundo a través de redes que mantenemos nosotros mismos: donde estas son tupidas y bien conectadas, los desplazamientos son fáciles y las sociedades prosperan; donde las redes se interrumpen, los desplazamientos son limitados y las sociedades y las culturas se debilitan. Aunque nosotros mismos no migremos, nuestros antepasados sí lo hicieron y para el funcionamiento del mundo moderno dependemos totalmente de las migraciones y los recursos de otras personas. El intercambio de individuos y bienes de otros lugares, las palabras que pronunciamos, los alimentos que ingerimos, la música que escuchamos... todo se basa en nuestro mundo humano en constante movimiento.

Sin embargo, nunca ha habido tantos obstáculos a la migración como hoy, con países que sellan sus fronteras y levantan muros. Mientras la humanidad tiene que afrontar su mayor reto ambiental —una población de 10 000 millones de personas, limitación de los recursos y una crisis demográfica—, no deberíamos crearnos más trabas limitando nuestra herramienta de supervivencia más importante. Podremos hacer frente a los desafíos globales únicamente a través de un movimiento y una redistribución extensivos y planificados de los humanos. Con todo, como ya hemos visto, las migraciones a gran escala han sido sangrientas y brutales, y en el mundo tecnológicamente avanzado en el que vivimos hoy las posibilidades de una catástrofe son una constante. Esta vez necesitamos un esfuerzo gestionado a nivel mundial que reconozca nuestra humanidad compartida en este planeta compartido: necesitamos una migración legal, segura, planificada y facilitada.

CAPÍTULO 4

EN LOS CONFINES DE LA LOCURA

En el año 1800, la población humana global alcanzó los mil millones de habitantes. Nos costó unos trescientos mil años. Justo dos siglos después, nuestra población llegó a los seis mil millones. Y veinte años más tarde, en el 2020, ya casi éramos ocho mil millones en el planeta. Somos, con mucho, la especie animal de grandes dimensiones más numerosa, un éxito evolutivo debido, en parte, a las migraciones de nuestros ancestros.

Vivimos en todas partes y, sin embargo, nuestra distribución por el planeta no es uniforme. Más bien, la población se concentra en núcleos: algunos son áreas relativamente pequeñas pero muy densamente pobladas, mientras que otros están prácticamente vacíos. Bangladés, por ejemplo, cuenta con 1252 personas por kilómetro cuadrado, una densidad casi el triple que la de su vecino, India, y 400 veces más que la de Australia, donde solo hay tres personas por kilómetro cuadrado.

A un visitante interplanetario esta realidad podría parecerle sorprendente y quizá pensaría que Bangladés posee una gran porción de las cuotas alimentarias del planeta o algún tipo de recurso muy valioso. Pero, si se observa de cerca la Tierra, se descubre que en realidad la mayoría de la gente está concentrada en zonas aún más diminutas: las ciudades. En Manila, por ejemplo, viven unas cuarenta y dos mil personas por kilómetro cuadrado. O qué decir de Dharavi, un poblado chabolista de Bombay donde un millón de personas vive en tan solo dos kilómetros cuadrados.

El cuadro no tiene por qué ser necesariamente malo: es lógico que la gente quiera asentarse donde sus hijos y ellos puedan disfrutar de una mejor vida, con suficientes alimentos, un lugar seguro donde vivir y la posibilidad de estudiar o ganarse un sueldo. Desde este punto de vista, las ciudades pueden ofrecer ventajas inigualables. Sin embargo, si tuviéramos que trazar un mapa con esas «mejores oportunidades», descubriríamos que los lugares donde la gente tiene más probabilidades de vivir mejor no coinciden con los lugares donde vive la mayor cantidad de gente. Es algo que seguramente confundiría a nuestro visitante interplanetario, pues al fin y al cabo las demás especies viven en ambientes más adecuados para ellas: han evolucionado para amoldarse especialmente a su nicho concreto. Los humanos, en cambio, se han creado un problema.

La mayoría de la población mundial se concentra en torno al paralelo 27°, que tradicionalmente ha sido la latitud con el clima más confortable y la tierra más fértil, pero la situación está cambiando.

Adaptarse al clima significará seguir nuestro nicho a medida que se desplace hacia el norte. De media, los nichos climáticos del planeta se están desplazando hacia los polos a un ritmo de 115 cm diarios, aunque en algunos lugares es más rápido.[59] Los ecologistas calculan que la velocidad actual del cambio climático es de 0,42 km al año, es decir, la velocidad a la que las especies, humanos incluidos, deben migrar alejándose del ecuador para conseguir seguir gozando de las mismas condiciones climáticas.

No podemos elegir el lugar donde nacemos, llegamos allí a través de la migración de nuestros antepasados, reciente o no. Muchas personas hoy viven en lugares especialmente vulnerables a la catástrofe ambiental, al hacinamiento y a la pobreza. Una situación que está destinada a empeorar enormemente. Trasladarnos fue nuestra solución en el pasado y hoy podría resolver muchos de nuestros problemas, y no solo de los migrantes. De hecho, tanto las naciones de acogida como las de origen de los migrantes también salen ganando en muchos otros sentidos, no solo económicamente.

El nicho climático humano, donde viven miles de millones de personas

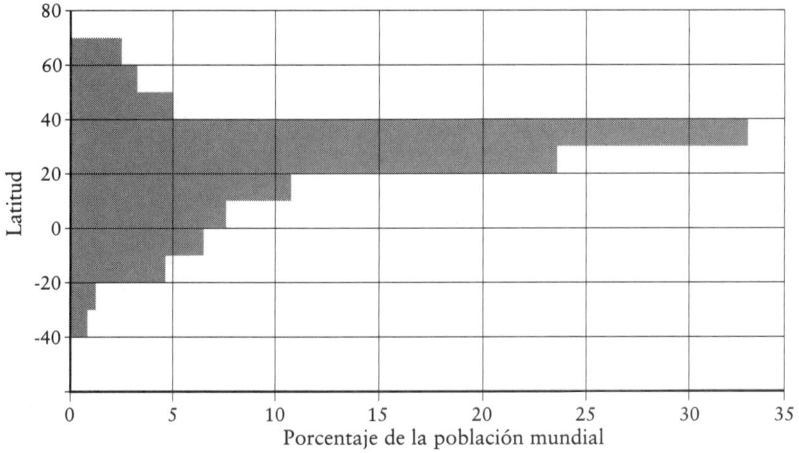

El problema es que las personas que se encuentran en esta situación tienen enormes dificultades para marcharse a un lugar más seguro. Como ya hemos visto, el único motivo por el que los humanos somos tan flexibles respecto a nuestro «nicho» como para vivir en cualquier ambiente es que contamos con el respaldo de nuestras redes sociales de por vida. Abandonar este sistema de apoyo es intimidante, sobre todo si uno corre el peligro de que no le incluyan en las redes del lugar de destino. También podría ser una elección imposible.

El principal obstáculo es nuestro sistema de fronteras, es decir, las restricciones a la circulación impuestas por el propio Estado o por aquellos en los que se quiere entrar. Mientras que a finales del siglo XIX el 14 % de la población global estaba constituida por migrantes internacionales, hoy es poco más del tres por ciento (aunque la población es muy superior). Sin embargo, los migrantes contribuyen en torno al diez por ciento del PIB global, equivalente a 6,7 billones de dólares —aproximadamente unos tres billones más de lo que habrían producido en su país de origen—.[60] Varios economistas calculan que, si se eliminaran las fronteras, el PIB global aumentaría entre el 100 y el 150 %, es decir, un aumento de al menos noventa billones de dólares al año.[61] Como veremos, con una buena gestión, la migración puede beneficiarnos a todos.

Es algo que podría parecer chocante. ¿Acaso los migrantes no suponen una carga para nuestros ya estresados sistemas de bienestar social, que pagamos con nuestros impuestos, y ello nos parece injusto? ¿Por qué habría que darse trabajo y otras oportunidades a los migrantes en lugar de a quienes se lo merecen por haber nacido en el país? Estos son los argumentos que aducen elocuentemente los medios de comunicación y los políticos populistas, pero analicemos bien los hechos: quizá podrían sorprendernos.

¿QUIÉN PERTENECE A UN LUGAR?

La mayoría de estos razonamientos contra la inmigración se basa en la idea de que existe una identidad nacional auténtica y pura, o sea, que algunas personas «pertenecen» a un lugar, pero otras no. No me sorprende que los arquitectos de las políticas extremas de Donald Trump en materia de inmigración estén vinculados con la «ciencia de la raza» y la eugenesia.[62] Mientras escribo estas líneas, estoy escuchando la radio y oigo que a un político negro, David Lammy, nacido en Londres en 1972 y que ha vivido allí toda la vida, le preguntan: «¿Usted cómo puede definirse inglés?». El oyente que ha llamado dice que sus antepasados se remontan a la época anglosajona, mientras que los del político son claramente afrocaribeños. Respecto a esto hay mucho que aclarar sobre descendencia, colonialismo e identidad nacional, entre otras cosas. (Cabe recordar que, de las mil personas aproximadamente que poseían tierras concedidas directamente por el rey en 1086, el catastro *Domesday Book* nos revela que solo 13 eran ingleses. Los demás eran inmigrantes recientes.)

Pero, en el fondo, se trata del caso de una persona que sugiere que otra no puede ser miembro de su tribu «blanca» por tener más melanina y que solo su tribu pertenece a ese lugar: es el propietario-ocupante legítimo de la tierra. Es fácil liquidar este asunto como un caso de estúpido racismo, pero es útil entender que los prejuicios tienen raíces profundas.

Es normal que los humanos sean recelosos y desconfiados para con los forasteros, por eso hace falta poco para convencernos de que quienes llegan de otros lugares no son tan dignos o merecedores de nuestros recursos y en muchos países no escasean los que hoy intentan difundir estas ideas. Poder contar con los demás miembros de nuestro grupo social es tan importante para la supervivencia humana que hemos desarrollado innumerables formas para demostrar nuestra lealtad y confianza y la pertenencia a nuestra «tribu», por lo tanto, que somos merecedores de la seguridad y de los demás beneficios que ofrece. Es un aspecto importante porque los humanos, a diferencia de otros animales sociales como las abejas o las hormigas, confían en grupos sociales que no están formados exclusivamente por miembros de la familia con quien comparten los genes. Desde que nacemos, aprendemos de forma consciente o inconsciente las normas sociales —los comportamientos y prácticas culturales— de nuestra tribu, de forma automática «pertenecemos» a esa cultura. Cuanto más se comparten las normas sociales de un individuo, más se puede predecir su comportamiento y, por lo tanto, es más fácil decidir si se puede confiar en él para que actúe en nuestro propio interés —ello reduce los costes de los intercambios y de las interacciones entre las personas—. Puesto que esta alianza tribal se basa en el hecho de ser uno de sus miembros, se deduce que tiene que haber personas externas a la tribu, de las que debemos proteger nuestros recursos, que podrían querer aprovecharse de nosotros y en las que no tenemos por qué confiar.

Nuestro prejuicio para con un grupo externo lo aprendemos en la primera infancia y, aunque a menudo disfrazamos nuestra aversión en términos de objeciones hacia las diferencias culturales más que hacia los individuos mismos, en realidad son patrones cognitivos profundamente arraigados. Las personas sienten un vínculo con otros miembros de su grupo: el cerebro responde con empatía a su dolor, por ejemplo. Pero, si les decimos que la otra persona es un miembro de un grupo externo, por ejemplo, un aficionado deportivo rival, dejan de sentir empatía. Al identificar a otras personas como miembros de un grupo externo, dejamos claros los parámetros de nuestro grupo de pertenencia y reforzamos nuestra posición en su seno.

Una consecuencia de que la identidad individual esté tan vinculada a la del grupo es que si alguien se cambia de tribu se arriesga a perder su sentido de identidad y a sentirse desarraigado de ambas tribus, lo que repercute en la salud mental (los migrantes tienen una mayor incidencia de esquizofrenia, por ejemplo, respecto a los no migrantes). Pero la gente seguirá intentándolo porque formar parte de un grupo es provechoso desde el punto de vista de la protección y las demás ventajas que supone.

Cuanto más se parecen las personas y su bagaje cultural, más importantes se vuelven las señales identificativas y las normas sociales. Los católicos y los protestantes de Irlanda del Norte, igual que los hutus y los tutsis de Ruanda, tienen un aspecto y un idioma idénticos, por eso han tenido que acentuar cualquier pequeña diferencia, tanto si se trata de rituales, como de religiones o comidas. La identidad de grupo se construye a través de las historias que nos representan como la parte justa —como héroes o víctimas tratadas de forma discriminatoria— cuando nos enfrentamos a otros grupos. Estas convincentes narraciones pueden convertirse en herramientas altamente eficaces para inducir a individuos socialmente semejantes a matarse entre sí por su pertenencia a grupos opuestos.

Cuando un grupo se siente amenazado, entonces se une aún con más fuerza para defender los intereses tribales colectivos —incluso niños de cinco años actúan de forma más cooperativa y generosa cuando su grupo se ve amenazado—. Los conjuntos de hombres que luchan juntos tienen más probabilidades de sobrevivir y, como saben los generales, cada soldado tiene más probabilidades de sobrevivir si todos los miembros de la tropa están dispuestos a sacrificarse por el prójimo.

Esto también ofrece a los políticos un modo cínico para fortalecer las instituciones nacionales y mantener la cohesión en sociedades políticamente diferentes: mediante la competición y el conflicto con otro grupo. Ello ayuda a explicar el ascenso del nacionalismo: su manifestación es indicador de una amenaza para el grupo y funciona como un ciclo que se retroalimenta, convenciendo al grupo de que los migrantes o los países vecinos lo amenazan. Sin embargo, en la mayor parte de los países la amenaza actual no es externa, sino que procede más bien de las divisiones sociales y desigualdades internas, entre ricos y pobres, viejos y jóvenes, habitantes rurales y urbanos, personas con o sin formación universitaria. Es importante reconocer que, aunque la capacidad de agruparse en tribus está presente en todos nosotros y se ha manifestado en el transcurso de nuestra historia, no es inevitable y se encuentra mediada por unas normas sociales que pueden ser inclusivas o excluyentes. La discriminación y la opresión no son las consecuencias inevitables de la migración.

La gran paradoja de la cultura humana es que, pese a nuestra predisposición para el tribalismo, confiamos en redes de cooperación entre nuestras tribus para intercambiar ideas, recursos y genes, como hemos visto. Somos hábiles acogiendo a forasteros en nuestros grupos con estrategias sociales bien asentadas para permitir la cooperación entre distintos grupos, así como en el seno de estos. La mayoría de los habitantes del planeta habla varios idiomas y muchos de nosotros contamos con miembros de la familia —si no son los padres, los primos— repartidos por distintos grupos. Nuestras redes abarcan varios grupos y cada nodo —cada persona— de nuestra red social tendrá a su vez otra igual de amplia. En este sentido, todos estamos conectados en una cadena con pocos grados de separación. David Lammy, por ejemplo, es inglés de nacimiento, pero sus padres son de Guyana y entre sus antepasados hay africanos esclavizados durante años por los holandeses y los británicos en los territorios que hoy son Guyana y las Barbados. También tiene ascendencia escocesa, seguramente debida a la violación de una de esas esclavas, así que desciende de esclavos y propietarios de esclavos. Sus padres fueron reclutados por la madre patria en su colonia británica de nacimiento, como súbditos británicos, para contribuir en la reconstrucción de la nación. Lammy autodefine su identidad de distintos modos: británico, inglés, londinense, europeo y con orígenes afrocaribeños. Todos tenemos un linaje igual de enrevesado en unas pocas generaciones, aunque no se manifieste inmediatamente en el color de la piel.

Aunque el tribalismo puede causar dificultades a los migrantes, se observan señales de su disminución, sobre todo entre la población joven y en las ciudades crisol de culturas, donde cuesta crear un grupo de pertenencia «puro» del que diferenciar un grupo externo. En el Reino Unido, pese al Brexit —o quizá gracias a él—, se ha reducido la preocupación por la inmigración. Según las encuestas de Ipsos, hoy está en su nivel más bajo del siglo.

Los mileniales de todo el mundo son mucho menos propensos a considerar la nacionalidad en términos raciales. Por lo general, valoran la movilidad y les preocupa más el aumento de los costes de vida que el patriotismo (sobre todo tal como lo define Bertrand Russell, como la disposición de matar y dejarse matar por motivos triviales). El liderazgo nacionalista, por irónico que parezca, suele empujar a los jóvenes a abandonar su país. Deberíamos tener en cuenta las preferencias de las generaciones jóvenes, pues lo que creamos hoy es su futuro.

Preocupación por la inmigración en su nivel más bajo del siglo

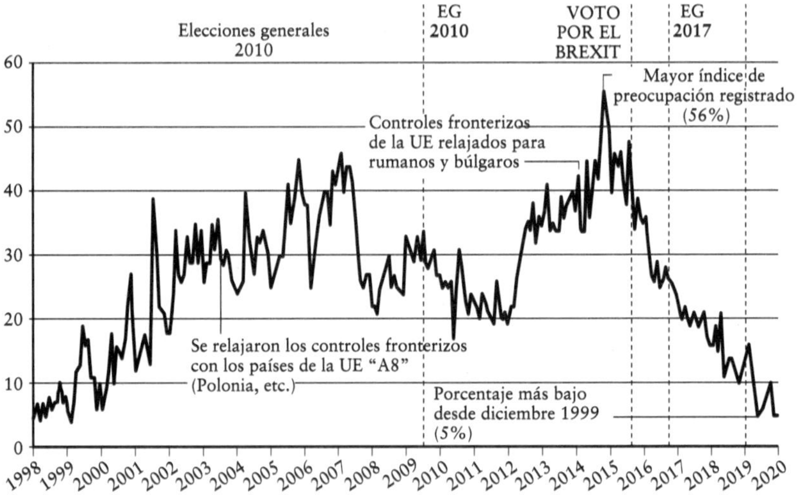

Tras el choque cultural del Brexit, los británicos tienen una opinión positiva de la inmigración
P: En una escala de 0 a 10, ¿la inmigración ha tenido un impacto positivo o negativo en Gran Bretaña? (0 es «muy negativo» y 10 es «muy positivo»).

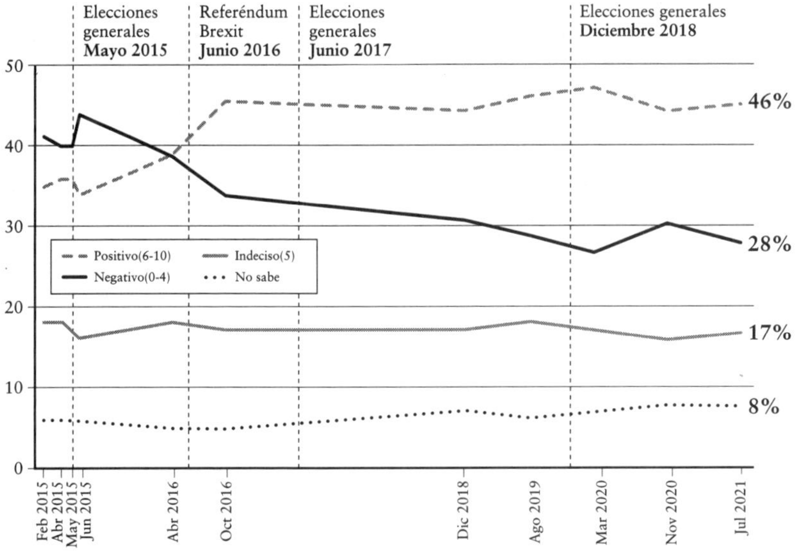

LA INVENCIÓN DE LA NACIÓN

La idea de mantener fuera a los forasteros mediante fronteras es relativamente reciente. En el pasado, a los Estados les preocupaba mucho más evitar que la gente se marchara que impedir su llegada. La necesitaban como mano de obra y por sus impuestos. Las leyes de la época romana, por ejemplo, vinculaban a los campesinos y a los jornaleros a sus granjas. También en China se necesitaban los documentos *zhuan* para desplazarse por el interior del país. Lo mismo ocurría en Europa durante el Medievo. En el siglo XVII, por ejemplo, los peones ingleses necesitaban unos permisos emitidos localmente para desplazarse por trabajo, en parte para evitar que realizaran «compras benéficas» destinadas a los pobres de las distintas parroquias. Asimismo, en el califato islámico medieval, la gente debía enseñar su *bara'a*, el recibo del pago de los impuestos, para viajar a otras partes del califato. Hasta la era moderna existió una cultura que disuadía a las personas de abandonar el país: en 1816, un editorial del *Times* definía a quienes querían emigrar de Gran Bretaña como «indigentes y torpes» o «marginados peligrosos... de naturaleza execrable».

Los pasaportes, en la medida en que existían, eran salvoconductos, es decir, cartas en que se garantizaba el tránsito sin riesgo por un territorio extranjero, sin limitar los puntos de entrada, aunque en determinados períodos las autoridades locales, ansiosas por cobrar, especificaban las puertas de la ciudad (*portes*) por las que el viajero estaba autorizado a *pasar*. Por ejemplo, en los puertos marítimos no se exigía ningún documento, pues se consideraban centros comerciales abiertos.

El principal motivo de todo ello es que, antes de finales del siglo XVIII, la nacionalidad de un individuo tenía poco significado político. Existían las etnias y las identidades culturales, pero no definían realmente la entidad política en que vivían las personas.

Las estructuras sociales humanas se volvieron más complejas a medida que las poblaciones crecían y pasaban de grupos de cazadores-recolectores a pueblos estacionarios más grandes vagamente conectados. Gracias a dichas alianzas, las personas pudieron superar adversidades, alimentarse y defenderse, pero la mayoría de nosotros solo puede mantener interacciones sociales plenas con unos ciento cincuenta individuos, el llamado número de Dunbar. El antropólogo Robin Dunbar descubrió una ratio entre el tamaño del cerebro de un primate y el número de individuos de su grupo, que corresponde a un límite cognitivo para su complejidad social, según su teoría. El número humano de 150 ha resultado ser extraordinariamente coherente en un amplio abanico de agrupaciones sociales, desde sociedades de cazadores-recolectores hasta las listas de las personas a quienes mandar una felicitación navideña del siglo XX. A través del mecanismo de las jerarquías nuestras sociedades crecieron hasta superar el número de Dunbar. Varias aldeas se unían bajo un mismo jefe; varios dominios de estos jefes se reunían bajo otro jefe superior y así sucesivamente. Para crecer se podían añadir otras aldeas y, en caso necesario, ulteriores niveles jerárquicos.

De esta forma, los líderes podían coordinar grupos numerosos sin tener que seguir personalmente a más de ciento cincuenta personas. Por ejemplo, un jefe podía relacionarse con los individuos de su círculo inmediato, además de con un jefe de una jerarquía superior y varias personas de niveles inferiores. Esta complejidad social adicional permitió mayores acciones colectivas. Las aldeas se organizaban en torno a ciudades-mercado, agrupadas con fines fiscales, para abastecer a los ejércitos o para trabajar como mano de obra en la cosecha o la construcción de infraestructuras. A partir de esas jerarquías nacieron ciudades e imperios, pero no Estados nacionales. Y ello porque la inmensa mayoría de la población, hasta hace poco, estaba formada por campesinos que vivían con la amenaza real y frecuente de morir de hambre. En consecuencia, la gente se autoorganizaba y los líderes no desempeñaban una labor efectiva de gobierno, más bien estaban ocupados luchando para ganar más territorios o defender los que ya poseían.

Incluso en tiempos relativamente recientes, los líderes dedicaban poco tiempo al gobierno interno. En el siglo XVIII, los holandeses y los suizos no tenían un gobierno central. Incluso en el siglo XXI tampoco lo tuvo Bélgica durante casi dos años. Los inmigrantes de Europa oriental que desembarcaron en Estados Unidos en el siglo XIX podían decir de qué pueblo procedían, pero a menudo no de qué nación porque para ellos no era importante. Las personas se definían «verticalmente» según quienes fueran sus gobernantes. La tierra en que se vivía —y, por lo tanto, también el individuo, en cuanto a su identidad— era propiedad del gobernante que la había adquirido a través de la conquista, por herencia o matrimonio. Aparte del mercado local, las interacciones entre las aldeas eran escasas, les era indiferente que las gobernara el mismo rey o que tuvieran intereses comunes. En cualquier caso, las alianzas y los territorios eran inciertos y cambiantes, y a menudo pasaban por jurisdicciones distintas según el propósito. Hasta el siglo XIX, incluso en Gran Bretaña se hablaban varias lenguas y dialectos distintos.

Estos sistemas de gobierno laxos limitaban la complejidad de las acciones colectivas que los líderes podían llevar a cabo, como el cultivo de alimentos, la recaudación de impuestos, las guerras y el mantenimiento del orden. Algunas sociedades, como el Imperio romano, tuvieron un éxito particular en este ámbito y lograron hacer más cosas, pero, en general, las sociedades premodernas se veían limitadas por la cantidad de energía que podían aprovechar, en su mayoría trabajo humano y animal. En la Edad Media, la implantación de la energía hidráulica supuso un aumento de la producción y del comercio que impulsó tanto la complejidad social que los sistemas feudales descentralizados dieron paso a monarquías centralizadas que casi siempre estaban en guerra. Pero tampoco se trataba de Estados nacionales.

La semilla del cambio se plantó en 1648, cuando en el norte de Alemania se firmaron dos tratados de paz que pusieron fin a siglos de guerras que habían matado a millones de personas, incluida, más recientemente, la guerra de los Treinta Años. Esencialmente, la Paz de Westfalia declaró «soberanos» los reinos, imperios y otras entidades políticas existentes: nadie debía interferir en los asuntos internos de los demás. De todos modos, los Estados soberanos estaban definidos por los árboles genealógicos de sus gobernantes, no por la identidad nacional de su pueblo. La palabra «internacional» no tenía sentido y no apareció hasta finales del siglo XVIII. Por aquel entonces, la energía del carbón había hecho posible la producción a escala industrial y el consiguiente aumento de la complejidad social había dado pie a una complejidad gubernativa y una actividad colectiva mayores. Y ello requería un nuevo tipo de gobierno.

Fueron necesarias distintas revoluciones para crear los primeros Estados definidos por la identidad nacional de sus ciudadanos en vez de por la estirpe de sus líderes. Los pioneros fueron los criollos de Latinoamérica, descendientes de los colonizadores europeos que querían la independencia del dominio español (y aumentar su posición social). En Europa, el Estado nación fue creado por los revolucionarios franceses. En 1800 casi nadie en Francia se consideraba francés y solo un diez por ciento aproximadamente hablaba el idioma. En 1900 lo hablaban todos.[63] Sin embargo, en 1940, cuando Winston Churchill propuso una unión política completa con Francia —«Francia y Gran Bretaña ya no serán dos naciones, sino una Unión franco-británica»—, los franceses rechazaron la idea.

Tras la Primera Guerra Mundial, con el fin de los Habsburgo y otros imperios multinacionales en Europa, las fronteras de los

Estados se rediseñaron siguiendo líneas lingüísticas y culturales y el Estado nación se convirtió en la norma. En su mayoría fue una cuestión de pragmatismo. Con el paso de la economía agrícola a la industrialización, los microestados se habían vuelto menos viables porque no siempre contaban con los recursos necesarios, como el carbón o el acero. Por otra parte, los grandes imperios se habían vuelto más difíciles de administrar porque necesitaban una mayor gobernanza. Los Estados nacionales, por lo tanto, eran económicamente más eficientes. Cabe mencionar que la mayoría de las 200 naciones del mundo que consideramos desde siempre inamovibles se crearon cuando la población global era menos de un cuarto de la actual.

Aunque estas naciones se habían creado políticamente, desde otros puntos de vista aún había que inventarlas. En 1861, cuando Italia se unificó, solo el 2,5 % de la población hablaba italiano; incluso los líderes usaban el francés para comunicarse y un estadista pronunció la célebre afirmación de que, creada Italia, era hora de crear a los italianos.

La construcción de las naciones requería el nacimiento de una ideología de nacionalismo que equiparara emotivamente la nación al círculo de amigos y familiares de Dunbar. En lugar de un Estado vertical, se creó uno horizontal. La identidad nacional fue deliberadamente promovida a través de la educación universal y los medios de comunicación de masas, como periódicos y otros instrumentos literarios que estandarizaron las lenguas vernáculas y crearon una comunidad lingüística horizontal de personas que leían y se interesaban por las mismas cosas. Una vez que la nacionalidad se hubo convertido en un elemento importante, se abrió el camino para los documentos de identidad y el Estado moderno.

La burocracia es el ingrediente secreto del patriotismo

Uno podría pensar que las banderas, los himnos y un ejército que proteja el territorio es todo lo necesario para crear un sentimiento de nacionalismo, pero sería más apropiado decir que se trata del éxito de su burocracia. Para administrar una sociedad industrial compleja eran necesarias una mayor intervención del gobierno en la vida de las personas y la creación de un vasto sistema burocrático, y estos elementos contribuyeron a forjar la identidad nacional de los ciudadanos. En Prusia, por ejemplo, en la década de 1880, se empezaron a pagar prestaciones por desempleo, que inicialmente se concedían en el pueblo de origen del trabajador, donde se conocía a las personas y sus circunstancias. Pero también se les pagaba a las personas que habían migrado en busca de trabajo, lo que comportaba un nuevo nivel de burocracia para determinar quién era prusiano y, por tanto, tenía derecho a las prestaciones. De ahí nacieron los documentos de ciudadanía y las fronteras vigiladas. A medida que los gobiernos ejercían un mayor control, los ciudadanos gozaban de más prestaciones estatales derivadas de los impuestos que pagaban y de más derechos, como el del voto, que generaron un sentimiento de pertenencia al Estado. Este se convirtió en su nación.

Los Estados nacionales, pues, son una estructura social artificial e innatural surgida de la complejidad de la Revolución Industrial, se basan en el mito de que el mundo está formado por distintos grupos homogéneos que ocupan porciones separadas del globo y reivindican como base la lealtad de la mayoría de los ciudadanos. La realidad, sin embargo, es mucho más complicada, como ya hemos visto. La mayor parte de las personas habla los idiomas de varios grupos y el pluralismo étnico y cultural es la norma. Una persona podría identificarse con la religión de una «tribu» y la cocina de otra, y lo mismo vale para la moda, la lengua, las referencias culturales y los estilos de vida de otras identidades «tribales» superpuestas o separadas. La gente siempre siente que pertenece a varios grupos y la idea de que la identidad y el bienestar de una persona están vinculados a los de un grupo nacional inventado es pretenciosa, aunque es el presupuesto de muchos gobiernos. El politólogo de origen irlandés Benedict Anderson describió acertadamente los Estados nacionales como «comunidades imaginadas».

De ahí que no sorprenda que el modelo de Estado nación a menudo fracase: desde 1960 ha habido unas doscientas guerras civiles y un 20 % de las naciones ha vivido al menos diez años de conflictos internos.[64] Tales fracasos, en los que las naciones quedaron divididas por líneas sectarias, a menudo se apoyaban en la idea de que las naciones deberían estar formadas por «tribus» únicas y homogéneas: por ejemplo, las guerras se atribuyen a la herencia colonial de reunir distintos grupos dentro de unas fronteras creadas de forma arbitraria. De todos modos, son numerosos los ejemplos de Estados nacionales que funcionan bien a pesar de estar compuestos por «tribus» distintas, como Singapur, Malasia y Tanzania, o naciones creadas por migrantes de todo el mundo, como Australia, Canadá o Estados Unidos. Y, en cualquier caso, todos los Estados están formados en cierta medida por una mixtura de grupos. Los Emiratos Árabes Unidos, un ejemplo extremo, no tienen una tribu mayoritaria; todos los que viven allí son una minoría. Cuando un Estado nacional se tambalea o fracasa, el problema no es la diversidad en sí, sino la insuficiente inclusión oficial: la equidad a los ojos del Estado, independientemente de los otros grupos a los que pertenezca una persona.

Un gobierno inestable aliado con un grupo específico por el que se inclina respecto a otros alimenta el descontento y enfrenta a los grupos entre sí: el resultado es que las personas recurren a las alianzas tradicionales basadas en el parentesco con otros grupos. Por el contrario, una democracia con un mandato de inclusividad oficial conferido por sus ciudadanos suele ser más estable, pero necesita el respaldo de una burocracia articulada; los Estados que se hunden normalmente son los carentes de burocracias complejas.[65] La burocracia crea una complejidad funcional en la sociedad, además de ser el resultado de un Estado nacional funcional. Para reunir a distintos grupos bajo un sistema funcional es necesaria una burocracia compleja, pero las autoridades también deben reconocer la diversidad de su población. Las naciones han sorteado este problema de distintas maneras, desde la limpieza étnica destinada a eliminar la diversidad (como está ocurriendo actualmente en las comunidades musulmanas de los uigures en China) hasta la concesión de poder a las comunidades locales, dándoles voz y la posibilidad de administrarse en el interior de un Estado nacional (como, por ejemplo, en Canadá o en los cantones suizos). Al acoger varios grupos, lenguas y culturas considerados igualmente legítimos, un país como

Tanzania es capaz de prosperar con un mosaico nacional de al menos cien grupos étnicos e idiomas distintos. En Singapur, que ha decidido llevar adelante la integración de una población multiétnica, al menos un veinte por ciento de los matrimonios es interracial, lo que ha dado pie, por ejemplo, a una generación de niños chino-indios.

Las jerarquías no basadas en la equidad de los grupos dificultan la situación, sobre todo cuando una minoría las impone a una mayoría, como durante la colonización. En esos países perduran enormes injusticias entre grupos de personas según cómo sus antepasados o ellos mismos lograron la propia identidad nacional. En muchos casos, los habitantes originarios de un territorio nunca recibieron la ciudadanía oficial: hasta la década de 1960 los indígenas australianos no obtuvieron la ciudadanía de la tierra que descubrieron sus antepasados y donde vivieron durante sesenta mil años.

En abril del 2021, la gobernadora Kristi Noem tuiteó: «Dakota del Sur no acogerá a inmigrantes ilegales que la administración Biden quiere reubicar aquí. Mi mensaje para los inmigrantes ilegales... llamadme cuando seáis estadounidenses».

Hay que tener en cuenta que Dakota del Sur solo existe porque de 1860 a 1920 miles de inmigrantes indocumentados europeos se acogieron a la Homestead Act, la ley de asentamientos rurales, para robarles tierras a los nativos americanos sin ningún tipo de compensación o resarcimiento. Este tipo de comportamiento no inclusivo por parte de un líder debilita el sentido de una ciudadanía compartida entre todos los individuos y crea divisiones entre los residentes que creen que pertenecen al lugar y los que no.

La inclusión oficial por parte de la burocracia nacional es el punto de salida para construir la identidad nacional en todos los ciudadanos, sobre todo en el caso de un gran flujo de migrantes, pero la herencia de décadas o siglos de injusticias perdura social, económica y políticamente. Al fin y al cabo, vivimos en una época en que es posible cuestionar si un miembro del Parlamento del Reino Unido, nacido en Londres y que habla un inglés claro y sin acento alguno, puede llamarse legítimamente inglés basándose en el color de su piel. Y, sin embargo, oficialmente Lammy tiene el mismo pasaporte y los mismos derechos que su interlocutor.

CÓMO PUSIMOS FIN A LA LIBRE CIRCULACIÓN DE PERSONAS

Después de que lo introdujeran en Francia, el modelo de Estado nación se difundió, al igual que los pasaportes. Sin embargo, pronto se convirtió en un problema: la frenética actividad de la Revolución Industrial exigía, para la producción, la libre circulación de la mano de obra, el comercio y el dinero, por lo que la obligación de contar con un pasaporte se flexibilizó. En 1872, el ministro de Asuntos Exteriores británico, el conde Granville, escribió: «Todos los extranjeros tienen el derecho ilimitado de entrar y residir en este país». Lo cierto es que Gran Bretaña tenía una historia de concesión de asilo de la que se enorgullecía. Entre 1823 y la ley de extranjería Aliens Act de 1905 a ningún ciudadano extranjero se le había rechazado la entrada al país ni había sido expulsado de él. Un editorial del *Times* de 1833 declaraba: «Este país es una nación de asilo y lo defenderá hasta la última onza de su tesoro y la última gota de su sangre». Gran Bretaña ha andado mucho camino hasta llegar al «ambiente hostil» de hoy.

Aún a principios del siglo XX los juristas se dividían entre si un Estado tenía o no derecho a controlar los movimientos internacionales de las personas. Luego, el nacionalismo que arrojó a Europa a la guerra modificó radicalmente el clima induciendo una actitud de sospecha para con los extranjeros y alimentando el temor de que fueran espías. Se introdujeron los controles de pasaportes, que a lo largo del siglo pasado se volvieron más restrictivos y aplicados a nivel global. Las fronteras, por definición, son estructuras que generan «alteridad» y las naciones no han tardado en usarlas para mantener sus jerarquías entre el grupo interno y el externo. Por ejemplo, entre las medidas legislativas dictadas por las políticas fronterizas están la Chinese Exclusion Act (ley de exclusión china, 1882) de Estados Unidos, la White Australia Policy (política de la Australia blanca, que duró hasta 1973) y la británica Commonwealth Immigrants Act (ley de inmigrantes de la Commonwealth) de 1962, que redujo de manera efectiva los derechos de ciudadanía para las personas de piel oscura nacidas fuera del Reino Unido.

A nivel global, en las últimas décadas, las fronteras se han vuelto más restrictivas, la retórica sobre la inmigración se ha teñido de hostilidad, sobre todo hacia los refugiados, y algunos Estados incluso pagan a otros para que encarcelen dentro de sus fronteras a quienes querrían migrar: la Unión Europea, por ejemplo, compensa a Libia por impedir que las personas salgan de sus límites territoriales. (Es una estrategia que no suele funcionar, menos en Corea del Norte, donde el gobierno ha conseguido que se respete bastante.) Dinamarca y el Reino Unido han contemplado la posibilidad de mandar a los solicitantes de asilo a Ruanda para que estudien sus peticiones; Australia encierra a sus solicitantes en centros de detención de Papúa Nueva Guinea y Nauru, donde permanecen años si no mueren por actos de violencia, falta de asistencia médica o suicidio.

Se ha pintado a los migrantes como una amenaza para la seguridad y la promesa de reforzar las fronteras es un as que permite ganar votos en los comicios de todo el mundo. Se dice que los inmigrantes roban el trabajo, hacen que bajen los salarios y se aprovechan de los servicios sociales, desde los cuidados hospitalarios hasta las subvenciones estatales. Algunos políticos han permitido que la retórica contra la libre circulación de las personas se volviera realmente ponzoñosa: en el 2012, el Reino Unido introdujo una política de frontera oficialmente llamada *hostile environment* («ambiente hostil»), que criticó ampliamente el Consejo de Derechos Humanos de las Naciones Unidas y la acusó de favorecer la xenofobia. A las personas se les prohíbe cruzar las líneas geográficas que hemos inventado no por lo que han hecho, sino por dónde han nacido o por su identidad.

Hoy somos casi ocho mil millones de personas, limitadas a una posición geográfica en este planeta por un lugar de nacimiento fortuito. Los pasaportes y los privilegios se conceden o se heredan de forma desigual, permitiendo que algunos exploren nuestro planeta sin obstáculos mientras otros están atrapados. Levantar muros y demonizar a los inmigrantes se traduce en muerte, esclavitud y crímenes de odio. Pero no frenará las migraciones. La gente seguirá desplazándose, todos deberíamos hacerlo. La migración es inevitable; la gente no tiene otra opción. Así, debe facilitarse.

MÁS ALLÁ DE LAS FRONTERAS

La línea del frente en la guerra europea contra los migrantes es el mar Mediterráneo, patrullado por buques de guerra italianos encargados de interceptar pequeñas embarcaciones dirigidas hacia la Unión Europea y de obligarlas a dar media vuelta hacia puertos libios en la costa norteafricana. Uno de dichos buques, el Caprera, fue elogiado por un ministro del Interior italiano contrario a la inmigración por «defender nuestra seguridad», tras haber interceptado más de ochenta pateras de inmigrantes, que transportaban a más de siete mil personas. «¡Honor!», tuiteó en el 2018 subiendo una foto con la tripulación del barco.[66] Sin embargo, durante una inspección del Caprera ese mismo año, la policía descubrió más de setecientos mil cigarrillos de contrabando y un gran número de otras mercancías embarcadas clandestinamente en Libia por parte de la tripulación para su posterior venta lucrativa en Italia. En investigaciones posteriores se vio que la actividad de contrabando era aún mayor, un negocio de lo más rentable en el que estaban implicadas otras naves militares. «Me siento como Dante bajando a los infiernos», dijo el teniente coronel Gabriele Gargano, el oficial de policía que condujo la investigación.

El caso pone de relieve lo evidentemente ridícula que es la actitud actual hacia la migración. Los controles fronterizos se consideran esenciales, pero estas restricciones solo afectan a las personas, no a las cosas. Se llevan a cabo enormes esfuerzos para permitir la migración transfronteriza de bienes, servicios y dinero. Es un negocio descomunal: cada año se transportan por el mundo más de once mil millones de toneladas de mercancías, el equivalente a 1,5 toneladas por persona al año. Y, aunque los seres humanos somos una parte clave de toda esta actividad comercial, no podemos circular libremente. Los países industrializados, con grandes retos demográficos y carencia de mano de obra, no pueden emplear a migrantes que buscan desesperadamente un trabajo.

La tragedia es que los migrantes africanos pagan a los traficantes unas sumas ingentes en concepto de «derechos de importación», pero nunca consiguen completar la travesía con seguridad. Algunos se han ahogado a causa de estas intervenciones militares. Sin unas rutas seguras y legales para la migración, los Estados pierden esa «tasa» sobre la inmigración y los demás beneficios que aportan. Y, evidentemente, los migrantes pierden la oportunidad de construirse una nueva vida en condiciones de seguridad y estabilidad.

La migración es una cuestión económica, no de seguridad

Actualmente, no existe ente u organización global que vigile el movimiento de las personas en el mundo. Muchos gobiernos forman parte de la Organización Internacional para las Migraciones, pero es un organismo independiente, «asociado» a las Naciones Unidas, más que una agencia propiamente dicha de la ONU: no está sujeta a la supervisión directa de la Asamblea General y no puede definir una política común para que los países capitalicen las oportunidades que ofrecen los inmigrantes. Los flujos migratorios suelen ser gestionados por el Ministerio de Asuntos Exteriores de los distintos países, más que por el de Trabajo, así que las decisiones se toman sin información ni políticas coordinadas que servirían para conectar a los migrantes con los mercados laborales. Necesitamos un nuevo mecanismo que permita dirigir la movilidad global del trabajo de forma mucho más eficiente: al fin y al cabo, es nuestro mayor recurso económico. No tiene sentido firmar acuerdos comerciales para la circulación de los bienes y los servicios si se obstaculiza la de los trabajadores.

En julio del 2018, los 193 países miembros de las Naciones Unidas, excepto Estados Unidos, firmaron el Pacto Mundial para una Migración Segura, Ordenada y Regular. Pero en la ceremonia de adopción del texto en diciembre de ese mismo año, solo 164 países lo adoptaron formalmente, mientras que otros, como Hungría, Austria, Italia, Polonia, Eslovaquia, Chile y Australia, lo rechazaron. El acuerdo, que no es legalmente vinculante, subraya que a todos los migrantes se les deben reconocer los derechos universales y aspira a eliminar las formas de discriminación contra los migrantes y sus familias. El documento es una declaración de intenciones y «reafirma el derecho soberano de los Estados a determinar su política migratoria nacional». Por lo tanto, es un documento débil y no adecuado para la causa.

Según la Organización Internacional para las Migraciones, antes del 2050 hasta mil quinientos millones de personas tendrán que abandonar sus hogares, y un análisis reciente llevado a cabo por otro grupo de científicos apunta a un aumento de hasta tres mil millones en el 2070.[67] Ya hoy en día la mayor parte de los migrantes de todo el planeta procede del sur global, de los trópicos y las zonas más afectadas por el cambio climático. Muchos de estos lugares están viviendo un fuerte incremento demográfico, sobre todo en África, donde cada vez más jóvenes se ven obligados a migrar en busca de seguridad o nuevas oportunidades. Para las naciones ricas, la migración resuelve muchos de los problemas de carencia de mano de obra. Pensemos que el África subsahariana por sí sola podrá ofrecer en las próximas tres décadas 800 millones de personas en edad laboral. India ya tiene más mileniales que toda la población junta de Estados Unidos o la Unión Europea, igual que China. Alrededor del sesenta por ciento de la población mundial tiene menos de cuarenta años, la mitad de los cuales (una cifra en aumento) tiene menos de veinte, y estas franjas demográficas constituirán la mayor parte de la población mundial durante el resto del siglo. Muchos de estos jóvenes en busca de trabajo se desplazarán a medida que el planeta se caliente: ¿contribuirán al crecimiento económico o se desaprovechará su talento?

El debate sobre la migración se ha estancado en lo que debería permitirse, en lugar de ocuparse de planificar lo que ocurrirá. Las naciones deberían pasar de la idea de *controlar* la migración a *gestionarla*. Cuando menos, necesitamos nuevos mecanismos para una movilidad y migración laborales y económicas legalizadas, así como mejores medidas de protección para quienes huyen del peligro. A los pocos días de la invasión rusa de Ucrania en el 2022, los gobiernos de la Unión Europea adoptaron una política de fronteras abiertas para los refugiados que huían del conflicto, lo que les concedió el derecho a vivir y trabajar en todo el bloque durante tres años y les ayudó con el alojamiento, la educación, el transporte y otras necesidades. No cabe duda de que esta política salvó vidas, pero, por otro lado, al no solicitar a millones de personas que se sometieran a los largos procedimientos de petición de asilo, los refugiados se dispersaron por sitios donde iban a encontrarse mejor y donde las comunidades locales los iban a ayudar. Por toda la Unión Europea, en las asociaciones, las redes sociales y las instituciones, muchas personas respondieron organizando la acogida de los refugiados. Ofrecieron habitaciones particulares, recogieron donaciones de ropa y juguetes, crearon cursos de idiomas y suministraron instrumentos de apoyo para la salud mental: todo fue legal gracias a la política de fronteras abiertas. Ello redujo la presión para los gobiernos centrales, las localidades de acogida y los refugiados mismos.

Independientemente de dónde se asienten los migrantes, estos crean mercados activos, aunque su capacidad y potencial se ven limitados por las políticas actuales, desgraciadamente.

La migración requiere fondos, contactos y valor. Suele comportar un cierto grado de dificultad, al menos al principio, porque las personas dejan a sus familias, el ambiente que conocen y el idioma; a menudo conlleva inseguridad en cuanto a necesidades básicas, como la comida y el alojamiento. En algunos países es casi imposible trasladarse por trabajo, mientras que en otros los padres se ven obligados a dejar atrás a unos hijos a los que tal vez nunca vean crecer: toda una generación de niños chinos ha llegado a la edad adulta viendo a sus padres solo una vez al año durante una semana más o menos, para la fiesta de la primavera. Quienes migran dentro del país son el triple de quienes lo hacen fuera y China acoge a más migrantes nacionales que internacionales. En China, cientos de millones de personas se hallan atrapadas en un limbo entre la aldea y las ciudades, incapaces de completar la transición a causa de las arcaicas leyes del suelo y la carencia de viviendas sociales, atención infantil, colegios u otros servicios públicos en las ciudades de llegada. Las aldeas se mantienen a través de las remesas de los trabajadores ausentes, que no pueden vender sus granjas por miedo a perder la tierra, que es su única seguridad social. Atrás se quedan los hijos, que, pese a no ser más que adolescentes, se ocupan de cuidar a los familiares más ancianos. Los trabajadores migrantes no pueden permitirse la compra de una casa en la ciudad, por eso cuando se jubilan vuelven a la aldea y el ciclo vuelve a empezar.

En otros casos, los migrantes pagan enormes sumas a los traficantes de personas para trabajar en la ciudad o en el extranjero, para luego verse en unas condiciones de servidumbre poco mejores que la esclavitud, trabajando hasta cuando diga su «contrato» para luego recuperar el pasaporte y volver a casa. El poco dinero que ganan lo mandan a la familia. Entre estos están los asiáticos que trabajan en la construcción y como empleados del hogar en Oriente Medio y Europa, que tienen escasa tutela y pueden acabar trabajando como verdaderos esclavos, en la industria del sexo o en condiciones inhumanas en las fábricas, por ejemplo del sector agrícola o la industria de la confección.

Con el control tan rígido de las fronteras y las rutas legales de tan difícil acceso, millones de migrantes se ven atrapados en situaciones de terribles abusos. Pese a desembolsar grandes cantidades de dinero a los traficantes de personas y los intermediarios, los migrantes siguen haciendo frente a peligros físicos y sexuales, por el simple hecho de haber nacido en el sitio equivocado. La mayoría de ellos solo intenta mejorar su propia existencia, como todos nosotros, dejando el hogar, la aldea o el país donde viven los padres.

Algunos, por otra parte, migran para salvarse.

Una hora y media de coche al sur desde la animada localidad costera de Cox's Bazar, en Bangladés, está Kutupalong, el mayor campo de refugiados del mundo. En el 2017, en cuestión de semanas talaron todos los árboles de esta zona de colinas y uno de los distritos más pobres de una de las naciones más pobres del mundo se convirtió en la casa de aproximadamente un millón de birmanos rohinyás, que huían del violento genocidio que se estaba llevando a cabo al otro lado del río en Myanmar.

El inmenso gueto es una calamidad social y ambiental. Lo visité durante la estación seca, cuando la brisa levanta la tierra y la arena del suelo, y una gruesa capa de polvo lo cubre todo. A las dos horas de estar en el campamento ya me picaba la garganta. Por lo que me contaron, la situación empeora en la estación de lluvias, ya que las laderas denudadas se convierten en un mar de barro y los habitantes tienen que abrirse paso entre el agua asquerosa.

Kutupalong es una ciudad hecha de cabañas de polietileno y bambú, separadas por callejones por donde bajan las aguas residuales. Está habitada por almas desesperadas: familias de luto, heridas y sin esperanza. Todas las personas con las que hablé tenían una historia de traumas y pérdidas horrible, pero la angustia predominante era que no se les permitía trabajar. Los hombres, las mujeres y los niños eran básicamente prisioneros y pasaban largas horas del día aburridos sin hacer nada, sentados por el suelo cerca de sus cabañas. La violencia, en concreto para con mujeres y niñas, era elevada y el tráfico de seres humanos era una amenaza constante. En el campo existe una floreciente economía de mercado negro, pero no beneficia ni a la comunidad bangladesí en general ni a los vulnerables refugiados, que en cambio son una carga y víctimas de la explotación.

Kutupalong tiene la población y la cantidad de casas, calles y edificios sociales y religiosos de una ciudad; y, sin embargo, no funciona como tal por una razón fundamental: no está conectada en red más allá de las fronteras del campo. Las ciudades funcionan como centros económicos porque se concentran en nodos de conectividad: la gente intercambia dinero y recursos, comercia con la mano de obra y combina ideas para crear algo mayor que la simple suma de sus partes. Impedir cualquier aspecto de este intercambio limita la economía, como descubrió el Reino Unido tras poner fin a la libertad de circulación entre Gran Bretaña y la Unión Europea, decisión que provocó una carencia de mano de obra que redujo la disponibilidad de todo tipo de bienes, desde comida hasta carburante. El primer ministro Boris Johnson, que comparó a los inmigrantes con la heroína, se quejó de que las empresas habían podido «inyectarse una inmigración de sueldos bajos y a bajo coste durante muchísimo tiempo» y ahora tenían que desengancharse, aunque luego se vio obligado a emitir visados de urgencia en un desesperado intento por atraer a conductores de reparto, recolectores de fruta y otra mano de obra imprescindible. En el 2021, los datos sobre el mercado laboral de la Confederación Británica de Contratación y Empleo mostraron que al país le faltaban dos millones de trabajadores. La Gran Bretaña del Brexit se ha convertido en el único ejemplo de nación occidental que se ha autoimpuesto deliberadamente barreras comerciales, con un resultado económico previsible.

Aunque el gobierno de Bangladés ha acogido a un gran número de rohinyás, no les ha concedido el estatus de refugiados, sin el cual no pueden abandonar el campo ni trabajar y tienen un acceso limitado a la educación. Como ciudadanos de ninguna parte, los rohinyás están atrapados en una colina árida en un país extranjero sin esperanza alguna. Como para subrayar la división entre autóctonos y migrantes, el gobierno ahora está empezando a trasladar a estos apátridas extremamente vulnerables a una isla remota sujeta a ciclones e inundaciones en el golfo de Bengala.

«Queremos la ciudadanía», me repetían los habitantes de Kutupalong. En todo el mundo, los solicitantes de asilo pueden pasar años en este limbo, sin poder entrar en la economía oficial del país en que se encuentran, participar en la vida social o seguir adelante con sus vidas. Es un desaprovechamiento para ellos y transforma la oportunidad de una nación en un peso. En el Reino Unido, por ejemplo, hay unos cuatrocientos solicitantes de asilo que llevan más de una década esperando a que estudien su caso.

La situación es incluso peor en otros lugares. He visitado campos de refugiados en distintos países de cuatro continentes, donde millones de personas viven en esta situación indefinida, a veces durante generaciones. En todo el mundo, sin importar si los campos de refugiados están poblados por sudaneses, tibetanos, palestinos, sirios, salvadoreños o iraquís, la cuestión es la misma: la gente quiere dignidad. Y ello significa poder mantener a su familia, trabajar, desplazarse y construirse una vida por sí mismos en condiciones de seguridad. Actualmente, demasiadas naciones hacen que sea imposible cumplir este deseo para quienes más lo necesitan, aunque sería muy sencillo y recíprocamente beneficioso. Con los cambios en el clima, millones de personas corren el peligro de acabar en estos lugares de ninguna parte. Globalmente, el sistema de fronteras selladas y de políticas migratorias hostiles es disfuncional. Nadie sale ganando.

Estamos siendo testigos de los niveles de desplazamientos más altos jamás registrados y el fenómeno no hará más que aumentar. En el 2022, los refugiados del mundo superaban los cien millones, más del doble que en el 2010, y la mitad son niños. Pero los refugiados oficialmente registrados solo son una pequeña parte de los que se ven obligados a abandonar sus hogares a causa de una guerra o un desastre de otro tipo. Aparte de estos, ACNUR calcula que en todo el mundo hay 350 millones de personas sin documentos, la asombrosa cantidad de 22 millones solo en Estados Unidos. En este grupo se encuentran trabajadores irregulares y los que se desplazan por las antiguas rutas que cruzaban las fronteras nacionales: estas son las personas que cada vez más a menudo se ven sin un reconocimiento legal, viviendo en los márgenes de la sociedad, sin poder beneficiarse de los sistemas de apoyo social. Hoy en día, una cuarta parte de los niños del mundo, la mitad de ellos africanos, es invisible, es decir, no existe un registro formal de su existencia.

A veces los conflictos, las persecuciones y los desastres naturales obligan a las personas a huir. A veces es la suma de pequeñas humillaciones, como la pobreza, el desempleo, los prejuicios o las vejaciones. Cuando una persona está en situación de dificultad no siempre está claro si se trata de un refugiado «verdadero» y «merecedor» de asilo —es decir, si es un «buen refugiado»—, y estos criterios sentenciosos, además de no ayudar a nadie, son ofensivos para todos.

Siempre y cuando haya 4200 millones de personas que viven en la pobreza y la brecha de ingresos entre el norte y el sur siga creciendo, la gente seguirá desplazándose y quienes viven en las regiones sujetas al cambio climático se verán afectados de forma desproporcionada. Las naciones tienen la obligación de ofrecer asilo a los refugiados, pero la definición legal de estos, redactada en la Convención sobre el Estatuto de los Refugiados de 1951, no incluye a las personas que deben abandonar su hogar a causa de los cambios climáticos. No obstante, las cosas están empezando a cambiar. En el 2020, en una sentencia histórica, el Comité de Derechos Humanos de las Naciones Unidas estableció que los refugiados climáticos no pueden ser devueltos a casa,[68] es decir, que un Estado violaría sus obligaciones en materia de derechos humanos si repatriara a alguien a un país donde, a causa de la crisis climática, su vida corriera peligro.[69] Hoy, los 50 millones de desplazados climáticos ya superan a los que huyen de las persecuciones políticas.

La distinción entre refugiado y migrante no siempre es sencilla. Quien escapa de una guerra o de la sequía en su país puede llegar a otro en busca de asilo y al final obtener el estatus de refugiado. Pero, si se desplaza en busca de trabajo o para reunirse con su familia, puede convertirse en un «migrante económico», una categoría de migrantes que, políticamente, se ha considerado menos «merecedora» de acogida y potencialmente un peso para el sistema social. Mientras la dramática devastación de un huracán que barre poblados enteros puede transformar a los habitantes en refugiados de la noche a la mañana, el impacto de los cambios climáticos en la vida de las personas suele ser gradual: otro año de malas cosechas u otra temporada de calor insoportable, que se convierten en la gota que colma el vaso y obliga a las personas a buscar lugares mejores donde vivir. Este tipo de casos se etiquetarían como migrantes económicos, aunque también son refugiados del mundo del Holoceno, los paisajes anteriores al Antropoceno que las culturas y las sociedades de sus antepasados habían aprendido a transformar en un hogar. Con la desaparición de esos ambientes del Holoceno, nos vemos abocados al Antropoceno y ninguna persona tiene más derecho que otra a los paisajes habitables del siglo XXI.

CAPÍTULO 5

LA RIQUEZA DE LOS MIGRANTES

Nuestros controles de las fronteras nacionales, inventados recientemente, y nuestra actitud respecto a la identidad nacional y los migrantes nos están causando problemas enormes e inútiles. En todo el mundo las personas están atrapadas en circunstancias terribles, a menudo mortales; y, en cambio, podrían construirse una vida mejor, además de aportar su granito de arena a las sociedades y economías de lugares más seguros.

Los inmigrantes hacen crecer las economías, la innovación y la riqueza. Dan mucho más a la sociedad de lo que le quitan: en parte se debe a un efecto sinérgico, porque se trasladan a las zonas urbanas. Y, naturalmente, los migrantes mismos también obtienen enormes beneficios: la migración es, con mucho, la vía de escape de la pobreza más efectiva que existe. Según Bryan Caplan, profesor de Economía de la George Mason University (Virginia, Estados Unidos), la apertura de las fronteras comportaría la «rápida eliminación de la pobreza absoluta en el mundo»,[70] porque las personas podrían desplazarse a lugares con oportunidades de obtener ingresos.

Los migrantes también mejoran los medios de subsistencia, la vivienda, la educación y las oportunidades en sus países de origen, ya que siguen vinculados a ellos económicamente. Las redes creadas por los migrantes contribuyen a la transferencia de tecnología, comercio, inversiones e instituciones y normas que fomentan el crecimiento. Según un estudio, por ejemplo, cuando un empresario indio cita una patente registrada en Estados Unidos es más probable que dicha patente haya sido registrada por un ingeniero de etnia india.[71] Y lo mismo en el caso de las patentes chinas. El flujo del conocimiento no es casual, sino que se canaliza a través de redes que los migrantes crean y mantienen. La migración cualificada moldea la ventaja comparativa de las naciones y estimula la economía del país de origen, dirigiendo las inversiones hacia la formación y la educación.

Filipinas, por ejemplo, se ha forjado una extraordinaria reputación por la formación de sus enfermeros especializados, cuya demanda global supera la oferta. Las poblaciones ancianas de los países occidentales cuentan con una escasa disponibilidad de enfermeros especializados en la asistencia de enfermedades como la demencia senil y la emigración ofrece a los filipinos la posibilidad de huir de la pobreza. Las personas altamente cualificadas a menudo lo tienen difícil para encontrar un empleo en los países pobres, por eso se benefician de la migración hacia lugares donde los necesitan; esta opción, además, puede estimular las matriculaciones en escuelas de educación secundaria y superior, lo que eleva el nivel educativo de toda la comunidad. Gracias a un estudio, se ha visto que en Filipinas un aumento de la migración generó un incremento del 3,5 % de las matrículas en los centros de secundaria en las comunidades de procedencia de los migrantes y también un aumento general de la renta en las mismas áreas.[72] Sin embargo, los países de origen, sobre todo los más pequeños, pueden sufrir consecuencias negativas por el éxodo de personas altamente cualificadas, como podrían serlo los médicos. De todos modos, según un vasto corpus de estudios,[73] a largo plazo la «fuga de cerebros» es la excepción, más que la regla, y la emigración en realidad beneficia a los países de origen. Cuando se teme una fuga de cerebros, los países de destino y origen deberían colaborar para ajustar las competencias de forma provechosa para ambos. Ello significa, en el caso de Filipinas, garantizar que el país receptor invierta en la formación de más enfermeros y en las distintas especialidades requeridas tanto por la nación de acogida como por la de origen, como por ejemplo la asistencia pediátrica, donde hay una carencia local. Se calcula que los casos de demencia senil en el mundo se cuadruplicarán en el 2050, así que invertir en formación en Filipinas por parte de un país receptor permitiría que la nación asiática se convirtiera en un centro de especialización que también podría satisfacer sus necesidades. Los acuerdos bilaterales entre

Estados podrían garantizar que las inversiones en formación y tecnología de los países receptores, con mano de obra escasa, en los países de origen, con mano de obra abundante, respondan a las exigencias de ambos y a las de los migrantes mismos: por ejemplo, una inversión para formar al 50 % de los enfermeros de una universidad con el compromiso de contratar al 20 % de ellos en el país receptor. Este tipo de acuerdos también podrían contemplar inversiones sociales y en infraestructuras en los países de origen.

En el 2018, las 163 naciones que suscribieron el Pacto Mundial para la Migración incluyeron como política el modelo de la Alianza Global de Competencias.[74] En dicho modelo, el país de origen acepta formar a personas con competencias específicas e inmediatamente necesarias tanto en el país de origen como en el receptor. Algunos de los beneficiarios del programa eligen quedarse y enriquecer el capital humano del país de origen; otros migran al país de destino. Este último proporciona la tecnología y la financiación necesarias para la formación y acoge a migrantes dotados de las competencias necesarias para contribuir al máximo nivel e integrarse rápidamente.

Las naciones que han registrado una fuerte emigración de personal cualificado pueden adoptar medidas para atraer a dichas personas de vuelta. Tanto China como India han convencido a sus propios talentos emigrados para que regresen a través de inversiones en investigación y desarrollo, cambios en las políticas de acción, nuevos apoyos a las instituciones y ventajas para las familias. Los migrantes enriquecen sus competencias y experiencia durante su estancia en el extranjero y devuelven a su patria un bagaje de saber inestimable. La aceleración de la transferencia global de conocimiento que deriva de la migración global es un beneficio importante y será una parte vital de nuestra transición hacia la nueva economía sostenible y la reducción de la pobreza.

Ello también significa que, al erigir barreras a la inmigración, los gobiernos de los países ricos no solo impiden contundentemente que los habitantes más pobres del mundo mejoren su existencia, sino que reducen también la productividad nacional. Como muestra una enorme cantidad de estudios, una estrategia de acogida de los inmigrantes es una elección muchísimo mejor que intentar mantenerlos fuera. En el primer caso se preserva la estabilidad nacional (y regional) y se refuerza la economía del Estado; en el segundo, la situación desemboca en conflictos y sufrimiento, con consecuencias que pueden durar varias generaciones. Por el contrario, según un relevante informe del McKinsey Global Institute llevado a cabo en más de doscientos países, «una mejor integración social y económica de los migrantes podría sentar las bases de unos beneficios de hasta un billón de dólares a nivel mundial».[75]

¿Y si volviéramos a pensar en el planeta como una mancomunidad global de humanidad, como ha sido durante milenios, antes de que en algunos puntos de Europa se introdujeran los controles formalizados de las fronteras hace unos siglos? Permitir la libre circulación global de la mano de obra es, según Caplan, «no solo correcto, sino que es la vía más rápida y prometedora para la prosperidad global».[76] Michael Clemens, del Center for Global Development de Washington, calcula que el PIB global se duplicaría con la apertura de las fronteras mundiales, aunque solo fuera a los trabajadores migrantes temporales. Además, seríamos testigos de un aumento de la diversidad cultural, que como sabemos mejora la innovación, precisamente ahora que es indispensable para resolver retos ambientales y sociales sin precedentes.

Eliminar las fronteras mejoraría la resiliencia de la humanidad a las tensiones y conmociones del cambio climático global. Aun así, también provocaría el empobrecimiento de algunos sectores de la sociedad, en concreto en los países receptores, por lo que sería necesario adoptar una política fuerte y dinámica, con un plan de contingencia de bienestar, para ayudar en la transición.

Uno de los mayores temores en torno a la migración masiva es la idea de que los inmigrantes quitan los puestos de trabajo a los autóctonos y rebajan los sueldos. Aunque parece plausible, en realidad es mentira, porque la economía no es un juego de suma cero. Para empezar, los migrantes aportan a la fuerza laboral una mayor diversidad de competencias, que mejora la eficiencia de la economía en su conjunto y esto, a su vez, genera más trabajos. Los migrantes también aumentan las dimensiones de la economía: necesitan comer, hacer la compra, cortarse el pelo y otras cosas; gastándose así el salario y pagando los impuestos apoyan la creación de nuevos empleos y empresas.

Los beneficios económicos de la inmigración son significativos, inmediatos y notablemente duraderos. Un estudio ha mostrado que los condados estadounidenses que entre 1860 y 1920 recibieron a más inmigrantes registraron en 1930 un aumento medio del 57 % de la producción manufacturera per cápita y un incremento de hasta el 58 % del valor de las empresas agrícolas; además, en el 2000, las rentas medias y el nivel de educación eran un 20 % más altos y los índices de desempleo y de pobreza, más bajos.[77]

A pesar de todo, persisten numerosos temores, sobre todo en cuanto al flujo de trabajadores poco cualificados, puesto que estos empleos son los disponibles para la parte más numerosa de la población autóctona, en concreto para los más pobres. Los políticos y los economistas usan los términos «poco cualificado» y «muy cualificado» para describir el nivel de educación formal exigido por una profesión: los trabajos más cualificados, como cardiocirujano, por ejemplo, requieren más ciclos de formación universitaria, mientras que los trabajos menos cualificados se asocian a labores manuales. Pero en realidad estas etiquetas no reflejan plenamente las competencias de una persona y no tienen en cuenta muchas otras cualidades importantes para el empleo, como la disposición al trabajo o la capacidad de aprender. Además, tampoco evidencian necesariamente el valor de una profesión. Y, sin embargo, los trabajadores migrantes (y los autóctonos) de estas dos categorías son tratados de forma muy distinta.

Numerosos estudios han analizado las repercusiones de la inmigración y los datos demuestran que las grandes oleadas de migrantes poco cualificados tampoco han repercutido negativamente en los salarios o en las perspectivas laborales de la población autóctona; es más, a menudo se trata de un impacto positivo. Si tuviéramos que comparar los salarios de los autóctonos en ciudades con poca migración y en ciudades con altos porcentajes de migrantes, veríamos que los sueldos son mucho más altos donde hay más migrantes. Ello se debe, en parte, a que los migrantes tienden a ir donde hay mejores opciones; por lo tanto, las ciudades más ricas atraen a más inmigrantes. Pero también es la consecuencia de los migrantes mismos en la economía.

En abril de 1980, inesperadamente Fidel Castro dio un discurso en el que anunció que los cubanos eran libres de escapar de las fronteras anteriormente selladas del país. Para septiembre, al menos ciento veinticinco mil personas, en su mayoría muy poco instruidas, habían llegado a Miami, lo que supuso un crecimiento del mercado laboral de al menos el siete por ciento. David Card, economista del trabajo de la Universidad de California en Berkeley, examinó el efecto de este flujo en los salarios de Miami, comparándolos antes de la gran migración, durante esta y a lo largo de varios años después, y luego los cotejó con las trayectorias salariales de otras ciudades del país de tamaño parecido (Atlanta, Houston, Los Ángeles y Tampa). Los inmigrantes habían elegido Miami solo porque era el punto de acceso más cercano a Cuba, y el anuncio de Castro había sido repentino, de ahí que los trabajadores y las empresas de Miami no tuvieran tiempo de reaccionar.

El estudio de Card constató que los salarios de los autóctonos, incluso de los trabajadores menos cualificados, no se vieron afectados negativamente por la oleada de inmigrantes. Desde entonces, innumerables estudios en todo el mundo han llegado a la misma conclusión: no existen pruebas que demuestren que los inmigrantes les quitan el trabajo a los autóctonos o que bajen los salarios. Entre estos estudios, los hay sobre la inmigración de los argelinos «repatriados» a Francia tras la independencia poscolonial de 1962; sobre la ingente inmigración procedente de la Unión Soviética en la década de 1990 cuando se flexibilizaron las fronteras, que hizo aumentar la población de Israel en un 12 % en solo cuatro años; y otro estudio sobre el enorme flujo de inmigrantes de todo el mundo en Dinamarca entre 1994 y 1998. De hecho, un estudio realizado por Giovanni Peri de la Universidad de California en Davis concluyó que en realidad la inmigración en Estados Unidos entre 1990 y el 2007 había aumentado el sueldo medio en 5100 dólares, un cuarto del incremento total de los salarios en ese período.[78]

Pese a las continuas pruebas derivadas de estos y otros estudios más recientes, perduran los miedos sobre la amenaza que la inmigración supone para el mercado laboral, quizá porque parece una contradicción que no exista ninguna. Normalmente, en efecto, cuanta más disponibilidad hay de algo, más bajo es su precio: la regla de la oferta y la demanda. Sin embargo, no podemos aplicarla a los empleos y los salarios por varios motivos.[79] En primer lugar, el aumento de la oferta de trabajadores cuando los inmigrantes se suman a los autóctonos se ve compensado por el aumento de la demanda de trabajadores, ya que los migrantes se gastan el dinero en bienes y servicios que promueven las empresas. Este efecto de compensación se observa mejor examinando los casos en que es inexistente. Durante un breve período, a los checos se les permitió trabajar —pero no vivir— en las ciudades alemanas transfronterizas, donde representaban hasta el 10 % de la fuerza laboral. Aunque estos trabajadores que se desplazaban a diario repercutieron poco en los sueldos de estas poblaciones, desencadenaron grandes consecuencias en los empleos, con una fuerte disminución del empleo autóctono. Ello se debió a que los checos no se gastaban el sueldo en el país de acogida, sino que se llevaban todo el dinero a casa: precisamente porque *no eran inmigrantes.*

Otro motivo por el que la migración poco cualificada en realidad aumenta los puestos de trabajo es que frena la adopción de la mecanización y la automatización, que requieren enormes inversiones de capital y formación y a menudo modifican las cadenas de suministro. Una rápida dotación de trabajadores a precios asequibles, sobre todo en la agricultura y las fábricas, hace que la introducción de tecnologías que ahorren en mano de obra resulte menos atractiva para los empresarios. En cambio, cuando se expulsa a los inmigrantes o se les impide la entrada en el país, las empresas que se apoyaban enormemente en ellos se pasan a la mecanización y se especializan solo en producciones para las que es necesaria. Por ejemplo, cuando en 1964 expulsaron a los braceros mexicanos de California, la cosecha de los tomates pasó en dos años de enteramente manual a totalmente mecanizada. Durante el mismo período, California dejó de producir cultivos no mecanizados, como la lechuga, los espárragos y las fresas. Dicho de otra manera: tras la marcha de los inmigrantes, los trabajos disponibles para todos se redujeron significativamente.

La inmigración también desencadena la reorganización del mercado laboral, que casi siempre beneficia a los nativos. Por lo general, los inmigrantes poco cualificados consiguen los trabajos manuales, mientras que los autóctonos, con competencias lingüísticas locales y más experiencia, son ascendidos a trabajos no manuales que requieren mejores dotes comunicativas, con salarios más altos. Este tipo de promoción ocupacional fue observada en los estudios daneses y también durante la gran migración europea hacia Estados Unidos a principios del siglo XX. Dicho de otro modo: migrantes y nativos no compiten directamente por el trabajo, pero la diversidad de habilidades, competencias y conocimientos aumenta la productividad general de la fuerza laboral en beneficio de todos. En general, un aumento de la migración supone una mayor eficiencia a la hora de coordinar a los trabajadores con la demanda y las competencias, lo que potencia la productividad en un sentido más amplio de la economía. El aumento de la mano de obra conlleva un aumento de los beneficios que pueden invertirse, a su vez, en una mayor producción.

Es importante subrayar que la mayoría de los trabajos disponibles para los inmigrantes son los que los nativos no quieren realizar pero que lubrican la maquinaria de la economía. Si se paga a los inmigrantes para que desempeñen trabajos de asistencia infantil, cuidados de ancianos y enfermos, limpieza y cocina, se permite que los nativos (que antes realizaban estas tareas de forma no remunerada) entren o vuelvan a entrar en el mercado laboral. En la estructura patriarcal de la mayoría de las naciones, esto ha supuesto que, con una presencia de migrantes más elevada, muchas mujeres altamente cualificadas hayan podido incorporarse al mundo del trabajo.

Los migrantes también pueden crear empresas que empleen a otros migrantes o nativos. Algunas de estas contribuyen a generar una mayor productividad social, económica y cultural, dando vida a nuevas economías enteras. Es el caso de los distintos Chinatown, Little Greece y Little Italy del mundo, por ejemplo.

Anteriormente, la gran mayoría de los migrantes estaba formada por las personas más pobres y menos cualificadas, que no tenían nada que perder si dejaban atrás su vida miserable al precio de un pasaje hacia otro país. Hoy, con los controles fronterizos y de inmigración, solo los más ricos del mundo pobre pueden permitirse el coste del viaje y solo los más cualificados y motivados pueden entrar legalmente en muchos países. Muchos aportan un talento, ambición y conocimiento excepcionales. Ellos, o sus hijos, se convertirán en creadores de puestos de trabajo, innovadores y empresarios que tiran de la economía de la nación receptora. Muchos son nombres reconocidos. Las empresas fundadas por inmigrantes representan más de la mitad de las primeras veinticinco estadounidenses y en muchos casos se trata de algunas de las marcas más famosas del mundo, como Google (y la sociedad madre Alphabet), Yahoo!, Kraft Foods o Tesla. Silicon Valley es la Ginebra de la tecnología: la mitad de los fundadores de las empresas son inmigrantes, así como dos terceras partes de la fuerza laboral. Henry Ford era hijo de inmigrantes, el padre de Steve Jobs era sirio y la vacuna de Pfizer contra la COVID-19 fue producida por inmigrantes turcos en Alemania y húngaros en Estados Unidos.

Lo cierto es que, para contar con economías productivas y sociedades dinámicas, necesitamos diversidad de competencias y talentos, y ello significa trabajadores de todo tipo, desde recolectores de fruta hasta programadores informáticos, camioneros o bailarinas de danza clásica.

La crisis de la despoblación

En 1950, las mujeres tenían una media de 4,7 hijos en su vida. En el 2020, la tasa de fertilidad era casi de la mitad, 2,4 hijos por mujer. Pero este dato oculta una enorme variación entre países. La tasa de Níger, en África occidental, es de 7,1, pero en la isla mediterránea de Chipre las mujeres tienen una media de un hijo. En Europa, la media es de 1,7, un dato que constituye un enorme problema.

La población europea está destinada a reducirse un 10 % antes del 2050. Y encima está envejeciendo. En el 2060 los ancianos y los niños serán un 20 % más que las personas en edad laboral. Alemania por sí sola debería acoger a 500 000 inmigrantes al año como mínimo para compensar esta situación. También en el Reino Unido, según su Oficina Nacional de Estadística, el crecimiento de la población se debe completamente a la inmigración internacional: la tasa de fertilidad nacional es de apenas 1,7.[80] Según los pronósticos más optimistas para los próximos decenios, la población europea en edad laboral se reducirá un tercio. Ya hoy en casi una veintena de países la población disminuye cada año, desde Polonia hasta Cuba o Japón, que en el 2018 perdió casi cuatrocientas cincuenta mil personas. En estos países las mujeres tienen menos hijos que la media de 2,1, que permitiría que la población se mantuviera estable. El descenso demográfico sería aún mayor si no fuera por el constante aumento de la esperanza de vida, pero acabará creciendo. Se prevé que para el 2100 Japón pase de 128 millones de habitantes a menos de 53.

Esto cambiará profundamente la sociedad global. En la década de 1960, el *boom* de natalidad posbélico —fomentado en algunos países por el contextual «milagro económico»— creó un mundo dominado por jóvenes que tenían poder político y económico. A su vez, ello dio pie a una década de enormes cambios y rupturas sociales. La ola demográfica de estos *baby boomers* aún se abre paso entre las generaciones, pero está claro que nos adentramos en un mundo que envejece, donde los ancianos poseen la riqueza y el poder: en el Reino Unido, un *baby boomer* de cada cinco es millonario.[81] Para el 2065, más de un cuarto de la población del país tendrá más de sesenta y cinco años. Las sociedades envejecidas suelen experimentar menos violencia y guerras, pero también son menos colaborativas y más proteccionistas. Los votantes de más edad son los que hicieron que ganaran el Brexit, Trump y Erdoğan.

Este escollo demográfico es una crisis importante que afecta a la mayor parte de las naciones del mundo: sin la productividad de los jóvenes y sin sus impuestos para sostener a un número creciente de ancianos cada vez más longevos, además de a niños y personas que no pueden trabajar por motivos de salud o discapacidad, la sociedad no puede funcionar y la economía se estanca o se hunde. Está previsto que China alcance un punto de inflexión en torno al 2025, con una población que se estabilizará o que incluso se reducirá, ya que un menor número de bebés significa una desaceleración y una posterior inversión de la tendencia de crecimiento económico. Su tasa de fertilidad ha caído a 1,3 hijos por mujer y las familias ya están importando esposas —a veces raptándolas— de las aldeas de naciones vecinas, para que se ocupen de los padres ancianos del marido. También otros países grandes han sufrido descensos de la natalidad extremos: India tiene una tasa de sustitución de 2,1 en descenso; y Brasil, el quinto país más poblado del planeta, tiene una tasa de fertilidad de 1,8. La crisis de despoblación en Rusia ha vaciado de jóvenes sus localidades rurales, mientras que por Europa pueblos enteros se han puesto a la venta o se ofrecen gratuitamente con la esperanza de que alguien los devuelva a la vida. Las ciudades que se están reduciendo reciben menos inversiones, lo que acelera su deterioro y las vuelve menos atractivas a los ojos de nuevos residentes —una espiral descendente—. En Estados Unidos, algunas de las ciudades que están viviendo este acentuado crecimiento negativo son Nueva York, San José y Boston. En la Unión Europea, el 20 % de las ciudades se está reduciendo, lo que representa un problema enorme.[82]

El resultado es que la contracción demográfica implica que Estados Unidos necesitará un mínimo de 35 millones de trabajadores más en el 2030; y en el 2050, la Unión Europea necesitará 80 millones de trabajadores adicionales y Japón otros 17 millones para conseguir mantener los actuales niveles de vida y sistemas de asistencia social. Incluso durante las fases de recesión económica, estas economías han sufrido una carencia sustancial de mano de obra, en parte aliviada por las amnistías concedidas a los inmigrantes «ilegales». Sin embargo, los Estados no tardarán en disputarse a los migrantes poco cualificados, por no hablar de los cualificados. Pese a lo que pueda parecer, muchos de los inmigrantes que acceden a través de sistemas de entrada por puntos (asignados según las competencias, con una cantidad suficiente los migrantes se ganan el derecho de entrada), adoptados en países como Australia, en realidad son trabajadores poco cualificados porque entran como familiares del anhelado migrante «altamente cualificado». La mayor parte de las migraciones hacia Europa está guiada por mujeres que trabajan en el servicio doméstico.

La población sigue creciendo en algunas partes del mundo pobre, sobre todo en África, si bien las tasas también se reducen en algunos países de ese continente. A pesar de todo, África se está encaminando hacia un enorme descalabro por la explosión del número de jóvenes que viven en condiciones de pobreza rural a merced de la catástrofe ambiental. Asia meridional, donde reside casi una cuarta parte de la población global, se enfrenta a problemas parecidos y, según el Banco Mundial, pronto tendrá la prevalencia de inseguridad alimentaria más alta del mundo. Unos ocho millones y medio de personas ya han huido, en su mayoría hacia el golfo Pérsico, y otros 36 millones seguramente harán lo mismo, según el mismo ente. Se prevé que muchos se establezcan en el valle del Ganges en India, pero se trataría de algo temporal porque para finales de siglo esa zona también será inhabitable a causa de las olas de calor y la humedad.

La solución es tan obvia que no hace falta explicarla y, sin embargo, en raras ocasiones se discute como una política importante: ayudar a las personas a desplazarse por el bien de todos.

Muchos de los países afectados por el estrés climático y otros factores de presión, como los regímenes represivos, tienen grandes cantidades de jóvenes desempleados que viven en condiciones de pobreza, una situación que puede desencadenar conflictos. La creación de vías migratorias fiables hacia países seguros y en vías de despoblación ayudaría a estas personas, que a menudo tienen un nivel de estudios elevado, a llevar una vida productiva. Durante la crisis siria del 2015-2016, Alemania y Suecia acogieron a muchos refugiados y salieron ganando. La mayoría logró encontrar un trabajo en su nuevo hogar, pese a que solo un 1 % de los recién llegados hablaba el idioma; y, aunque hubo un aumento de las tensiones étnicas, las elecciones del 2021 mostraron un descenso neto de la popularidad de los partidos de extrema derecha contrarios a los inmigrantes.

Para Alemania, la acogida de un millón de refugiados fue, además de una generosa respuesta a la crisis humanitaria, una astuta decisión económica: el país necesitaba cubrir la escasez de mano de obra, debida en parte a la reducción de su población de migrantes turcos, muchos de los cuales habían regresado a su tierra natal durante el *boom* económico. Suecia también aprovechó la oportunidad para revivir sus pueblos deshabitados, volviendo a abrir hasta colegios y equipos de fútbol. El mayor temor al que se enfrenta Suecia es que los inmigrantes se marchen para regresar a Siria. Con el envejecimiento de la población, es imperioso desde el punto de vista económico aumentar la inmigración, para mantener baja la tasa de dependencia de los ancianos. No me cabe duda de que los refugiados ucranianos que acaben estableciéndose en sus países de acogida también resultarán económicamente rentables a la larga para dichos países.

Evidentemente, la migración también beneficia a los migrantes. De media, un migrante que se desplaza de un país pobre a uno rico puede ganar de tres a seis veces más de lo que ganaba en su hogar, según el Banco Mundial. Un trabajador nigeriano no cualificado puede ganar un 1000 % más en Estados Unidos que en Nigeria; un jornalero mexicano se saca un 150 % más de media. Una retribución mejor es uno de los factores impulsores de la migración, pero las oportunidades que ofrece la movilidad no se limitan al plano financiero. Los países ricos a menudo gozan de instituciones de nivel superior, una gobernanza mejor y menos corrupta, mercados más eficientes y empresas globales bien administradas, y además son más seguros. Este entorno hace que los trabajadores sean más productivos en un país rico que en uno pobre, incluso desempeñando la misma tarea. Los científicos son más productivos en los países ricos porque cuentan con mejores instalaciones, financiación más estable, una selección más amplia de competencias a la que recurrir, más oportunidades de colaboración, etc. Los peones de la construcción de los países ricos crean edificios mejores porque tienen acceso a herramientas mejores y materiales de calidad superior, a un suministro eléctrico e hídrico fiable, y a normativas más severas que regulan la seguridad y la calidad de las construcciones.

Dinero que crece en los árboles

Según un estudio del Banco Mundial, si en los países ricos la población creciera un 3 % mediante la inmigración, su PIB global aumentaría más de trescientos cincuenta y seis mil millones de dólares en menos de un decenio. El investigador responsable, Michael Clemens, afirmó que, si se abrieran las fronteras, habría «billones de dólares en billetes creciendo en los árboles» listos para que los recogieran.[83] Es lógico: para que crezca una economía, es necesario aumentar la productividad y una forma de hacerlo es a través del incremento de la población activa.

Un estudio llevado a cabo por la Organización Internacional del Trabajo de las Naciones Unidas en 15 países europeos concluyó que, por cada aumento del 1 % de la población de un país debido a la migración, su PIB crecía un 1,25-1,5 %.[84] Australia logró que su PIB creciera un 3 % durante la recesión global del 2009 en parte porque importó migrantes: un australiano de cada cuatro nació en el extranjero.[85]

Así pues, la migración no solo es una estrategia de adaptación de los individuos, sino también de las sociedades. Un estudio ha estimado que muchos de los costes económicos del cambio climático podrían mitigarse con un simple desplazamiento de las actividades económicas.[86] Actualmente, el 90 % de la producción global usa únicamente el 10 % de la superficie terrestre del planeta, por lo que desplazar el 10 % amenazado por el clima hacia ambientes más hospitalarios situados en ese 90 % restante tendría sentido y sería totalmente factible, según el estudio. Los investigadores han elaborado modelos de la economía global según los distintos aumentos de temperatura: en uno de los escenarios permiten que las personas circulen libremente por el planeta y en otro limitan sus movimientos. En el primer caso vieron que las pérdidas de bienestar eran mínimas porque se registraban grandes desplazamientos de personas hacia el norte: un aumento relativamente pequeño de 2 °C en el ecuador (por lo tanto 6 °C en el polo norte) se traduce, a finales de siglo, en un desplazamiento de latitud de diez grados hacia el norte de las localidades que suelen dedicarse a la agricultura y la industria manufacturera. Es como si Oslo tuviera el clima de Fráncfort o Chicago el de Dallas. Un ulterior incremento de la temperatura comportaría un desplazamiento mayor de las localidades de producción.

En el segundo escenario, en cambio, con la restricción de movimiento, los costes del bienestar aumentan drásticamente.

Cuando los investigadores introdujeron en el modelo una frontera rígida en el paralelo 45° (que pasaba por Estados Unidos septentrional y Europa meridional), con alrededor de mil millones de personas que viven por encima y unos seis mil millones que viven por debajo, las zonas superiores experimentaron un aumento de la productividad agrícola, mientras que las inferiores pronto se volvieron un 5 % más pobres. Dicho de otra manera: facilitar la migración puede convertir nuestras economías en más resilientes.

Hoy la vida rural es la principal causa de muerte de los seres humanos debido al menor acceso a la asistencia sanitaria, al agua potable y al saneamiento; los mayores niveles de pobreza y desnutrición, y las condiciones de vida más peligrosas. Según el Fondo Internacional de Desarrollo Agrícola (IFAD), tres cuartas partes de quienes sufren hambre en el mundo viven en zonas rurales y, de media, los salarios son 1,5 veces más bajos en las zonas rurales que en las urbanas. El problema puede resolverse mediante el proceso de la urbanización.

Actualmente, cientos de millones de personas migran de las aldeas de sus antepasados hacia ciudades en rápida expansión en la que podríamos definir como la mayor migración de la historia de la humanidad. Ello supone abandonar unas redes intergeneracionales sólidas y, a menudo, tierras de propiedad familiar donde se pueden cultivar algunos alimentos, pero donde normalmente el salario y las oportunidades de desarrollo son escasas o nulas y la pobreza aumenta. Con cada generación, los terrenos familiares se dividen en parcelas cada vez más pequeñas, de las que se debe sacar el sustento en condiciones ambientales peores. Por sí solo es motivo suficiente para marcharse desesperadamente a otro sitio en busca de fortuna. En el 2100 seremos una especie casi por completo urbana.

Los hijos que van a la ciudad en busca de trabajo normalmente no migran de forma permanente, o al menos no al principio. Se trasladan para ganar dinero que mandar a la familia, en general para ayudar a quienes dependen de ellos, como familiares ancianos, sus propios hijos a los que cuidan otros parientes y a menudo hermanos más pequeños. Las remesas que estos migrantes urbanos envían a casa son lo que permite que la economía agrícola de muchas naciones sobreviva. A nivel mundial, los giros ascienden a unos quinientos cincuenta mil millones de dólares, aunque durante la pandemia disminuyeron. Sin rodeos: si no fuera por estos giros, muchos pueblos del sur del planeta ya serían insostenibles y estarían desiertos.

Los giros producen grandes beneficios que van mucho más allá de las familias de los migrantes. En Ghana, los niños cuyas familias reciben ayuda de un familiar que está en el extranjero tienen un 54 % más de probabilidades de cursar la educación secundaria. Los colegios mismos a menudo se construyen o se abastecen con la ayuda de estas remesas y el dinero que llega a los hogares permite que las personas levanten casas, abran negocios donde se emplea a otras personas e inviertan en maquinaria o modernicen las instalaciones.

La clave de todo ello es la red circular que hace posible la migración y la prosperidad que favorece a las comunidades de destino y de origen; este movimiento circular de personas y recursos, que van y vuelven, es un aspecto sumamente importante de la migración sostenible y debe incorporarse a cualquier política considerada eficaz.[87]

Las personas que se trasladan crean, allí donde van, unas ciudades más diversificadas y con mayores oportunidades, contexto que facilita la transición de otras personas, a la vez que mejora los medios de subsistencia, la vivienda, la educación y las oportunidades en las zonas rurales que han dejado atrás.

Según algunos estudios, los migrantes que se marchan para cursar sus estudios universitarios animan a quienes se han quedado en casa a que vayan al colegio y quienes acaban trasladándose a países democráticos contribuyen a promover la democracia en su tierra natal, por ejemplo, incitando a familiares y amigos a votar. Un estudio realizado en Mali determinó que los migrantes de retorno eran más propensos a votar y que en los barrios donde eran un gran número la afluencia a las urnas aumentaba también entre los no migrantes.

No cabe duda de que la migración es, de lejos, la mejor forma y la más eficiente para ayudar a las naciones a mejorar casi cualquier indicador de desarrollo y tiene mucho más sentido que el gasto en ayudas, aunque desde el punto de vista político sea menos apetecible. En la mayoría de los países en vías de desarrollo, la cantidad de dinero de los giros es, de media, 2,5 veces superior a la recibida en concepto de ayudas de los países ricos. Nigeria, por ejemplo, recibió 24 300 millones de dólares en el 2018 de sus emigrantes que trabajaban en el extranjero, es decir, ocho veces más que la cantidad percibida en ayudas al desarrollo y diez veces más que las inversiones extranjeras. Los presupuestos de cooperación acaban repartidos entre la administración, los sueldos, las campañas y la compra de vehículos todoterreno para los trabajadores humanitarios. Los giros, en cambio, llegan directamente a sus beneficiarios y se invierten para obtener mejoras en la vida concreta de las personas, aunque las agencias de cambio y las comisiones de las transferencias se comen una cantidad excesiva. La UNESCO calcula que si se bajaran tales comisiones se podría aumentar el gasto privado en educación en mil millones de dólares al año.

A pesar de todo, entre las ideas más humanitarias que las naciones ricas consideraron en su intento por disuadir la migración estaba la de abordar las «causas profundas». Con este objetivo, la Unión Europea, por ejemplo, instituyó un fondo de varios miles de millones para las ayudas a África. Sin embargo, varios estudios han concluido que ni las ayudas ni el desarrollo económico de los países pobres reduce la migración —de hecho, muchas veces ocurre lo contrario—. En realidad, la migración va acompañada del desarrollo: cuando los países pobres se vuelven más ricos, el índice de emigración aumenta. Ello se debe en gran parte a que la migración a países ricos es costosa: un traficante de personas cuesta mucho dinero, lo mismo que un billete de avión u otra vía de salida del país, y también la educación superior. Los más pobres no pueden permitírselo y los que sí lo consideran una inversión de futuro. A medida que los países se enriquecen, son más las personas que pueden permitirse tal inversión y así hasta que la renta media anual per cápita ronda los diez mil dólares, cuando el pequeño incremento en las ganancias que se podría obtener en un país rico hace que los costes y los trastornos de la migración sean menos deseables. Actualmente, la renta media en el África subsahariana es de un tercio de ese valor.

Con ello no quiero decir que se deban abandonar las ayudas al desarrollo: son fundamentales para contribuir a mejorar la salud y la educación de los países pobres, que es una obligación de los países ricos, sobre todo teniendo en cuenta su papel histórico en el empobrecimiento de dichos territorios con las prácticas coloniales, la extracción de los recursos y otras políticas. Sin embargo, invertir en ayudas para detener la migración es como imprimir más libros de texto para que la gente vaya al colegio: es una idea errónea. Un estudio calculó que disuadir a un solo migrante de un país como Irak de migrar a la Unión Europea costaría 1,8 millones de dólares en ayudas, lo que resultaría aún más costoso, entre cuatro y siete millones por persona, si quien llega lo hace por los canales oficiales.[88]

Además, si consideramos la productividad global desde un punto de vista puramente económico, el trabajo es el bien más importante que poseen las personas. Mandar dinero a Nigeria en lugar de permitir que los nigerianos se trasladen a donde está el trabajo tiene el mismo sentido que intentar cultivar en el desierto o fabricar coches en la Antártida. Igualmente, es más difícil y mucho menos eficiente enviar instituciones estables y consolidadas, paz, prosperidad y buenos sistemas de gobierno de Países Bajos o Canadá a Sudán o Yemen que trasladar a los trabajadores y a sus respectivas familias a países más productivos. La migración no solo es inevitable, sino que debería alentarse. Durante el poco tiempo que pasamos en esta tierra, la gente debería ser libre de desplazarse hacia lugares con mejores oportunidades y no quedarse atrapada porque el destino quiso que naciera en un sitio y no en otro.

Evidentemente, aún estamos muy lejos de unas fronteras tan flexibles, así que ¿cómo podríamos imaginar un sistema de movilidad global bien organizado? Igual que el cambio climático, las migraciones en masa son un problema que debe tratarse a nivel global. La globalización de las actividades humanas y el alcance planetario de los escollos a los que nos enfrentamos requieren una nueva era de organismos cooperativos con capacidad para actuar. Hemos sido testigos de las consecuencias de la erosión en la última década de los poderes de los organismos globales, desde su incapacidad de tomar medidas sobre las emisiones de gases de efecto invernadero hasta el fracaso de la vacunación a tiempo contra la COVID-19 en el sur del planeta. Esto debería estimularnos a reforzar la cooperación global cuando se trata de problemas internacionales.

Idealmente, a todos los migrantes se les debería asignar un puesto de trabajo vacante antes de dejar el propio país, pero la realidad es que muchos se verán obligados a marcharse urgentemente a causa de fenómenos extremos. El problema podría abordarse, por ejemplo, fundando una Organización para la Migración Global de las Naciones Unidas con poderes efectivos que obligue a los gobiernos a acoger a los refugiados (algo que tendrían que hacer igualmente, pero que a menudo no sucede); a acordar un plan razonable para la redistribución de las personas cuyas circunstancias se están volviendo más difíciles (a causa del cambio climático) antes de llegar a un nivel de crisis imposible de afrontar; y a gestionar las estrategias, a corto y largo plazo, de reubicación, remuneración, financiación y, potencialmente, repatriación. Este organismo debería fundarse con respaldo intergubernamental, estar dirigido por un consorcio internacional de funcionarios públicos asesorados por expertos (como sociólogos, urbanistas y climatólogos) y estar completamente financiado por un sistema «tributario» internacional en el que contribuyeran todas las naciones.

Una idea podría ser que las naciones acordaran las cuotas migratorias, recibiendo fondos o préstamos convenidos para hacer frente a los costes de integración económica y social iniciales a corto plazo relativos a la acogida de los nuevos habitantes, incluida la inversión en ciudades más grandes. Una parte de los fondos podría proceder de los países de origen. La Unión Europea lleva unos años intentando que se introduzca una especie de sistema de cuotas para los refugiados y los solicitantes de asilo, pero algunos Estados miembros como Hungría y Polonia lo bloquean (ironías del destino, las dos naciones menos deseables desde el punto de vista migratorio). Por consiguiente, el sistema europeo de asilo es totalmente ineficiente y, más que acoger a tales migrantes como útiles contribuidores desde una perspectiva socioeconómica, se los convierte en un peso socioeconómico con el que cargan algunos Estados del sur del continente a cuyas fronteras llegan por vía marítima. Los migrantes viven en un limbo, sin posibilidad de trabajar ni de construirse una vida en sitios donde tienen una red de conexiones. Como ya he descrito antes, a menudo se los retiene durante años en campos de detención del todo inadecuados; entre los lugareños crece el resentimiento y la gente muere innecesariamente.

En cambio, se podría ofrecer la ciudadanía de las Naciones Unidas, además de la que corresponde por nacimiento: para algunas personas, como las nacidas en campos de refugiados, que carecen de documentos, o los ciudadanos de pequeños Estados insulares que dejarán de existir a finales de este siglo, la ciudadanía de las Naciones Unidas podría ser su único acceso al reconocimiento y la asistencia internacional. Sobre esta base podrían emitirse pasaportes, quizá inspirados en los de los apátridas, los llamados pasaportes Nansen por su promotor, el explorador polar noruego Fridtjof Nansen, que fue el primer Alto Comisionado para los Refugiados. Tras acabar la Primera Guerra Mundial, de 1922 a 1938, se emitió medio millón de estos documentos de viaje, reconocidos a nivel internacional, en su mayoría para refugiados armenios y rusos. También obtuvo uno el reportero gráfico Robert Capa, originario de Hungría.

El pasaporte Nansen tenía una validez máxima de un año, aunque podía renovarse. A los titulares les permitía viajar a otro país en busca de trabajo y así se contribuía a aliviar la presión en los lugares más atestados y a distribuir a los refugiados de forma más «equitativa» entre los países miembros de la que fuera la Sociedad de Naciones, a la vez que propiciaba que los Estados realizaran un seguimiento de los desplazados que entraban y salían de sus fronteras. Para los refugiados el pasaporte era una nueva forma de protección internacional, superior a la autoridad nacional del país de asilo, antes de conseguir una nueva ciudadanía. Muchos puntos de la idea concebida por Nansen son dignos de admiración, sobre todo hoy, cuando los refugiados y otros migrantes se encuentran atrapados, sin la posibilidad de cruzar las fronteras de forma segura o de encontrar trabajo. Poner énfasis en la movilidad, siguiendo la estela de Nansen, para que los migrantes puedan desplazarse libremente en busca de un empleo es fundamental para una migración segura y controlada de forma positiva —además, ayudaría a los Estados receptores con los datos que necesitan para afrontar sus mutables exigencias demográficas— y es un aspecto que se debería tener en cuenta en el plan de la ciudadanía de las Naciones Unidas.

Las personas podrían realizar una solicitud de migración, idealmente en su país de origen, y se les ofrecerían visados para determinados lugares seguros, según el sistema de cuotas. A los migrantes con competencias más demandadas o riqueza les resultaría más fácil elegir una ciudad de destino, pero el sistema de cuotas debería concebirse para garantizar un hogar de llegada seguro a todos los que lo necesiten. Para favorecer la asignación de los migrantes dentro del sistema de cupos, se podrían usar instrumentos como los visados temporales o por trabajo, o una lotería de inmigración. Muchos países, como Estados Unidos, el Reino Unido y Canadá, ya se valen de algunas formas de sorteo para conceder visados.

Vista la magnitud de esta migración y la velocidad a la que tenemos que comprometernos para afrontarla, los migrantes deberán participar en la construcción de sus ciudades o la expansión de las ya existentes. Los visados podrían incluir, como requisito, que el portador se comprometa a realizar un determinado número de horas semanales de servicios a la comunidad durante un período de dos a cinco años, por ejemplo; según la edad, las competencias y las capacidades, podría tratarse de trabajar en el sector de la construcción, la asistencia, la recogida y gestión de residuos, la restauración del ambiente natural u otras ocupaciones necesarias para una nación. A los migrantes se los formaría y se les pagaría un sueldo, y también se les podría ofrecer la oportunidad de comprar una vivienda o espacio comercial de reciente construcción. De esta forma, se facilitaría la transición social y cultural de los nuevos ciudadanos, construyendo una sociedad civil progresista, sobre todo si los autóctonos también participaran en estos programas.

Teniendo en cuenta las dificultades de forjar cualquier tipo de acuerdo vinculante a nivel global, deberíamos ponernos manos a la obra de inmediato: habría que firmar acuerdos bilaterales o regionales, sobre todo donde ya existen lazos culturales o históricos. Algunas naciones del Pacífico ya han firmado convenios con Australia y Nueva Zelanda y otros grupos regionales sobre derechos de trabajo recíprocos, el reconocimiento de las competencias y cualificaciones, y la libre circulación, por ejemplo. En este sentido, destaca el modelo de la Unión Europea, donde en todos los Estados miembros se goza de libertad de circulación, también de comercio y trabajo, y, si el sur de España sufre una ola de calor insoportable, los habitantes pueden desplazarse libremente hacia el norte, a países menos afectados. El continente africano está trabajando para crear un sistema de libre circulación parecido entre todos los países como parte de su iniciativa de desarrollo Agenda 2063, que contempla un pasaporte de la Unión Africana y un tratado de libre comercio. Actualmente, el tratado de libre comercio ya se encuentra en fase avanzada, con la firma de 54 de las 55 naciones del continente (todas menos Eritrea); el protocolo de libre circulación progresa más lentamente, firmado hasta ahora por 33 naciones, aunque varias han empezado a conceder visados al llegar al punto de entrada. Los analistas esperan que la revolución del libre comercio y la libre circulación transforme las economías del continente y permita que su joven población en aumento encuentre un empleo: el índice medio de desempleo cayó un 6 % en la Unión Europea gracias a la libertad de movimiento.

Estamos en el 2032 y Ajay Patel envía una solicitud de migración. Inicialmente era arrocero en la zona rural del Guyarat, India, pero cuando la sequía y la subida del nivel de los mares aumentaron la salinidad del suelo, que imposibilitaba la agricultura, emigró con su familia primero a la ciudad de Ahmedabad y luego a Bombay. Su mujer y él tienen tres hijos adolescentes y viven en una chabola en una barriada, donde se ganan la vida de vendedores ambulantes. La barriada a menudo se inunda durante las ya frecuentes tormentas violentas y las olas de calor sistemáticas hacen que las condiciones sean letales: en el 2020 la temperatura en la barriada era de 6 °C más que en el resto de la ciudad; hoy, el calor sumado a la humedad que dejan las lluvias vuelve la situación insostenible. Ajay presenta la solicitud para su familia en la Oficina para las Migraciones de las Naciones Unidas en Bombay, especificando todos los detalles, incluidas las competencias de todos los miembros y hasta tres ciudades donde querría ir: indica Mánchester (donde tiene un familiar lejano), Glasgow (donde tiene un amigo) y Ottawa (donde hay una escuela de economía a precios asequibles para su hijo mayor). Además de la nacionalidad india, cada uno de ellos cuenta con un pasaporte de las Naciones Unidas que les permite entrar en cualquier país y trabajar y vivir en un gran número de ellos, aunque no necesariamente beneficiarse de la asistencia social. Para eso tendrán que esperar a que les adjudiquen un destino.

Al cabo de pocos meses les conceden un visado de migración quinquenal para Aberdeen. Pueden aceptar la decisión o apelar en contra, o bien negarse y probar suerte en otro sitio. Deciden aceptar. Los visados llegan, pero están sujetos a algunas condiciones: Ajay y su mujer tienen que trabajar durante dos años como mínimo en uno de los sectores indicados por el gobierno, para los que podría requerirse una formación inicial. Son trabajos disponibles para todos los titulares de un pasaporte de las Naciones Unidas, pero se asignan preferentemente a ciudadanos y titulares de un visado de migración. Los niños deben ir al colegio o asistir a otros cursos de formación. La familia debe quedarse en el país al menos veinte meses durante los dos primeros años. A cambio, se le facilita el traslado a Aberdeen, el alojamiento, asistencia sanitaria, clases de idiomas y otras ayudas. Pasados dos años, pueden elegir el trabajo que quieran: Ajay querría dedicarse al comercio al por menor, quizá abriendo su propia tienda. Al cabo de cinco años, pueden solicitar la ciudadanía y disfrutar de los mismos derechos que los autóctonos. Quienes poseen un pasaporte de las Naciones Unidas también pueden vivir y trabajar en Aberdeen, pero no pueden beneficiarse de una asignación preferente de trabajo ni de los servicios públicos gratuitos, a no ser que presenten una solicitud y se lo asignen. Las ciudades, por motivos humanitarios, también deben acoger y apoyar a los refugiados incapacitados para trabajar, según el sistema de las cuotas.

Ajay encuentra un trabajo realizando recalificaciones energéticas para los edificios y su mujer es asistente social. Ambos reciben clases de idioma gratis y al cabo de dos años Ajay ayuda a formar a nuevos inmigrantes, mientras que su mujer se apunta a un curso a tiempo parcial para convertirse en agente sanitaria. Los hijos están estudiando.

Esto solo es un caso hipotético, con un modelo de reglas y restricciones que permitiría a los migrantes alejarse de los peligros y la pobreza, seguir con sus vidas y a la vez contribuir a su nueva sociedad, y que les concedería un período de adaptación para ganarse a la escéptica comunidad de acogida. Esta solución permite que las ciudades situadas en puntos del planeta afectados por el clima concentren los fondos para que una población más reducida viva en condiciones que de lo contrario serían invivibles, por ejemplo, con edificios climatizados y a prueba de inundaciones y tempestades. Bombay no puede alojar y nutrir en condiciones de seguridad a una población de más de veinte millones de personas con las circunstancias climáticas a las que nos enfrentaremos en las próximas décadas: gran parte de la población tendrá que migrar. Con este escenario las ciudades receptoras también pueden integrar mejor a poblaciones más numerosas y en aumento, sin dejar de satisfacer las necesidades de mano de obra de los vastos programas de adaptación al clima y de mejoras sociales y de infraestructuras que serán necesarios en los próximos decenios.

Existen muchas alternativas para este modelo y, si deseamos gestionar la migración de grandes poblaciones que con toda seguridad se dará en los próximos decenios, tenemos que planificar con previsión las estrategias que permitan mantener la dignidad de las personas afrontando, mientras tanto, los enormes retos que tenemos ante nosotros para adaptarnos a un mundo más cálido y hostil.

CAPÍTULO 6

LOS NUEVOS COSMOPOLITAS

Estemos listos o no, la gente ya se está desplazando. Podemos y debemos prepararnos.

No hay forma humana de mantener fuera de Estados Unidos, Europa o Australia a los migrantes desesperados. Los que vivimos en partes de Europa septentrional, Canadá o alguna otra zona climática más «afortunada» aún habitable no podremos frenar a los migrantes con muros o armas. Serán demasiados y seguirán llegando porque no tendrán alternativa. La cuestión es si se les va a ayudar o si el resto del mundo se quedará de brazos cruzados viendo cómo se mueren.

Si todo esto suena aterrador es porque la retórica dominante sobre la migración que hemos oído se centra en la amenaza de hordas de extranjeros que nos arrollan y no en las oportunidades, la utilidad y la realidad del movimiento humano sin trabas. Tenemos que cambiar el relato, tenemos que reconocer que todos formamos parte de esta historia: nos desplazamos por trabajo, por placer, para ofrecer mejores oportunidades a nuestros hijos y, si somos desafortunados, para huir del peligro. Esas personas van a llegar, tanto si estamos listos como si no.

En noviembre del 2021, una de varias pateras sobrecargadas que transportaban a migrantes de Francia a Inglaterra naufragó mientras cruzaba el peligroso canal de la Mancha y 27 personas murieron en las gélidas aguas, incluidos tres niños. Hubo quien se alegró ante esta tragedia evitable. Unos pescadores que se estaban manifestando bloquearon una estación de salvamento, por lo que la tripulación no pudo embarcarse para socorrer a otra patera de migrantes en apuros. El gobierno británico, que prácticamente había eliminado todas las demás vías de acceso para quienes solicitaban asilo en el país, habló de desplegar al ejército para devolver las pequeñas embarcaciones a Francia. Los artículos de noticias en internet sobre las muertes estaban llenos de comentarios con expresiones de odio y, cuando los editores los desactivaron, los artículos fueron publicados en Facebook con símbolos de emojis sonrientes.

Un periodista, Ed McConnell, decidió rastrear a algunas de las personas que habían reaccionado a la noticia de los ahogamientos poniendo emojis felices, para preguntarles el motivo.[89] Entre las respuestas malhumoradas de odio que obtuvo McConnell había afirmaciones según las cuales los migrantes eran «violadores, asesinos y terroristas», «roban a nuestro país», «nos quitan el trabajo» y «suponen una carga para el Servicio Sanitario Nacional». También había negación e ignorancia sobre los derechos legales de los refugiados para solicitar asilo en cualquier país que eligieran.

Décadas de retórica antiinmigración y de desinformación dan como resultado una enorme confusión sobre los aspectos fundamentales de la migración en los países ricos. En Italia, las encuestas muestran que la gente generalmente cree que el 26 % de la población son inmigrantes, cuando en realidad es el 10 %. También creen en los prejuicios racistas sobre los migrantes, en concreto cuando los repiten políticos destacados. Por ejemplo, se dice que los migrantes a menudo son criminales, violentos y peligrosos. Varias encuestas llevadas a cabo en países occidentales demuestran que existe una opinión generalizada sobre que los inmigrantes son más pobres, menos instruidos, tienen más probabilidades de estar en el paro y de vivir de los subsidios, y de ser musulmanes y hombres, de lo que en realidad son. De hecho, la mitad de los migrantes de todo el mundo son cristianos, pese a que estos solo representan una tercera parte de la población mundial: constituyen tres cuartas partes de las personas nacidas en el extranjero que viven en Estados Unidos y el 56 % de los que viven en la Unión Europea. Solo el 27 % de los migrantes del mundo son musulmanes, quienes se desplazan con mayor frecuencia hacia Arabia Saudí o Rusia.

La idea de que los inmigrantes se trasladan a los países ricos solo para beneficiarse de sus servicios sociales tampoco se sostiene. La inmensa mayoría de los migrantes se traslada en busca de trabajo y tiende a ir donde hay empleo, no donde las ayudas son más generosas. Cabe recordar que más de un tercio de los migrantes se desplaza entre los países en vías de desarrollo que ofrecen pocos subsidios sociales o ninguno, simplemente siguiendo las oportunidades de trabajo. Los que migran a países ricos tienen menos posibilidades de recibir las ayudas que un nativo, lo cual se debe en parte a que tienden a ser más jóvenes y sanos y a estar más motivados para quedarse en el país para trabaja, con la idea de volver a su patria antes de tener la edad parar beneficiarse de los subsidios de la seguridad social. En muchos países ricos, los controles sobre la inmigración les impiden siquiera solicitar las prestaciones, por eso los inmigrantes «clandestinos» a menudo acaban pagando los impuestos, pero sin solicitar las ayudas por miedo a que los descubran. En Estados Unidos, las cotizaciones a la seguridad social pagadas por los empleadores a cuenta de los migrantes, pero que estos nunca solicitaron, inflaron las arcas americanas con al menos veinte mil millones de dólares solo en los años noventa. Mientras, las restricciones de Trump del 2020 en los visados de trabajo le costaron a la economía de Estados Unidos 100 000 millones de dólares.[90] En conjunto, la Organización para la Cooperación y el Desarrollo Económicos calcula que los inmigrantes pagan en impuestos al menos lo mismo que reciben en beneficios. De hecho, la Oficina para la Responsabilidad Presupuestaria del Reino Unido ha estimado que la deuda nacional se reduciría significativamente si el país aceptara el doble de migrantes.

Los miedos asociados a la criminalidad y la violencia son igualmente infundados. Los estudios no muestran ningún aumento de la criminalidad vinculado a los flujos migratorios, excepto en pocos casos en que los delitos menores han aumentado ligeramente, por ejemplo, cuando en el Reino Unido hubo una ola de solicitantes de asilo a los que no se les permitió trabajar. Por el contrario, en Estados Unidos es mucho menos probable que un inmigrante cometa un delito frente a una persona nacida en territorio americano; según un estudio, quizá fue el aumento de la inmigración en los años noventa lo que determinó un descenso general del índice de criminalidad registrado en tal período.[91]

Hoy, desde Europa hasta Asia, pasando por Estados Unidos, estamos viviendo un período de fuertes hostilidades para con los inmigrantes. Durante la última década, las promesas de reducir la inmigración y de reforzar las fronteras han hecho ganar votos hasta a los gobiernos liberales de las democracias progresistas. Mientras tanto, los líderes populistas y nacionalistas se han vuelto aún más draconianos hacia los trabajadores extranjeros y los refugiados. Desde la encarcelación masiva de mexicanos en Estados Unidos hasta el ambiente hostil de la Gran Bretaña del Brexit o el uso de refugiados de Oriente Medio como armas por parte de Bielorrusia en el inverno del 2021, la cuestión de la migración se ha transformado en una amenaza pública —una crisis— y ello ha dado pie a un aumento de los movimientos contra la inmigración y de los partidos políticos de extrema derecha.

Todo esto ha sucedido en un momento en que las cifras de solicitantes de asilo que quieren entrar en Europa en realidad han disminuido. (En el lustro 2011-2015 Europa registró un número de solicitantes de asilo inferior al de los últimos cinco años del siglo XX, incluso contando la extraordinaria cantidad de refugiados sirios.) La cantidad de demandantes de asilo en la Unión Europea fluctúa cada año, pero normalmente el bloque recibe solicitudes que ascienden a cientos de miles.[92] Por tanto, con una población de 445 millones, difícilmente puede decirse que la Unión Europea está bajo asedio. En el 2022 sí que vivió una crisis a sus puertas, cuando la guerra obligó a millones de personas a huir de Ucrania hacia los países vecinos, de los cuales los más cercanos siempre habían sido los más marcadamente antiinmigración. Es interesante subrayar que estas naciones anteriormente hostiles, como Polonia o Hungría, se mostraron generosas y acogedoras con los refugiados ucranianos a pesar de que la cantidad de personas que cruzaba sus fronteras era muy superior a la de otras «crisis de migrantes» que habían vivido pocos años antes.

Según un estudio llevado a cabo en 20 países europeos, existe una fuerte correlación entre los niveles de inmigrantes de un país y una actitud favorable hacia ellos. «Los países con una cuota insignificante de inmigrantes son los más hostiles, mientras que países donde su presencia en la sociedad es mayor son los más tolerantes», concluyeron los investigadores.[93]

El estudio mostró que la crisis de los migrantes nace de factores no relacionados con la migración, como la confianza institucional, la desvinculación social y el descontento político. Según los investigadores, la gente de los países con niveles bajos de confianza en las instituciones e inclusión social son los que más temen la inmigración. Los grupos populistas y de extrema derecha habitualmente vinculan la retórica antiinmigración con las políticas económicas y sociales tradicionalmente de izquierdas, como la conservación del empleo y el apoyo al estado de bienestar, alimentando así la percepción de la inmigración como responsable de los problemas sociales de la clase trabajadora. En palabras de los investigadores, «las posturas antiinmigración tienen poco que ver con los migrantes».

De todos modos, dichas actitudes son preponderantes en nuestras sociedades y determinan la política. Eso ya supone un problema cuando las naciones solo reciben decenas de miles de peticiones de asilo (o menos). En los próximos decenios, muchas recibirán como mínimo cientos de miles de peticiones. Recordemos que la invasión rusa de Ucrania creó 10 millones de refugiados en las tres primeras semanas. Es previsible que la gente se preocupe por las migraciones masivas, sobre todo en sitios con poblaciones poco numerosas y bastante homogéneas. Estos temores son una cuestión importante y deben afrontarse si queremos que la migración climática a escala planetaria sea pacífica y positiva tanto para los inmigrantes como para las comunidades receptoras.

La migración masiva, si se gestiona bien, formará parte de la vida y las sociedades cosmopolitas serán consideradas normales por las generaciones que no recordarán épocas con más homogeneidad. Los jóvenes que viven en las ciudades ya se sienten más cómodos que sus abuelos con una diversidad de personas mucho más amplia y ello es en parte un reflejo del cambio demográfico: en Estados Unidos solo el 18 % de los hijos de la posguerra es no blanco, mientras que la mitad de la generación Z, los nacidos entre 1997 y el 2012, son negros, latinos o asiáticos. Es muy poco probable que las generaciones más jóvenes vean la nacionalidad en términos raciales y las encuestas muestran que menos de la mitad de los estadounidenses por debajo de los cuarenta años cree que la nacionalidad de una persona es importante, mientras que solo el 20 % piensa que el lugar de nacimiento es importante para la nacionalidad.[94]

En este siglo *todo* cambiará. Los próximos decenios de alteraciones ambientales provocarán sus propias perturbaciones sociopolíticas, con interrupciones de la disponibilidad de alimentos y otros problemas significativos. Por eso, cuando miramos hacia el futuro que nos espera, el punto de referencia no debería ser nuestra vida actual tal como la vivimos ahora; la comparación es más bien con ciudades del futuro envueltas en transformaciones de infraestructuras para adaptarse al clima, un ambiente más cálido con inundaciones repentinas, tormentas más violentas, escasa disponibilidad de alimentos, reducción de la mano de obra con carencia de asistencia a los ancianos, un entorno social de miedo con un aumento de conflictos, terrorismo, hambruna y muerte que llegará a las pantallas de todo el mundo desde el sur del planeta... o quizá muchos menos males, pero muchos más extranjeros viviendo en ciudades densamente pobladas.

La segunda opción es la mejor para todos con diferencia. Pero eso no quiere decir que no será problemática, sobre todo para quienes se identifican firmemente con la población hasta entonces homogénea de su lugar de origen, que podrían temer un empobrecimiento cultural cuando grandes cantidades de inmigrantes asiáticos, africanos o latinos lleguen a su pueblo y este se transforme en una ciudad. O cuando su próspera y pequeña ciudad se convierta en un refugio para un gran número de personas pobres de países meridionales. Después de todo, los movimientos de masas comportan un cambio profundo y, naturalmente, las personas pueden sentirse incómodas o agobiadas por ello. Gestionar bien esta transición será fundamental para que tenga éxito y ello significa abordar las preocupaciones antes de que causen conflictos.

Pasemos a explorar (y desmontar) de forma más detallada algunos de los temores en torno a la inmigración.

Hay detonantes obvios: la inmigración aumenta la presión sobre las comunidades receptoras cuando la vivienda, los colegios, la asistencia sanitaria y otros servicios se vuelven insuficientes. Este escollo puede salvarse a través de una planificación cuidadosa y una inversión adecuada por parte de los gobiernos con el fin de administrar los costes y suministrar servicios a la población ampliada. Considerando que muchos no consiguen proporcionar estos servicios a sus actuales ciudadanos, las tensiones crecerán a menos que se trate el problema. Estados Unidos, por ejemplo, gasta solo el 15 % de su presupuesto en asistencia social, la mitad de lo que gasta la media de los países de la Unión Europea. Es necesario que este porcentaje aumente en todas partes, pero especialmente en Estados Unidos, porque las prestaciones son lamentablemente inadecuadas y ni siquiera cubren la asistencia sanitaria universal.

El cambio social es objetivamente difícil. Esto se debe a que, pese a que la diversidad aumenta la innovación y comporta resultados más productivos, requiere una mayor inversión de energía mental, además de otros costes. Es mucho más fácil seguir adelante con la misma forma de pensar y de actuar cuando todos piensan y actúan como tú. Comprender otros puntos de vista, concebir ideas distintas desde una nueva perspectiva puede resultar difícil, aunque la recompensa bien lo merezca. Por consiguiente, las inversiones de tiempo y dinero deben realizarse en las comunidades tanto de acogida como de los inmigrantes para facilitar la transición. Podrían ayudar los cursos de idiomas gratuitos abiertos a todos y un sistema de orientación y apoyo a los recién llegados.

La migración en masa procedente de países mal administrados o fallidos eleva el tan difundido temor de un aumento de la criminalidad y el terrorismo, es decir, que los migrantes lleven consigo sus disputas interétnicas. Una reacción común a los actos terroristas son las políticas más severas en materia de inmigración y de visados. En realidad, sucede lo contrario: es más probable que la migración reduzca el terrorismo a que lo aumente, según un amplio estudio realizado en 145 países que ha examinado los datos relativos a tres decenios.[95] Los científicos argumentan que el principal motivo reside en que la migración había aumentado el crecimiento económico. En algunos países europeos era probable que las poblaciones inmigrantes cometieran más delitos menores que los lugareños, pero eso sucedía principalmente cuando los migrantes eran hombres jóvenes; si se comparaban con una población local con la misma distribución demográfica, los migrantes no tenían más probabilidades de meterse en problemas que los locales de su misma edad. Es improbable que los inmigrantes que se establecen sin problemas y que trabajan sean extremistas o terroristas. Sin embargo, las comunidades autóctonas que no abordan los temores de la inmigración corren el riesgo de crear sus propios terroristas, por ejemplo, bajo la forma de supremacistas blancos.

Algunas personas, sobre todo en zonas de Europa y Asia septentrional con poblaciones relativamente pequeñas y homogéneas, temen que la afluencia de muchas personas de piel oscura cambie literalmente el aspecto de su país. Es algo que ocurrirá, ya ha ocurrido antes. Como hemos visto, la piel clara de los europeos es muy reciente en la historia de la evolución humana. Los americanos, europeos y británicos originarios eran de piel oscura hasta que sus tierras fueron colonizadas por los pueblos eurasiáticos de piel clara de las estepas, hace unos cinco mil años en Europa, y por sus descendientes, más recientemente a partir del siglo XVI en América. Con la expansión de la población, en 1900 la Europa principalmente blanca conformaba un cuarto de la población mundial y el triple que la de África. Sin embargo, se prevé que para el 2050 Europa solo cuente con el 7 % de la población mundial y un tercio de la africana, principalmente de piel oscura. Es el cambio demográfico del que ya hemos hablado: hoy los europeos tienen menos hijos que los africanos. En todo el mundo las ciudades ya son mucho más diversas: la población de Londres, por ejemplo, está formada por un 40 % de personas de piel más oscura. La mayoría de los habitantes de Estados Unidos tendrá la piel más oscura en el 2040,[96] algo que ya ocurre en muchas ciudades y condados. Numerosos estudios muestran que la gente que vive en ciudades con mayor diversidad aceptan más a los inmigrantes de cualquier tono de piel; en cambio, quienes viven en lugares «más blancos», donde se cruzan con menos personas de piel oscura, son más hostiles a los inmigrantes.

El miedo de esta transición está guiando el sentimiento antiinmigración a través de políticas deliberadamente discriminatorias y prejuicios inconscientes en la sociedad. Puede que el lector mismo no tenga prejuicios contra los extranjeros o las personas de color, pero seguramente conoce a alguien que sí y seguramente vive en una sociedad cuyas instituciones y estructuras se inclinan a favor de la piel blanca por encima de la oscura. Es un prejuicio corrosivo y debe ser combatido. Resulta llamativo que la política de asilo de la Unión Europea nunca haya sido tan generosa como cuando los refugiados eran europeos de piel clara que se parecían en el aspecto y la forma de vestir a la mayor parte de los autóctonos de los Estados miembros.

El miedo y los prejuicios hacia las personas de piel más oscura son reales, no pueden ignorarse, y hay que hacerles frente sistemáticamente si queremos que la migración en masa de los trópicos a los países septentrionales tenga éxito. Los migrantes africanos y asiáticos que vivían y estudiaban en Ucrania cuando los rusos la invadieron recibieron un trato muy distinto en las fronteras cuando dejaron el país. Aunque los líderes de la Unión Europea aclararon que se concedería asilo a todos los refugiados que huían de Ucrania independientemente de su nacionalidad, las personas de piel oscura tuvieron que hacer frente a dificultades mayores en el momento de salir del país, por no hablar de las que luego encontraron en la nación de acogida. Hoy, gran parte de la retórica antiinmigración se nutre del temor de las personas (sobre todo los ancianos) de que su «raza» se vea sometida por una «raza» distinta, un disparate desde el punto de vista biológico, como hemos visto. Si el lector tiene la piel clara, ojos azules y pelo rubio, entonces es una minoría a nivel global, pero estos rasgos no van a desaparecer. La gente seguirá naciendo con estas características; sin embargo, sus hijos o sus nietos quizá tengan una piel más oscura que la suya. Nuestra mayor preocupación en esta transición debería ser asegurarnos de que toda la población tenga una cantidad suficiente de vitamina D a través de los suplementos dietéticos.

Es importante reconocer que el prejuicio es a menudo una reacción de defensa fundada en el miedo. El mismo mundo globalizado que brinda oportunidades a emigrantes e inmigrantes también ha producido una élite global de cosmopolitas cuyos pasaportes, privilegios financieros y educación les permiten disfrutar de una cómoda movilidad; podría incluso parecer que el mundo globalizado en sí ha migrado: donde antes había grupos sedentarios que luchaban por salir adelante, sintiéndose impotentes, ahora hay una gran cantidad de gente en movimiento. Las naciones occidentales insisten en el mito de la meritocracia, es decir, que quienes pueden migrar fácilmente de una ciudad a otra gracias a su posición económica creen que se han ganado tal privilegio —y, con él, sus políticas liberales progresistas y la aceptación de los migrantes—, mientras que quienes se encuentran estancados a causa del trabajo y sus circunstancias personales son considerados indignos, vagos y atrasados desde el punto de vista del comportamiento y de las convicciones. Este es un prejuicio que debe cuestionarse.

Igualmente, cuando a la gente le cuesta llegar a fin de mes o se encuentra en el paro, lo fácil es echar la culpa a los migrantes más que a sí mismos o a las profundas desigualdades estructurales de la sociedad. Las convicciones justificadas ayudan a la gente a racionalizar su racismo, hasta el punto de que, cuando un niño refugiado muere mientras busca un entorno seguro, se culpa a los adultos impotentes que lo acompañaban en vez de a las naciones ricas que no se preocuparon por salvarlo. La migración no es el problema, sino una política con una planificación deficiente. Una forma de resolver los prejuicios basados en el miedo es ocuparse de la desesperación y el odio de los nativos «abandonados» cuyos salarios han menguado o que viven en comunidades con altos niveles de desempleo. Ello implica proyectar y financiar políticas sociales que ayuden a las personas a llevar una vida digna y que reduzcan las desigualdades —y ello conlleva el uso eficiente de los impuestos como herramienta de redistribución—. Por ejemplo, con un tipo impositivo máximo elevado se reduce la desigualdad después de deducir los impuestos, pero también *antes* de pagarlos, porque elimina los salarios muy altos, ya que entonces no tendrían razón de ser. La desigualdad bruta no es un resultado inevitable del progreso tecnológico o el capitalismo (ni de ningún otro sistema económico), sino un fracaso de la política social, incluida la incapacidad de tasar la riqueza y de evitar la evasión fiscal. Será necesaria una política inteligente para afrontar los prejuicios y fomentar la inclusión durante nuestra rápida migración masiva.

La inclusión es fundamental. Por eso, ¿es mejor alojar a los migrantes con otras personas de su país de origen, con el riesgo de crear guetos y desencadenar el éxodo de los nativos (a veces llamado «fuga de los blancos»)? ¿O bien seguir el ejemplo de Singapur, donde el 80 % de la población vive en viviendas públicas y, gracias a un sistema de cuotas rigurosas, se aseguran de que en cada edificio haya mezcla de etnias? De los estudios realizados a nivel global se desprende que la respuesta toma un poco de ambas soluciones: para prevenir la segregación, hay que construir viviendas públicas para los residentes con rentas bajas y asegurarse de que se distribuyan por toda la ciudad para que no se formen barrios «puros» solo de ricos o de autóctonos; por otro lado, también hay que reconocer que los inmigrantes sacan ventajas de la red con un cierto grado de agrupación social, de ahí que permitir que personas de orígenes parecidos migren a las mismas ciudades contribuya enormemente al bienestar socioeconómico. Los recién llegados necesitan que les respalden para incorporarse a la sociedad y en este sentido los programas de inclusión de inmigrantes pueden ayudar. Bérgamo, en Italia, ha fundado una Academia para la Integración dirigida a los solicitantes de asilo: se trata de un «campamento de entrenamiento» de un año donde los inmigrantes tienen clases de idiomas, prácticas en fábricas y empresas locales, y servicios para la comunidad gratuitos. Ha sido objeto de críticas por sus políticas rígidas, que incluyen el uso de uniformes, y por su mensaje implícito según el cual los inmigrantes deberían mostrarse agradecidos por el asilo (que es un derecho humano internacional), pero también ha ayudado a los migrantes a volverse más aptos para trabajar en su nueva patria y, quizá más importante aún, a convencer a una opinión pública y un gobierno radicalmente opuestos a la migración de que los inmigrantes son un recurso útil y valioso de la sociedad, más allá de las razones humanitarias.

La migración en masa comporta el temor de un posible cambio radical, algo demasiado distinto que podría incomodar a los autóctonos. Por ejemplo, los activistas antiinmigración subrayan a menudo que un gobierno islamista también podría salir elegido democráticamente. Sin embargo, generalmente, cuanto más diversificada es la población, menos extremista es el gobierno.

La política tiene medios para prevenir un gobierno fundamentalista o socialmente regresivo; entre las sugerencias está la de conceder el derecho al voto a los inmigrantes solo pasados varios años, para que los recién llegados y las comunidades receptoras tengan tiempo de hacer algunos ajustes culturales.[97] Los hijos de los migrantes que se han integrado en la sociedad —la segunda generación— suelen ser más liberales que sus padres desde un punto de vista político, sexual y religioso. En cambio, la enajenación y las posturas de exclusión social pueden hacer que estos inmigrantes de segunda o tercera generación sean vulnerables a las ideologías extremistas.

Las cosas cambiarán. La Inglaterra de esta década no es la de los años cincuenta ni será la de la década del 2070. Los Estados Unidos del siglo XIX no son los del siglo XX o los del XXI. Los lugares cambian y los inmigrantes tienen un papel determinante en este sentido. La alternativa a la expansión cultural y el cambio no es la inmovilidad, sino la regresión y, en casos extremos, la muerte, como vimos con los paleoesquimales.

La migración en masa será un gran trastorno, pero no tiene por qué ser una catástrofe, es más, podría ser positiva. La experiencia de migrar y ver una sociedad —el nuevo propio hogar— a través de otra cultura puede ser un detonante creativo. La música, la cocina, los idiomas que se hablan... son cosas que se multiplican gracias a la inmigración y esta diversidad enriquece enormemente a las naciones, creando ciudades más inclusivas, tolerantes e interesantes. Pero también habrá que lamentar algunas pérdidas culturales: los usos y las tradiciones nacionales pasarán de moda y serán sustituidos por otras innovaciones. Entre las comidas británicas más populares hoy en día están los espaguetis a la boloñesa y el pollo *tikka masala*; por el contrario, algunos platos típicos autóctonos, como la anguila en gelatina, otrora popularísimo en Londres, han caído en desgracia. Mi abuela inmigrante, nacida en 1922, preservó en su patria de adopción un paladar de lo más conservador, que se limitaba a alimentos disponibles durante su infancia centroeuropea. Mi abuelo probaba platos de todas las naciones que podía. A algunos les sentará de maravilla el aumento de la diversidad, a otros habrá que asegurarles que su cultura familiar seguirá viva de una forma u otra siempre que alguien lo desee. Esta transición no es un paso brusco de una cultura a otra, sino una fusión cultural en que distintas tradiciones e ideas se mezclan y se enriquecen recíprocamente.

La migración a gran escala puede funcionar. Mientras escribo estas líneas es demasiado pronto para saber si la Unión Europea logrará gestionar la afluencia de millones de personas procedentes de las ciudades ucranianas destruidas en el 2022. De todos modos, en los últimos tres decenios, alrededor de cuatrocientos millones de personas han emigrado en China hacia las ciudades y los inmensos programas de construcción y de infraestructuras que hicieron posible este fenómeno han transformado el país, que hoy podemos definir urbano en un 60 %. El Estado ha gestionado esta migración interna inaudita sin la explosión de vastas barriadas pobres que en otros lugares han arruinado el proceso de urbanización y lo ha logrado canalizando a los migrantes hacia ciudades de pequeñas o medianas dimensiones, donde ha habido hacinamientos, pero con poquísimos suburbios. En parte se ha valido del controvertido sistema *hukou*, que impone límites severos a los lugares donde las familias pueden migrar, y de la descentralización de servicios públicos y muchas funciones administrativas hacia los gobiernos municipales.[98] Esto les confirió mucha autoridad a la hora de decidir dónde y cómo debían establecerse las poblaciones inmigrantes, lo que permitió que el rápido cambio demográfico se gestionara de forma eficaz y con una baja tasa de desempleo. China también ha sido parsimoniosa en el uso del territorio para el desarrollo urbano: las ciudades hoy ocupan alrededor del 4,4 % de su superficie total. El país ha demostrado que es posible crear rápidamente grandes ciudades de migrantes, un nivel de ambición que los países de las latitudes septentrionales deberían tener para acoger a la nueva migración global. Todos nosotros hemos demostrado que sabemos adaptarnos y construir deprisa cuando la ocasión lo requiere. Durante la pandemia del 2020, Londres tardó solo nueve días en convertir un edificio vacío en un hospital para 4000 pacientes, mientras Wuhan, en China, tardaba solo diez días en levantar de cero un hospital con 1000 camas.

Nuestras instituciones de la posguerra se concibieron para un mundo internacional; ahora vivimos en un mundo global. Y con esto me refiero a que el mundo moderno ha sido construido en torno a la idea de internacionalismo, que es básicamente una red dominante de naciones occidentales ricas que se apoyan recíprocamente. Esta red tendrá que expandirse y será un reto, pero las consecuencias no tienen que ser catastróficas a la fuerza. Podemos lograr que este mundo sea un buen sitio donde progresen los humanos y la naturaleza. Reconocer el desafío de disponer de menos tierra habitable y recursos en un mundo más cálido y atestado ofrece la oportunidad para reflexionar de forma crítica sobre cómo nuestra historia nos ha conducido a una situación donde las posibilidades de vida de una persona están definidas en su mayoría por la geografía y la política de su lugar de nacimiento.

El cataclismo que se avecina nos brinda la ocasión de acabar con esa desigualdad reconociendo y protegiendo los derechos de todos los migrantes como ciudadanos globales. Es una oportunidad para darnos cuenta de que tenemos más cosas en común que diferencias. Y, si esto parece irreal o imposible, pensemos en el enorme cambio social que todos nosotros voluntariamente emprendimos —y realizamos— en pocas semanas durante la pandemia global del 2020. Gran parte de esta colaboración tuvo lugar en ausencia de conflictos o de un liderazgo autoritario. Recordemos, también, la cooperación entre las naciones para desarrollar medicamentos y vacunas, para compartir datos científicos e intervenciones sanitarias. Tengamos en cuenta que las poblaciones de todo el mundo, junto con los grandes consorcios farmacéuticos como Astra-Zeneca y ONG como la Fundación Gates, insistieron para que también hubiera vacunas para los más pobres de nuestra sociedad global y que ninguna empresa o Estado rico las confiscara o las blindara a través de las patentes. Es cierto que hubo resistencias y enormes desigualdades, claro está, pero al cabo de dos años de la primera identificación del virus, se habían distribuido y suministrado 1000 millones de dosis de la vacuna a más de la mitad de las personas más pobres del mundo.

Así pues, ya lo hemos hecho antes y podemos volver a hacerlo: podemos cooperar a gran escala para salvar vidas. La migración, como hemos visto, es madre e hija de la cooperación.

Reinventar la nación

Recordemos que, en la evolución de la especie humana, la cooperación ha sido más importante que el conflicto. Somos cooperadores excelentes, aunque, paradójicamente, eso nos empuja al racismo y al tribalismo. Lo que estamos viviendo ahora, sin embargo, no tiene precedentes. No hay amenaza a la seguridad nacional que se acerque a la que representan el cambio climático global y sus repercusiones sociales, incluida la migración en masa. Las olas de calor ya causan más muertes que las guerras.

La capacidad de cooperación de nuestra especie nunca ha sido tan necesaria ni tendrá que pasar una prueba tan dura como ahora. La magnitud de nuestra crisis exige una nueva cooperación global, que incluya una nueva ciudadanía internacional y unos organismos globales para las migraciones y la protección de la biosfera: nuevas instituciones pagadas con nuestros impuestos ante las que deban responder los Estados nacionales. El politólogo británico David Held aseguraba que la creciente globalización nos ha llevado a superar nuestras fronteras nacionales y ahora vivimos en «comunidades de destino por superposición» a partir de las que deberíamos instituir una democracia cosmopolita a nivel global.[99] Actualmente, las Naciones Unidas no tienen poderes ejecutivos sobre los Estados nacionales, pero, si queremos bajar las temperaturas globales, reducir la concentración de dióxido de carbono en la atmósfera y restablecer la biodiversidad del planeta, será necesario imponer unos límites y un sistema de gestión globales. Necesitamos algún tipo de gobernanza global con poderes ejecutivos.

Como base de esta gobernanza global, también necesitamos unos Estados fuertes, porque las tensiones entre los deseos y las necesidades de los individuos y de la sociedad son muy reales para todos nosotros, y, si ya cuesta conciliarlos cuando se trata de grupos de personas pequeños y compactos, no digamos con la población de todo el planeta. Es difícil preocuparse por un extraño sin nombre y sin rostro que vive en un país que no conocemos cuando tomamos decisiones importantes en una ciudad a miles de kilómetros —es más, cuesta hasta conciliar las necesidades de un extraño que vive a una manzana de nosotros—. En el fondo, es lo que hacen los Estados nacionales que funcionan bien, gestionan un conjunto de estructuras e instituciones que garantizan un nivel de cooperación eficiente entre extraños indispensable para crear una sociedad fuerte donde todos puedan vivir satisfactoriamente. De hecho, nuestra relación con otros miembros de nuestra sociedad no es tan estrecha como para explicar la cooperación desde un punto de vista genético; en cambio, cooperamos con nuestro grupo como si fuera parte de nuestra familia. A diario, voluntariamente, los individuos hacemos pequeños sacrificios de tiempo, energía y recursos para que nuestra sociedad salga beneficiada y lo hacemos porque es *nuestra* sociedad, nuestra familia social, nuestro Estado nacional. La invención del Estado nacional ha sido un instrumento muy potente que nos ha permitido cooperar muy bien; en palabras del politólogo David Miller, «las naciones son comunidades que hacen cosas juntas».[100]

Ahora, sin embargo, necesitamos una fusión de internacionalismo y nacionalismo. Solo los Estados nacionales fuertes serán capaces de crear los sistemas de gobernanza que nos ayuden a sobrevivir al cambio climático. Solo los Estados nacionales fuertes serán capaces de gestionar una afluencia masiva a la población nativa de migrantes procedentes de distintos puntos geográficos y culturas. En las últimas décadas, el crecimiento de la globalización ha comportado un mayor internacionalismo: un ciudadano de Londres probablemente tendrá más cosas en común con uno de Ámsterdam o Taiwán que con uno que vive en un pueblecito de la campiña inglesa. Puede que esto no sea importante para muchos de los afortunados que viven en grandes centros urbanos, pero quienes residen en zonas más rurales pueden sentir una cierta pérdida. Las personas necesitan pertenecer a un sitio y con el declive de las grandes industrias y sus sindicatos, con la pérdida de espacios sociales y tradiciones culturales, muchos se sienten abandonados por su propio país. Ello crea ese resentimiento y ese miedo que llevan a tener prejuicios contra los inmigrantes. El liberalismo, centrado en la autonomía individual, ha fracasado en su intento por afrontar esta pérdida de identidad nacional, un vacío que han aprovechado las ideologías y los mensajes populistas.

Lo que tenemos que hacer, en cambio, es reinventar el Estado nación. Necesitamos que sea inclusivo y que no esté basado en la genealogía, el color de la piel u otras características divisorias (y carentes de significado). Necesitamos sentir algo en común, una alianza con nuestros semejantes, basada en nuestro proyecto social compartido, nuestra lengua y nuestras actividades culturales. El patriotismo es tan importante para la gente que se convierte en una fuente de identidad clave. No estaría mal que empezáramos por el aire, la tierra y el agua de nuestra nación y la importancia de su defensa. Todos estamos expuestos a peligros ambientales; por lo tanto, emplear al ejército y otros entes análogos para luchar contra el cambio climático sería un puente ideológico. Otro paso para crear solidaridad podría ser la institución de un servicio nacional de jóvenes ciudadanos e inmigrantes que colaboraran en las labores de ayuda en catástrofes, la tutela de la naturaleza y actividades agrícolas y sociales. Y tenemos que restablecer o inventar nuevas tradiciones nacionales que sean útiles desde el punto de vista ambiental y social, por las que los ciudadanos puedan sentir orgullo y respeto. Por ejemplo, se podrían crear grupos y asociaciones de canto, manualidades, deporte o teatro, a los que los miembros puedan pertenecer toda la vida. Estas tradiciones ayudarán a conservar la dignidad cuando lleguen tiempos difíciles y aportarán un significado patriótico con el que los inmigrantes podrán identificarse. Es necesario que fortalezcamos nuestras conexiones locales a la vez que forjamos redes globales mayores y más equilibradas. El nuevo discurso patriótico debería hablar de nacionalismo cívico, basado en el bien común, con derechos y deberes, y un apasionado apego cultural a la naturaleza y a la protección y conservación de lugares de importancia nacional (o internacional). Los héroes a los que admirar deben ser un reflejo de la esencia cosmopolita de nuestra sociedad.

Costa Rica, por ejemplo, adoptó el lema «Pura vida» para representar un mantra, una identidad y unos valores nacionales. Su uso se extendió a partir de los años setenta, cuando llegaron al país los refugiados de conflictos violentos en Guatemala, Nicaragua y El Salvador. Costa Rica, un pequeño país centroamericano sin ejército permanente y que invierte en la protección y restauración de la naturaleza y en los servicios sociales, como la sanidad y la educación, usó la expresión para ayudar a definir su carácter y su gente a los nuevos inmigrantes. «Quien elige usar este lema no solo alude a su identidad e ideología compartida, sino que también está construyendo esa misma identidad a través de su expresión», explica Anna Marie Trester, de la Universidad de Nueva York. «El lenguaje es un instrumento de construcción del yo muy importante.»[101]

El orgullo nacional no significa necesariamente considerar al «propio pueblo» mejor que los demás, ni tampoco implica una centralización del significado y del poder; por el contrario, puede comportar la restauración de tradiciones y un aprecio del regionalismo y del enorme valor cultural de los nuevos ciudadanos. La Unión Europea es un ejemplo de identidad supranacional que funciona porque los ciudadanos pueden sentirse europeos e identificarse con los valores de la Unión, pero no tienen que renunciar a su identidad nacional ni jurar fidelidad formalmente a ningún tipo de definición histórica reductiva de pureza étnica. Cada una de las naciones tiene que aplicar mejor la misma idea. En el Reino Unido, por ejemplo, el barrio londinense de Chinatown es, y con razón, un destino turístico que recibe muchas visitas, igual que Little India: forman parte de la identidad nacional, aunque los sinobritánicos y los indobritánicos a menudo tienen que lidiar con prejuicios y desventajas socioeconómicas.

Para conseguir orgullo nacional en lugar de sufrir un tribalismo divisorio, una nación debe reducir las desigualdades. El Estado debe invertir en las personas para que estas se sientan arropadas por el Estado. Con ello se entiende crear reglamentaciones y límites al capitalismo de libre mercado, aplicando normativas sociales y ambientales que sean provechosas para todos y no solo para una pequeña tribu de aristócratas globales. El nuevo pacto verde de la Unión Europea y de Estados Unidos son ejemplos de políticas orientadas a restablecer la economía y proporcionar empleos y dignidad, a la vez que ayudan a unir a las personas en un proyecto social más amplio de transformación medioambiental.

Si quiere, el lector puede intentar borrar de su mente la idea de que las personas están atadas al sitio donde han nacido, como si ello influyera en su propio valor como persona o en sus derechos como individuo. Como si la nacionalidad no fuera más que una línea arbitraria dibujada en un mapa.

Mientras estamos cómodamente en nuestras casas seguras, millones de migrantes buscan desesperadamente lo mismo: una oportunidad para trabajar, para contribuir a una nueva sociedad y para disfrutar de una vida digna con su familia. Muchos de ellos son profesionales con una alta formación que nunca imaginaron que tendrían que abandonar su hogar. Tarde o temprano nos tocará también a nosotros. Llegará un momento en que será demasiado caro, difícil o peligroso quedarse. Cuando ya no se pueda contratar un seguro antiincendios para la propia casa, cuando resulte demasiado costoso repararla tras otra inundación más, cuando uno se dé cuenta de que pasa casi todo el año dentro de casa encerrado con el aire acondicionado encendido porque hace demasiado calor para salir, cuando las empresas y las tiendas echen la persiana y la mayoría de las casas estén vacías porque el lugar donde se vive ya no es habitable... Entonces, quizá el lector se vea obligado a migrar a otro sitio. A un lugar donde construir una vida sostenible para él y su familia.

CAPÍTULO 7

LOS REFUGIOS CLIMÁTICOS DEL PLANETA

En este siglo la migración transformará el mundo, bien de forma accidental, bien planificada. Mucho mejor el segundo caso. El desarrollo de un plan radical para la supervivencia de la humanidad en un mundo con una temperatura de 3-4 °C más incluye la construcción de nuevas grandes ciudades en el extremo norte, abandonando vastas áreas de los trópicos y confiando en nuevas formas de agricultura. Se trata de adaptarse a un planeta cambiado y a una demografía en rápida evolución.

Nuestra mejor esperanza reside en cooperar como nunca hasta ahora, es decir, separando el mapa político del geográfico. Por impracticable que pueda parecer, debemos contemplar el mundo empezando de cero y desarrollar nuevos proyectos basados en la geología, la geografía y la ecología, no en la política. Dicho de otro modo: tenemos que identificar dónde hay fuentes de agua dulce, dónde son seguras las temperaturas, dónde podemos sacar mejor partido de las energías solar y eólica, para luego planificar en consonancia la población, las fuentes alimentarias y la producción energética.

Calculando que a cada persona le corresponderían 20 m^2 —más del doble del espacio mínimo habitable per cápita según la normativa urbanística inglesa, por ejemplo— 11 000 millones de personas necesitarían 220 000 km^2 de tierra para vivir.[102] Habría espacio suficiente para alojar a todos los habitantes de la Tierra en un único país —Canadá por sí solo ya tiene una superficie de 9,9 millones de kilómetros cuadrados—. Naturalmente, no estoy proponiendo nada tan absurdo, pero es algo en lo que pensar cuando se dice que un país está «demasiado lleno» para acoger a otras personas.

Así pues, observemos el mundo con nuevos ojos, como bondadosos conservacionistas del género humano, y decidamos cuáles son los mejores lugares donde trasladar a esta complicada especie en los próximos decenios.

La mala noticia es que no habrá lugar de la Tierra inmune al cambio climático. Por doquier se experimentará algún tipo de transformación en respuesta a las alteraciones climáticas, ya sea de forma directa o indirecta al formar parte de un sistema biofísico y socioeconómico globalmente interconectado. Ya se están produciendo fenómenos extremos por todo el mundo y seguirán afectando también a lugares «seguros». Algunos, sin embargo, podrán adaptarse más fácilmente a estos cambios, mientras que otros se volverán del todo inhabitables muy rápidamente. En el 2100 la Tierra será un planeta distinto, por eso hay que concentrarse en algunas de las opciones sostenibles.

El calentamiento global está desplazando hacia el norte la posición geográfica del nicho climático de nuestra especie y las personas lo seguirán. Según un estudio del 2020, la temperatura media óptima para la productividad humana —las mejores condiciones para la producción agrícola y otras actividades no agrícolas— resulta estar comprendida entre 11 y 15 °C. En este nicho climático es donde se han concentrado durante milenios las poblaciones humanas, donde se han desarrollado las civilizaciones, de ahí que no sorprenda que nuestros cultivos, la cría de ganado y otras prácticas económicas se adapten perfectamente a estas condiciones. Los investigadores muestran que, según los escenarios de crecimiento demográfico y de calentamiento, «se prevé que de mil a tres mil millones de personas se queden fuera de las condiciones climáticas que han servido a la humanidad durante los últimos seis mil años». Y añaden que, «en ausencia de migraciones, un tercio de la población global experimentará temperaturas medias superiores a 29 °C, que actualmente se dan solo en el 0,8 % de la superficie terrestre, principalmente en el Sáhara».[103]

Por lo general, la gente tendrá que alejarse del ecuador, del litoral, de las pequeñas islas (cuyo tamaño se reducirá) y de las regiones áridas y desérticas. También habrá que evitar los bosques pluviales y las zonas boscosas a causa del riesgo de incendios. Las poblaciones se desplazarán hacia el interior, hacia los lagos, las alturas o latitudes septentrionales. Mirando el globo, es obvio a primera vista que la Tierra se distribuye principalmente por el hemisferio norte: en el sur hay menos de un tercio y, de este, la mayor parte está en los trópicos o en la Antártida. Por eso, las posibilidades de los migrantes climáticos de refugiarse en el sur son limitadas. Patagonia es la opción principal, aunque ya está sufriendo sequías, pero la agricultura y los asentamientos seguirán siendo posibles incluso con el aumento de la temperatura global de este siglo. De todos modos, las principales metas para los migrantes están en el norte. En estas regiones más seguras las temperaturas también aumentarán —y lo harán más rápido en las latitudes más altas que en el ecuador—, pero la temperatura media absoluta seguirá siendo mucho más baja que en los trópicos. Está claro que las perturbaciones climáticas comportan fenómenos meteorológicos extremos y no habrá lugar que se libre de estos eventos cada vez más frecuentes: en el 2021 Canadá alcanzó temperaturas de 50 °C, lo que convirtió a la Columbia Británica en un lugar más cálido que el desierto del Sáhara, y unos meses después se vio afectada por unas inundaciones y corrimientos de tierra devastadores que causaron miles de desalojos. Los incendios se han extendido por la tundra siberiana y el deshielo del permafrost crea un terreno inestable y movedizo no apto para construir infraestructuras.

Pero, por suerte, las latitudes septentrionales ya albergan a las naciones más ricas, normalmente dotadas de instituciones fuertes y gobiernos estables, que son las mejor preparadas para afrontar los retos de este siglo con resiliencia social y tecnológica. El problema es que muchas de ellas ya han luchado políticamente contra la inmigración en mayor medida que muchos países mucho más pobres (que, además, acogen con diferencia a un mayor número de desplazados) y contra una «crisis» migratoria que es enormemente inferior a la gran migración climática a la que asistiremos en los próximos setenta y cinco años. Pese a todo, quizá en unos años sea más factible cambiar una mentalidad sociopolítica que hacer nuevamente habitables los trópicos. Cabe recordar que la mayoría de las naciones europeas hoy confía en decenas de miles de trabajadores migrantes para recolectar las cosechas. Con la mejora de las condiciones agrícolas en el norte, la demanda de mano de obra necesariamente aumentará.

Las ciudades del nuevo norte

La franja de latitud situada por encima del paralelo 45 °N será un pujante refugio del siglo XXI: representa el 15 % de la superficie del planeta, pero contiene el 29 % de las tierras libres de hielos y actualmente aloja a una pequeña fracción de la población mundial (que está envejeciendo). También está entrando en el clima ideal para la productividad humana, es decir, temperaturas medias que rondan los 13 °C.

Los sistemas lacustres interiores, como la región de los Grandes Lagos de Canadá y Estados Unidos, verán una enorme afluencia de migrantes —invirtiendo el éxodo anterior procedente de estas zonas—, ya que estas vastas cuencas hídricas deberían mantener el clima de la región bastante templado. Duluth, en Minnesota (EE. UU.), en el lago Superior, se anuncia como la ciudad más resistente al clima de Estados Unidos, aunque ya está lidiando con fluctuaciones en los niveles del agua. También otras ciudades del Medio Oeste superior situadas alrededor de lagos, como Mineápolis y Madison, serán metas codiciadas. Ciudades más meridionales de esa misma región tendrán que afrontar el peligro de olas de calor extremo. Los investigadores de la Global Adaptation Initiative de la Universidad de Notre Dame, en Indiana (EE. UU.), llegaron a la conclusión de que «ocho de las diez ciudades con mayor probabilidad de sufrir calor extremo en el 2040 se encuentran en el Medio Oeste» americano, incluyendo ciudades desde Detroit hasta Grand Rapids. Cuanto más al este, más peligrosas se vuelven las localidades, pero Búfalo, en el estado de Nueva York, y Toronto y Ottawa, en Canadá, parecen ser las opciones más seguras para los migrantes procedentes de las costas.

La preparación y la adaptación podrían permitir que algunas ciudades costeras sobrevivieran. Boston, por ejemplo, está lo bastante al norte como para salvarse de gran parte del calor extremo previsto, y los urbanistas han elaborado una estrategia pormenorizada que incluye la elevación de las calles, la construcción de defensas costeras y la creación de pantanos para absorber las aguas de aluvión. La ciudad de Nueva York, que se enfrenta a riesgos altísimos, pero podría ser demasiado importante para caer, está proyectando imponentes defensas, aunque su efectividad no está del todo clara. Serán más seguras las ciudades costeras situadas bastante más al norte y dotadas de litorales suficientemente escarpados como para protegerse de las marejadas ciclónicas debidas al aumento del nivel de los mares.

Gran parte del resto de Estados Unidos será problemático por un motivo u otro. En el corredor central se registrará un empeoramiento de los tornados; por debajo del paralelo 42°, las olas de calor, los incendios y la sequía serán peligrosos; en el litoral, las inundaciones, la erosión y la contaminación de las aguas dulces serán un problema. Lugares que hoy resultan atractivos, como Florida, California o Hawái, sufrirán una despoblación creciente a favor de climas más agradables en ciudades de la zona del Rust Belt americano (región entre los montes Apalaches septentrionales y los Grandes Lagos, otrora centro de la industria pesada), que vivirán una revitalización gracias a la presencia de una comunidad de nuevos inmigrantes globalmente diversa.

De todos modos, el mejor lugar donde vivir de Estados Unidos parece ser Alaska, donde habrá que construir ciudades para dar acogida a los millones de migrantes dirigidos hacia el Ártico antropocénico, nuevamente populoso. En el 2017, la Agencia Estadounidense para la Protección Ambiental publicó un índice de valoración de la resiliencia climática (Climate Resilience Screening Index) que clasificó la isla de Kodiak, Alaska, como el lugar con el menor riesgo de eventos meteorológicos de todo el país.[104] En el 2047, Alaska podría registrar temperaturas medias mensuales parecidas a las actuales de Florida, según un análisis de algunos modelos climáticos.[105] Pero, como en todas partes, aquí la posición también es fundamental: los habitantes de Newtok, Alaska, se están trasladando a otras zonas porque el deshielo del permafrost y la creciente erosión se han llevado por delante partes del pueblo.[106] El retroceso de los casquetes polares y el deshielo de las tundras ya están causando enormes problemas en las comunidades nativas, cuyo estilo de vida resulta irreversiblemente alterado. Las enormes pérdidas que sufren, incluidas las de la flora y la fauna autóctonas —por no hablar de otros peligros, como agentes patógenos desconocidos que se ocultan en la tundra actualmente congelada a la espera de quedar descubiertos—, se verán compensadas por las enormes oportunidades de desarrollo del Nuevo Norte. Aquí es donde muchos de los migrantes tropicales establecerán su nuevo hogar a lo largo del turbulento siglo XXI, a la vez que el género humano seguirá luchando por restaurar un planeta vivible. Está por ver si las comunidades nativas autogobernadas acogerán esta entrada de migrantes del sur o si rechazarán la última de una larga historia de intrusiones a menudo violentas. Sea como sea, la gente se desplazará al norte y habrá que acogerla de un modo u otro.

Con la agricultura de nuevo posible y una transitada ruta de navegación del mar del Norte, el extremo septentrional sufrirá una transformación. El derretimiento de la capa de hielo de Groenlandia —la mayor de la Tierra por detrás de la Antártida— liberará nuevas áreas donde la gente podrá vivir, cultivar y extraer minerales. Bajo el hielo ártico de Groenlandia, Rusia, Estados Unidos y Canadá hay enterrado un suelo agrícola explotable y tierras donde levantar ciudades, lo que daría vida a una red de ciudades árticas interconectadas.

Nuuk es una de estas ciudades destinadas a crecer rápidamente en los próximos decenios. La capital de Groenlandia (un territorio autónomo de Dinamarca) se halla justo por debajo del círculo polar ártico, donde las consecuencias del cambio climático son evidentes: los residentes ya hablan de «cuando hacía frío». Una estación científica en el interior de Groenlandia registró un increíble aumento de casi once grados respecto a las temperaturas medias de verano de 1991 al 2003.[107] La pesca está viviendo un momento de bonanza: menos hielo significa que las barcas pueden pescar cerca de la costa todo el año y las temperaturas más cálidas del océano han atraído a nuevas especies ícticas hasta las aguas de Groenlandia. Algunos fletanes y bacalaos han crecido de tamaño, lo que añade valor comercial a las capturas. Los terrenos que han quedado expuestos a causa del retroceso de los hielos están abriendo nuevas oportunidades agrícolas, con una estación de cultivo más larga y abundante irrigación. De hecho, los agricultores de Nuuk están plantando nuevos cultivos, como patatas, rábanos y brócoli. La retirada de los glaciares también está brindando nuevas oportunidades de extracción minera y de búsqueda de yacimientos en el mar, petróleo incluido. Nuuk se encuentra a las puertas de un gran beneficio económico. Groenlandia ya cuenta con cinco centrales hidroeléctricas que transforman en energía la abundante agua de fusión. Según las proyecciones, en torno al año 2100 el país incluso tendrá bosques.[108] Quizás será uno de los mejores lugares donde vivir.

Igualmente, Canadá, Siberia y otras partes de Rusia, Islandia, los países nórdicos y Escocia seguirán beneficiándose del calentamiento global, que predijo hace más de un siglo uno de los científicos más célebres de una de esas regiones. En 1908, diez años después de demostrar que las emisiones de dióxido de carbono causaban el calentamiento global, el químico sueco y premio nobel Svante Arrhenius afirmó que, quemando combustibles fósiles, «podremos albergar la esperanza de disfrutar de épocas con climas mejores y más regulares, sobre todo en las regiones más frías de la Tierra, épocas en que la Tierra producirá cosechas mucho más abundantes que las actuales, a beneficio de una humanidad que se está multiplicando rápidamente».[109]

Con el fin de los inviernos terriblemente fríos, la productividad primaria neta del Ártico, es decir, la cantidad de vegetación que crece anualmente, casi se duplicará para la década del 2080, según algunas proyecciones que tienen en cuenta la enorme amplificación del calentamiento global en torno a los polos.[110] (Las temperaturas medias invernales del Ártico ya superan las predicciones del IPCC para un aumento de 2 °C.) Los países nórdicos ya gozan de temperaturas relativamente cálidas gracias a las corrientes del Atlántico septentrional, pero las temperaturas continentales, que en invierno pueden caer por debajo de los -40 °C, también aumentarán, lo que hará que el clima en puntos del interior sea más soportable.

De hecho, según un estudio de la Universidad de Stanford, el calentamiento global ha disparado el PIB per cápita de Suecia en un 25 %. Los mayores emisores de gases de efecto invernadero «disfrutan hoy de un PIB medio per cápita que es un diez por ciento aproximadamente más alto respecto al que tendrían en un mundo sin calentamiento, mientras que los menores emisores han sufrido una caída del 25 %», señalaron los investigadores.[111] La razón moral a favor de la inclusión de los migrantes tropicales en las economías del norte parece bastante clara. Los investigadores calculan que el PIB per cápita de India ha disminuido un 31 % a causa del calentamiento global; el de Nigeria, un 29 %; el de Indonesia, un 27 %; y el de Brasil, un 25%. Juntos, estos cuatro países suman aproximadamente un cuarto de la población mundial y con un aumento de la temperatura global de 2-4 °C el impacto económico será mucho más devastador. Por eso los habitantes de África, América Latina, Asia meridional y el Sudeste Asiático tendrán que buscar su propio lugar en el lejano norte habitable.

Los países nórdicos se colocan en un nivel relativamente bajo de vulnerabilidad a los cambios climáticos y alto en cuanto a la capacidad de adaptación. Las temporadas de cultivo se extenderán de forma significativa, en concreto alrededor de los actuales terrenos agrícolas,[112] lo que dará pie a nuevas especies de plantas y animales. Según algunos estudios, la silvicultura por sí sola podría crecer un tercio en el norte. Los bosques de abedules ya están avanzando hacia el norte a un ritmo de 40-50 m al año, transformando los ecosistemas y derritiendo el permafrost.[113] Además, según las proyecciones, el uso de la electricidad en esta región disminuirá más que en el resto de Europa, pues los inviernos más suaves reducirán la demanda de calefacción.[114]

Otro de los lugares beneficiados podría ser el pueblecito costero de Höfn, en el sureste de Islandia, en un pintoresco entorno cerca del glaciar más grande de Europa. El pueblo hoy vive de la pesca, en concreto de la langosta, y del turismo, con posibilidad de diversificación y expansión. En realidad, en Islandia se está registrando un descenso del nivel de los mares, porque, como se están derritiendo los pesados glaciares que ejercen presión sobre la placa continental, la tierra se eleva. En Escocia este fenómeno sigue produciéndose desde la última glaciación. Actualmente, la costa suroriental islandesa se está elevando con especial rapidez y con el incremento del tráfico comercial por el paso del Noroeste libre de los hielos —es la ruta marítima que une el Ártico con los océanos Atlántico y Pacífico— el puerto de Höfn sale ganando seguro. Para dejarlo claro: el océano Ártico seguirá congelándose en invierno, pero el rápido deshielo abrirá el paso y será navegable durante gran parte del año, reduciendo así la duración de las travesías en un cuarenta por ciento aproximadamente. La situación favorecerá el comercio regional, el turismo, la pesca y los viajes, aparte de abrir oportunidades para la exploración minera.

También sacará provecho del cambio climático otra ciudad portuaria convenientemente situada, Churchill, en Manitoba (Canadá). Este árido puesto avanzado, encajado entre el bosque boreal, la tundra ártica y la bahía de Hudson, cuenta con solo 1100 habitantes, que viven casi exclusivamente del turismo gracias a la presencia de osos polares. Su territorio se consideraba tan poco atractivo que en 1990 la empresa de transporte de mercancías estadounidense OmniTrax le compró el puerto del pueblo al gobierno canadiense por siete dólares. Sin embargo, con un activo programa de migración que reclute a personas y empresas de todo el mundo, este centro recién acondicionado podría gestionar intercambios comerciales a través de su revitalizado puerto en la bahía de Hudson: se trata del único puerto comercial en aguas profundas de Canadá septentrional. Así, Churchill se convertiría en una escala clave de carga y descarga en el paso del Noroeste para los buques procedentes de Shanghái. La ciudad está unida con Winnipeg y el resto de Canadá —y Estados Unidos— a través de una línea ferroviaria renovada. Y se halla a poco más de cien kilómetros de Nunavet, la provincia de los nativos canadienses de más reciente creación, un territorio en crecimiento gobernado por los inuit. La industria del turismo es de primera, tiene abundante agua y los inviernos son más suaves.

Churchill podría convertirse en una floreciente ciudad. De hecho, Canadá será un destino crucial para nuestros migrantes y el gobierno está apostando por ello, tanto que espera triplicar su población para el 2100. Actualmente el país acoge a 400 000 nuevos inmigrantes cada año con el objetivo de pasar de 37 a 100 millones de habitantes. «Canadá se construye gracias a la inmigración y seguiremos acogiendo de forma segura a los inmigrantes que el país necesita para crecer», dijo el ministro de Inmigración Sean

Fraser en diciembre del 2021. «Estoy impaciente por ver la increíble contribución que nuestros 401 000 nuevos vecinos aportarán a las comunidades de todo el país.»[115]

La mayor parte de los recientes inmigrantes canadienses procede de naciones asiáticas amenazadas por el clima, como India, China o Filipinas, a la cabeza. Marshall Burke, subdirector del Centro para la Seguridad Alimentaria y el Ambiente de la Universidad de Stanford, ha calculado que el calentamiento global podría aumentar la renta media de Canadá en un 250 % gracias a la prolongación de las estaciones de cultivo, la reducción de los costes de las infraestructuras y el incremento de los transportes marítimos.[116] Canadá, con su democracia estable y sin corrupción, un 20 % de las reservas de agua dulce del mundo y la nada desdeñable cantidad de 4,2 millones de kilómetros cuadrados de nuevas tierras cultivables, podría ser el nuevo granero del mundo hacia finales de siglo.

Rusia será otro gran triunfador en este siglo: su plan de acción nacional del 2020 describe explícitamente las formas para «aprovechar las ventajas» del calentamiento climático. Según el Consejo Nacional de Inteligencia de Estados Unidos, Rusia «tiene el potencial para sacar el máximo partido a un clima cada vez más templado». El país, cuya extensión ocupa más del diez por ciento de la superficie terrestre del planeta, ya es el mayor exportador de trigo del mundo y su dominio agrícola está destinado a crecer con la mejora del clima. Un país capaz de alimentar al mundo también puede ejercer un fuerte poder sobre él, independientemente del panorama político actual. El retroceso del permafrost, que contiene la mayor concentración de carbono del suelo, está dejando al descubierto terrenos vírgenes ricos en nutrientes aptos para el cultivo, aunque por otra parte se corre el riesgo de generar una liberación catastrófica de carbono. En el 2080, más de la mitad del permafrost de Siberia habrá desaparecido y el tercio más inhóspito de la enorme nación eurasiática pasará de lugar «extremo absoluto» a «bastante propicio» para la civilización, según un detallado estudio basado en modelos.[117] En cuanto al clima, el gélido norte se transformará en un lugar más atractivo y capaz de mantener a poblaciones más numerosas. La prolongación de las estaciones de cultivo en el norte y el este de Rusia significará un futuro especialmente productivo para lugares como Yakutsk, la capital de la República de Sajá. La ciudad ya es un importante proveedor de diamantes y cuenta con grandes reservas de oro y otros minerales. La fusión del permafrost siberiano producirá una bonanza aún mayor en la extracción minera: se calcula que en el 2050 el permafrost podría haberse retirado más de ciento sesenta kilómetros.

A pesar de que los posibles beneficios son muchos, la pérdida del permafrost y de las carreteras de hielo será enormemente problemática para muchos asentamientos —incluidas grandes ciudades— en el interior continental de Rusia y, en menor medida, Canadá. Básicamente, un pantano con una capa sólida de permafrost congelado constituye una buena base para la construcción de edificios, carreteras, vías de ferrocarril y otras infraestructuras. Pero no si se derrite y vuelve a convertirse en pantano líquido. Hacia el 2050, alrededor del setenta por ciento de las infraestructuras construidas sobre permafrost corre un grave peligro por el deshielo de la superficie, según una evaluación realizada en el 2022.[118] Existen eficaces técnicas de ingeniería para afrontar el problema, pero son caras: los investigadores calculan que pueden costar más de treinta y cinco mil millones de dólares al año para el 2060. Los Territorios del Noroeste canadienses, de escasa población, ya se gastan alrededor de cuarenta y un millones de dólares al año por los daños causados por el deshielo del permafrost, lo que sale a unos novecientos dólares por habitante.[119]

Muchas ciudades de Siberia, construidas durante el sistema de gulag de Stalin, solo son accesibles por vía aérea o durante los pocos meses del año en que se pueden crear las carreteras de hielo. Cuando haga demasiado calor para dichas carreteras, estos lugares quedarán completamente aislados. El interior de Rusia seguramente deberá hacer frente a la misma migración que los lugares azotados por el clima de las latitudes bajas, mientras que las ciudades costeras vivirán una expansión. De todos modos, con el tiempo, estos pantanos descongelados se estabilizarán y el territorio podrá ser explotado para el drenaje, la construcción o la agricultura. Incluso Rusia, que se está despoblando a su ritmo más rápido (en el 2020-2021 perdió casi un millón de habitantes, pero es demasiado xenófoba para acoger a migrantes),[120] está cambiando de táctica. El Estado reconoce que, sin un crecimiento demográfico, Rusia corre el riesgo de perder su ya reducido peso geopolítico y menguar su fuerza económica. En los territorios salvajes del este de Rusia que por primera vez pueden ser transformados en terrenos agrícolas, una mano de obra de inmigrantes, en parte procedentes de China, ya está cultivando trigo, maíz y soja. En el 2020, Vladimir Putin aprobó la doble ciudadanía, con la esperanza de convencer a los inmigrantes de convertirse en rusos. Sin embargo, las sanciones económicas impuestas por sus agresivas operaciones militares no aumentan precisamente el atractivo del país.

Otros lugares que verán el nacimiento o la expansión de nuevas ciudades son Escocia, Irlanda, Estonia y localidades situadas en zonas elevadas con abundantes recursos hídricos, como Carcasona en Francia, que está rodeada por ríos. En el sur global, como ya hemos comentado, la superficie terrestre en latitudes altas es mucho más reducida, pero Patagonia, Tasmania y Nueva Zelanda, y quizá algún punto de la costa occidental de la Antártida recién liberado de los hielos, ofrecen potencial para albergar ciudades. Ya solo en la Antártida se calcula que antes de finales de siglo habrá hasta 17 000 km^2 de terrenos nuevos libres de los hielos. Podría suponer una oportunidad de desarrollo, aunque espero fervientemente que el último continente salvaje de la Tierra siga siendo una valiosa reserva natural.

En otros lugares, las personas se desplazarán hacia puntos más elevados, aunque estas zonas también se volverán más cálidas, sobre todo porque perdiendo hielo también se pierde la disponibilidad de agua dulce. Entre las localidades a gran altitud que verán una afluencia de migrantes están las montañas Rocosas de Norteamérica y los Alpes en Europa. Suiza, por ejemplo, tiene lagos y montañas. En Estados Unidos, Boulder y Denver, dos ciudades situadas por encima de los 1600 m, ya son un imán para los migrantes, y Liubliana, en Eslovenia, es otra ciudad alpina con un rico sistema de capas acuíferas y una floreciente agricultura.

Muchas ciudades situadas a gran altitud ya son refugios para los migrantes climáticos ahora que estamos a +1,2 °C, pero no serán adecuadas a temperaturas más elevadas. Medellín, en Colombia, tiene abundante agua dulce rodeada por terrenos agrícolas fértiles y ha atraído a miles de personas procedentes de zonas más secas y áridas del país. Sin embargo, por su ubicación tropical se verá muy afectada por los cambios climáticos, en concreto por tormentas más fuertes y violentas que crearán desprendimientos de tierra e inundaciones que podrían causar crisis estructurales. La ciudad se ha puesto manos a la obra para mejorar la resiliencia de sus infraestructuras, pero, con el agravamiento del embate climático, su frágil sistema social también corre peligro. Colombia ha pasado por décadas de insurrecciones y violencia y sigue siendo muy pobre. Como gran parte de Latinoamérica, seguramente se convertirá en un país productor de inmigrantes, más que receptor.

Las personas pondrán rumbo a lugares más seguros y lo mejor será desplazarse hacia los que ya tienen buenas formas de gobierno, productividad y recursos. Afortunadamente, hay muchos sitios que comparten estas tres características. Una parte de esta migración comportará una rápida expansión de las ciudades existentes; en otros lugares, como la Siberia rusa o Groenlandia, será necesario construir ciudades completamente nuevas.

Abrir las fronteras

Hallar un lugar adecuado para la reubicación solo es, de todos modos, el primer paso del proceso de organización de la migración humana. A diferencia de los animales o de nuestros antepasados que simplemente podían desmontar las tiendas y echarse a caminar, nosotros formamos parte de un engranaje social complejo que puede convertirse en una jaula. En cuanto a la migración humana, en concreto para un revuelo de esta magnitud sin precedentes, tenemos que pensar en cómo podría llevarse a cabo en términos de territorios, fronteras y el mundo del siglo XXI que hemos creado.

La creación de un asentamiento seguro para cientos de millones de migrantes podría requerir la compra forzosa, previo consenso internacional, de tierras pertenecientes a Estados actuales, con un resarcimiento y una cuota de propiedad en las nuevas ciudades y sus industrias. Podría requerir un nuevo tipo de ciudadanía internacional. Y podría significar que los países más ricos, situados en latitudes más seguras, se conviertan en «Estados custodios» de los más pobres y vulnerables durante el período de crisis del calentamiento global hasta que el planeta se recupere. También podría comportar la creación de ciudades chárter, Estados dentro de los Estados, la extinción de algunos de los doscientos Estados nacionales actuales y la consolidación de los pocos restantes como entidades regionales geopolíticas. Existen muchas visiones alternativas al actual *statu quo* de los Estados nacionales, las fronteras y los pasaportes, todos ellos elementos relativamente recientes, al fin y al cabo.

La institución de la libre circulación global, por ejemplo, impulsaría las economías nacionales, además de salvar o mejorar miles de millones de vidas. Es lícito suponer que la apertura de las fronteras conllevará grandes flujos de personas —las previsiones van de pocos millones a más de mil millones— y podría aumentar el PIB global en decenas de billones de dólares.

No obstante, abrir las fronteras no significa necesariamente que no existan o la abolición de los Estados nacionales. En el breve tiempo con el que contamos para prepararnos ante la radical perturbación de nuestro sistema planetario, no sería prudente poner patas arriba el sistema geopolítico. Al fin y al cabo, una buena parte del atractivo de los destinos migratorios que hemos seleccionado se debe precisamente a sus funcionalidades como Estado nación: sus instituciones, el Estado de derecho, las estrategias de inversión, las infraestructuras y otras políticas que los han conducido a convertirse en metas pujantes capaces de atraer y retener a migrantes. Los trabajadores de los países ricos ganan más porque viven en sociedades que han desarrollado instituciones que fomentan la paz y la prosperidad. Hablando sin rodeos: algunos países están gestionados mejor que otros.

Dado que grupos significativos de poblaciones de algunos países, como Bangladés o Vietnam, llegarán a otros territorios donde quizá podrían superar a la población autóctona, los recién llegados no pueden ser absorbidos sin más por las estructuras políticas locales, sino que deben tener su representación. Si este proceso se realiza de forma cuidadosa y con tacto, mediante mecanismos legales inteligentes, los inmigrantes podrían sentirse apreciados y mantendrían su dignidad, a la vez que se garantiza que los nativos no se vean excluidos o superados. En el 2100, por ejemplo, el número de inmigrantes en Canadá será el doble que los autóctonos. La clave de su éxito será el mantenimiento de los sistemas sociopolíticos existentes, aunque igual de importante será reconocer las necesidades socioculturales concretas de los nuevos ciudadanos.

También existen alternativas al sistema geopolítico basado en la nación que hemos heredado, como pequeñas pero potentes ciudades Estado, que eran lo normal en la antigua Grecia y en la Italia renacentista y que hoy están representadas por Singapur y, de forma menos explícita, Dubái, Macao y Hong Kong. En las próximas décadas, las grandes megalópolis podrían gozar de una mayor autonomía, también en lo referente a las políticas laborales, fronterizas y de visados, y convertirse a todos los efectos en ciudades Estado, aunque en lo relativo a otras funciones seguirían perteneciendo a una nación mayor. Una alternativa podrían ser las nuevas uniones regionales con libre circulación de comercio y mano de obra, y poderes de gobierno. La Unión Europea es un ejemplo de éxito que usa una moneda única y tiene un poder de gobierno limitado. Otros bloques de países, como la Unión Africana, están siguiendo su ejemplo. En las próximas décadas, las naciones árticas, entre ellas los países escandinavos, Groenlandia, Islandia y Canadá, podrían formar una unión de este tipo, con políticas convenidas sobre la gestión de los inmigrantes, el ecosistema común, la explotación minera y el transporte marítimo, por ejemplo. Con la mutación del clima y el aumento de las migraciones, es lógico que las naciones fronterizas estrechen relaciones y busquen soluciones comunes a cuestiones que van desde el trabajo y los bienes a la energía y los recursos, para así adquirir una resiliencia compartida.

Las ciudades chárter

Otra opción podría ser las ciudades chárter, es decir, ciudades fundadas y operativas según unas reglas distintas respecto a la jurisdicción a la que pertenecen. Estas ciudades nacieron de la propuesta del premio nobel de economía Paul Romer en el 2009, como una nueva tipología de gobernanza orientada a estimular el desarrollo de naciones pobres. Según su concepción, los países pobres deberían donar una porción de territorio a uno rico y bien administrado, como Suiza, para que este lo gestione de forma eficiente.

La idea de Romer es que los ciudadanos de las ciudades chárter se beneficiarían de una buena gobernanza, de seguridad y de bienestar económico; la nación de acogida recibiría unos ingresos en forma de impuestos, aparte de las ventajas de tener un polo económico avanzado en el propio país; y la nación administradora obtendría oportunidades de inversión, recursos y mano de obra a costes relativamente bajos.

La idea no se aleja mucho del concepto de «zona económica especial» que tan rápidamente ha transformado algunas ciudades, como Shenzhen en China y Dubái en los Emiratos Árabes Unidos. Básicamente se trata de áreas particulares de una nación que aplican políticas comerciales y normativas especiales con el objetivo de atraer a inversores extranjeros e incrementar tanto el comercio como la ocupación. Casos análogos de éxito los encontramos en Singapur y Hong Kong, que se enriquecieron gracias a mejores sistemas legales, una menor corrupción, un Estado de derecho más fuerte y una administración más competente. En particular, Singapur y Hong Kong también aprovechan su posición estratégica: ambas son ciudades de paso que controlan grandes flujos comerciales a través del estrecho de Malaca y del delta del río de las Perlas respectivamente.

Naturalmente, el modelo de Romer no se ajustaría a las exigencias de los próximos decenios, puesto que grandes poblaciones migrarán de tierras asoladas por el clima y la idea de que países pobres intercambien su soberanía con una vía de fuga de la indigencia podría dejar un regusto desagradable a muchos. A pesar de todo, ya hay en marcha ciudades chárter privadas, presentadas como un modelo de desarrollo económico que permite que los residentes huyan de los impactos climáticos. Honduras ha creado un embrión de ciudad chárter llamada Próspera ZEDE (Zona de Empleo y Desarrollo Económico) en una pequeña parcela de 23 hectáreas de terreno no ocupado en la isla caribeña de Roatán. Por ahora solo se han construido tres edificios, pero el proyecto prevé una expansión para dar cabida a 10 000 residentes en el 2025, que deberán firmar un contrato social y pagar una considerable cuota de socio para disfrutar de este sueño libertario.[121]

El concepto tiene elementos en común con el movimiento Seasteading, un grupo libertario de preparacionistas megarricos resueltos a construir ciudades flotantes independientes en alta mar. El Seasteading Institute lo fundó en San Francisco el anarcocapitalista (e ingeniero informático de Google) Patri Friedman en el 2008, con la financiación del multimillonario de PayPal Peter Thiel, con el fin de «establecer comunidades oceánicas permanentes y autónomas que permitan la experimentación e innovación con distintos sistemas sociales, políticos y legales». Entre las ideas que pretenden poner en práctica está la cosecha de carbonato de calcio a partir de agua marina para crear ciudades de «coral artificial» impresas en 3D formadas por rascacielos invertidos —«rascamares»— alimentadas por la energía geotérmica oceánica. Una parte de esta energía se empleará para extraer sustancias nutritivas de las profundidades marinas hasta la superficie para cultivar algas en granjas en las que trabajarán «los mil millones de personas más pobres del planeta», que serán recibidos porque «las sociedades flotantes necesitarán de refugiados para sobrevivir económicamente». Estas utopías flotantes «liberarán a la humanidad de los políticos» y al mismo tiempo resolverán los grandes problemas del planeta, se afirma. A los más escépticos de entre nosotros nos huele más bien a distopía.

La primera iniciativa del grupo, una ciudad chárter flotante en la Polinesia Francesa, se ha encallado en fase de proyección a causa de la reacción negativa de los polinesios franceses, preocupados por la contaminación, las alteraciones y los daños medioambientales. Un presentador de televisión tahitiano comparó la situación con el malvado Imperio galáctico de *La guerra de las galaxias*, que importuna a los inocentes ewoks mientras construye en secreto la Estrella de la Muerte.[122]

Impertérrito, el magnate de los bitcoines Chad Elwartowski y su pareja Supranee Thepdet se construyeron una cabaña Seasteading frente a la costa de Phuket en Tailandia en el 2019. Sin embargo, el gobierno tailandés los acusó de violación de la soberanía nacional, castigada con la pena de muerte, y la pareja, que tuvo que huir a toda prisa, escapó por los pelos de la policía marítima tailandesa. Ahora están trabajando en otro proyecto Seasteading, a través de su nueva sociedad Ocean Builders, frente a la costa caribeña de Panamá, aunque esta vez con el visto bueno del gobierno local.

Aunque la empresa panameña o la ciudad chárter hondureña tuvieran éxito, su ubicación en el Caribe tropical es de todo menos ideal por su vulnerabilidad al cambio climático; sin embargo, con una cantidad suficiente de dinero y tecnología, es posible que se logren soluciones habitables para una pequeña población también en estas zonas. El mensaje más importante de estos ejemplos es la oportunidad que ofrecen de entrever lo que podría ser nuestro futuro migratorio si no se planificara: un futuro en el que pequeños grupos de la élite rica usan su dinero y su poder para construirse paraísos donde vivir con todo tipo de comodidades, aislados del mundo, mientras cientos de millones de personas están condenadas a permanecer en ambientes letales de los que no son evidentemente los principales responsables. Es un escenario reflejado en multitud de representaciones de ciencia ficción, así que no se puede aducir la excusa de la falta de imaginación: depende de nosotros que siga siendo ciencia ficción. Tenemos que planificar la supervivencia de poblaciones a escala planetaria con el mismo nivel de ambición que muestran los pocos privilegiados que se están preparando sus retiros.

En el 2015, en el clímax de la crisis de los refugiados sirios, el multimillonario egipcio Naguib Sawiris se ofreció para comprar varias islas griegas pequeñas, que individualmente habrían podido acoger a unos treinta mil refugiados. Sawiris elaboró una lista con 23 islas griegas privadas, propiedad de inversores dispuestos a vendérselas, y se la presentó al primer ministro griego Alexis Tsipras y a ACNUR, el Alto Comisionado de las Naciones Unidas para los Refugiados. En su propuesta se establecía que los refugiados ayudarían en la construcción de los asentamientos temporales, que luego se usarían para el turismo cuando acabara el conflicto sirio. Sawiris proyectó una sociedad anónima con un capital de 100 millones de dólares que recibiría donaciones públicas. Hoy el proyecto no se ha concretado, pero como respuesta temporal a eventos extremos que generarán oleadas migratorias repentinas se podría pensar en una combinación de inversiones privadas y fondos públicos para crear refugios en islas privadas. A largo plazo, sin embargo, las personas no pueden vivir en islas aisladas de todo, tienen que ser incorporadas a sociedades más amplias.

Seguramente las ciudades chárter desempeñarán un papel importante, aunque no en la peligrosa franja ecuatorial, como se habían concebido en un principio. Más bien, deberían construirse en latitudes más elevadas y estar destinadas a poblaciones mucho más numerosas; serían como ciudades satélite que podrían estar administradas por el país de origen, pero situadas en terrenos, alquilados o de propiedad, en el interior de otro país. Ciudades satélite de este tipo pueden ser una buena solución para Estados como Nigeria, Bangladés o Maldivas, que podrían comprar o alquilar terrenos de grandes países como Canadá, Rusia o Groenlandia, ganando de forma efectiva un territorio habitable, por un período de noventa y nueve años, por ejemplo. Cabe recordar que la pequeña Nigeria tiene una población más numerosa que Rusia y Canadá juntos (en el 2050 llegará a 400 millones), mientras que estos dos países disponen de vastas extensiones de tierra inutilizada. El terreno alquilado sería administrado por la nación madre y quizá «gravado» por la nación propietaria con impuestos a la producción. Al finalizar el plazo de alquiler, el contrato podría prorrogarse o el territorio devolverse a los antiguos propietarios. Los ciudadanos podrían elegir entre quedarse como ciudadanos de la nueva nación o regresar a la nación madre, que mientras tanto, tras decenios de acciones para restablecer el clima, se habrá convertido de nuevo en un lugar habitable seguro.

Puede parecer inverosímil, pero la compra o el alquiler de territorios ya se ha dado en otros lugares: Gran Bretaña le alquiló Hong Kong a China durante noventa y nueve años; Estados Unidos les compró gran parte de su territorio a otras naciones, como Alaska a Rusia en 1867. A medida que un número creciente de áreas se vuelva inhabitable, los Estados se encontrarán ante elecciones difíciles cuando tengan que gestionar masas de población en busca de lugares seguros: muchas personas se verán incorporadas a entidades políticas existentes del norte global, ampliando así el poder y la productividad de Estados como Canadá y Rusia; otras podrían preferir la reubicación de los actuales Estados nacionales, considerándola una solución más equitativa, e intentar realizarla como una especie de inversión de las expansiones coloniales del siglo XIX (idealmente, esta vez, mediante el alquiler o la compra del territorio, en lugar de la adquisición hostil).

En el 2014, Kiribati, una pequeña nación insular del Pacífico que se está volviendo invivible a causa del aumento del nivel de los mares, compró 20 km^2 de territorio en la selva de las Fiyi, que el entonces presidente Anote Tong afirmó que destinaría a la agricultura. «Esperemos no tener que trasladar a todo el mundo a este trocito de terreno, pero, si fuera absolutamente necesario, estaríamos en condiciones de hacerlo», declaró.

Una potencial ubicación para las ciudades chárter sería el noreste de Rusia, una enorme región de ciudades despobladas con potencial agrícola y abundantes recursos minerales. Una nación como India o Bangladés podría arrendar terrenos para crear una ciudad satélite, protegiendo la soberanía rusa del temor de una invasión china, a la vez que la reactivación de la productividad generaría una útil recaudación fiscal. La nación, en vías de despoblación, prefiere a los inmigrantes de sus exvecinos soviéticos. Sin embargo, la región situada en el extremo oriental se ha visto inundada de dinero chino; otra posibilidad podría ser que esos territorios volvieran a ser la Manchuria china y que China trasladara a migrantes para poblarla mediante su iniciativa comercial de la Ruta de la Seda.

Un empujoncito necesario

El problema principal de la migración no es que haya demasiada, sino que, incluso dentro de las fronteras nacionales, sencillamente no hay bastante.

Las razones de la migración de este siglo están claras: es esencial para ayudarnos a sobrevivir a los cambios ambientales, a la pobreza y a la desigualdad global. Pero no bastan para que queramos trasladarnos. Fomentar y prestar asistencia a la migración debe convertirse en una prioridad política. Las investigaciones sugieren que la mejor forma de hacerlo no es obligando a la gente a desplazarse o incentivándola para ello, sino eliminando los obstáculos.

La mayor parte de las personas que viven en un lugar distinto de donde han nacido ha llevado a cabo un desplazamiento que forma parte de la denominada «formación del núcleo familiar» por parte de los demógrafos. Es decir, una persona deja la casa de los padres y se marcha para formar una nueva familia con otra persona en un sitio distinto. En Occidente en los últimos decenios los hogares multigeneracionales han disminuido de forma significativa, señal de que se trata de un fenómeno muy común. Las personas crean sus nuevos núcleos familiares en lugares que ofrecen oportunidades interesantes, donde hay empleo disponible o donde pueden estudiar, por ejemplo. Las diferencias económicas conducen a desplazamientos de población —migración— que tienen lugar a lo largo de un período que puede ser de años o de generaciones, de lugares más pobres a lugares más ricos. En los últimos decenios, por ejemplo, el Reino Unido ha experimentado movimientos migratorios hacia el sureste. En países más pequeños, gran parte de este fenómeno es transfronterizo, pero en las naciones más grandes, como China o India, este movimiento de personas es principalmente interno. Solo el 3,5 % de la población mundial son migrantes internacionales. Actualmente, los mayores flujos internacionales se dan en la frontera mexicana hacia Estados Unidos y en la frontera bangladesí hacia India (aunque en gran parte se trata de personas sin documentos).

El cambio climático de este siglo va a modificar la geografía económica, es decir, los atractivos de un lugar donde vivir. La mayor parte de los movimientos migratorios se produce por motivos laborales; casi todos los migrantes son adultos en edad de trabajar. La Unión Europea es uno de los destinos más populares. A pesar de ello, solo una pequeña parte de la población europea está formada por inmigrantes. Cuando los europeos hablan de «oleadas» de migrantes africanos que invaden sus costas, vale la pena señalar que solo el 2,5 % de los africanos vive en el extranjero y menos de la mitad abandona el continente. Y, aunque seguramente ganarían más, son muy pocos los que deciden trasladarse. Parte del problema se debe, obviamente, a las restricciones fronterizas, que dificultan y encarecen sobremanera el desplazarse de una nación pobre a una rica, a no ser que se disponga de competencias profesionales muy solicitadas o se tengan vínculos familiares con un migrante legal. Pero esta solo es una parte de la historia: obsérvese la circulación dentro de la Unión Europea, que de hecho no tiene confines para los Estados miembros. Los salarios en Alemania son al menos el doble que los de Grecia y los griegos pueden trasladarse libremente a Alemania en cualquier momento, pero en los últimos diez años solo ciento cincuenta mil personas de una población de 11 millones lo han hecho: poco más del uno por ciento. El idioma, la cocina y otros aspectos de la cultura alemana le quedan muy lejos a un griego y convertirse en extranjero es todo un desafío social, al menos hasta que uno no forma su propia red de contactos. Así pues, quedarse en el propio país es mucho más sencillo.

Incluso cuando la disparidad de rentas es mucho mayor, pesa más el apego por el lugar de origen. Los micronesios, por ejemplo, suelen quedarse donde han nacido, aunque tienen libertad para vivir y trabajar en Estados Unidos sin visado, donde los ingresos medios son 20 veces superiores. Níger, vecino de Nigeria, no se está despoblando, aunque es seis veces más pobre y entre ambos países no existen controles de fronteras. A la gente le gusta permanecer en la comunidad de nacimiento, donde todo es conocido y más fácil, y muchos necesitan un empujoncito considerable para migrar, incluso a otro punto dentro del país e incluso en casos claramente provechosos. Un estudio realizado en Bangladés reveló que un programa de subsidios para que las poblaciones rurales migraran a las ciudades a trabajar durante la temporada de carestía no funcionó, aunque los trabajadores podían ganar mucho más que con la migración estacional.[123]

Un problema es la falta de alojamiento a precios asequibles y otras instalaciones en las ciudades, por lo que la gente acaba viviendo ilegalmente en espacios reducidos, no regulados, o en campamentos. Otro es la vida familiar: en la ciudad la asistencia infantil puede ser prohibitiva o no estar disponible, mientras que en el pueblo la familia extendida puede ofrecer este servicio de forma gratuita. Algunas medidas que ayudarían a dar el paso son la asistencia a la vivienda mediante subsidios para el alquiler, la certeza de tener un trabajo (aunque sea temporal) antes del traslado y una garantía de ayudas para las guarderías. Pero no se trata solo de un problema del mundo pobre, pues también afecta a quienes se trasladan de ciudades pequeñas de Michigan a Chicago, por ejemplo, donde las perspectivas son mejores, pero los precios del alojamiento son muy superiores y, lejos de la familia, la asistencia infantil ya no es gratis.

También hay una reticencia psicológica a tomar decisiones arriesgadas: si uno decide trasladarse y las cosas no le salen bien, acaba más decepcionado que si no hubiera hecho nada y las cosas le hubieran ido mal igualmente. Ofrecer a los inmigrantes una especie de seguro contra un eventual fracaso puede ayudar a inclinar la balanza: en el estudio de Bangladés, si se ofrecía compartir el riesgo, los resultados eran casi como ofrecer un billete de autobús gratuito, con alrededor del veinte por ciento más de personas que aceptaban trasladarse.[124]

Además, la gente está dispuesta a soportar notables desventajas económicas e incertidumbres en el futuro a cambio de unas condiciones de vida placenteras en el presente. Por ejemplo, en Hawái los salarios están en la media, el coste de la vida es excepcionalmente alto y el archipiélago será un lugar invivible dentro de pocos años. Y, sin embargo, muchas personas se trasladan allí de todos modos, porque les encanta el clima y el estilo de vida.[125] Cuando estuve en los Cayos de Florida hace poco, era evidente que el idilio soleado tiene los días contados: el agua brotaba de las grietas de las calles y algunas zonas de Cayo Largo ya estaban sumergidas. No obstante, no escaseaban las agencias inmobiliarias que vendían propiedades costosas. Pensemos en la población de Nueva Orleans, que durante años antes del paso del huracán Katrina había visto cómo subía el nivel de los mares y había sufrido graves inundaciones. Las investigaciones realizadas después del desastre han mostrado que los supervivientes que migraron tras el huracán acabaron ganando más en sus nuevas ciudades.[126] Entonces, ¿por qué no se trasladaron antes? Porque solo cuando Katrina hizo que fuera imposible quedarse a vivir los beneficios de la migración inclinaron la balanza frente a la pérdida de un lugar familiar y su círculo social.

Si queremos que la gente se desplace de forma segura, antes de que se vean obligados por algún desastre, tendremos que ayudarlos a que tomen la decisión antes.

No se trata solo de echar en falta a los amigos o no querer despegarse de los platos de la abuela; ya hemos visto que los humanos dependen completamente de su red social para la supervivencia. Desplazarse a un lugar nuevo nos aleja de las conexiones sociales que nos ayudan a lidiar con las emergencias, las enfermedades, una nueva maternidad, el desempleo o los problemas de salud mental. Los primeros que escaparon de Ucrania para ponerse a salvo fueron los que tenían familiares en los países de destino. Dependemos unos de otros en un sentido muy concreto y para que una migración tenga éxito y se puedan salvar las distancias geográficas las personas tienen que ser capaces de extender sus redes o crear otras nuevas rápidamente. Por ese motivo, el apoyo de los Estados a la migración es fundamental y es una inversión inestimable para las naciones de acogida que esperan incrementar sus economías gracias a los nuevos residentes.

Ello significa garantizar, hoy más que nunca, que se van a satisfacer las necesidades habitacionales; construir infraestructuras a gran escala; dar a las personas una pensión de subsistencia, una formación, oportunidades de encontrar trabajo y de crear su propia empresa; subvencionar los centros infantiles; retribuir a las personas por los trabajos de asistencia; y ayudarlas a integrarse y a encarrilar su nueva vida con cursos de idiomas y de ciudadanía. Las restricciones punitivas en las ayudas sociales para los migrantes no son solo inhumanas, sino un falso ahorro. Los visados de residencia deben ser más flexibles, que concedan a los inmigrantes varios años para encontrar un trabajo en vez de breves períodos de tiempo, y sin estipular límites de salario mínimo: cuidadores con experiencia, asistentes domésticos, peones, cocineros y conductores de reparto son empleos vitales, pero no siempre se pagan por encima de los niveles mínimos requeridos para obtener el visado. Este apoyo intermedio a corto plazo será amortizado más que de sobra a largo plazo. El problema es que hoy muchos países ricos no consiguen satisfacer estas exigencias ni siquiera para su propia población, a causa de políticas sociales inadecuadas que han abierto la puerta a un vertiginoso aumento de las desigualdades. Las naciones podrán hacer frente a los extraordinarios retos que nos depara este siglo a través de un mayor apoyo de los gobiernos: normativas fuertes, propiedad pública de los servicios básicos y políticas que favorezcan a las comunidades —y a las empresas— sistemáticamente, respondiendo a las exigencias de los trabajadores, los niños, los enfermos, los ancianos y su ambiente. Los costes añadidos para garantizar esta asistencia social incluyendo a los inmigrantes serían proporcionalmente modestos, mientras que la futura contribución de estas poblaciones integradas es potencialmente enorme. Dicho de otro modo: es una inversión segura.

CAPÍTULO 8

LAS CASAS DE LOS MIGRANTES

Cada año la capital peruana, Lima, se agranda con la expansión de diminutas chabolas por el desierto de los alrededores. En lugar de facilitar el traslado de los pobres que llegan de los campos mediante asentamientos planificados, con infraestructuras y asistencia social, el gobierno más bien se dedica a ignorar el «problema» de los migrantes. Así, en los poblados de chabolas de Lima, como en los barrios marginales de todo el mundo, la gente paga por vivir en un lugar administrado por bandas organizadas. Los traficantes de personas que operan en el país identifican terrenos a las afueras de las ciudades, se aseguran de que su propietario esté en el extranjero y luego recogen a personas para que los ocupen, a cambio de una comisión.

En el 2012 hablé con uno de los habitantes de un poblado de chabolas, Abel Cruz, un granjero de Echarate, cerca de Cuzco, que antes criaba cerdos y cultivaba cacao y hortalizas. Me contó que una terrible sequía interminable había hecho imposible vivir de la granja.

«Un día, un hombre vino al pueblo y nos preguntó si queríamos una vida mejor en Lima, con un buen trabajo y colegio para nuestros dos hijos», me explicó Cruz. «No queríamos dejar a nuestras familias y nuestro hogar, pero la sequía seguía empeorando.» Igual que millones de personas que viven en los trópicos, Cruz consideró que las dificultades y la inseguridad de la migración eran preferibles a un futuro de pobreza absoluta y hambre en su pueblo.

«El hombre nos citó a las cinco de la mañana, teníamos que llevar el dinero y unas hojas de contrachapado de bambú. Al llegar, había muchas otras familias como nosotros. Nos condujeron a unas dunas de arena, nos dijeron que delimitáramos una zona y que empezáramos a construir nuestra casa con los materiales que habíamos llevado.» Su casa, como la de sus vecinos, tenía un suelo de tierra descubierto y pocos enseres. En la única habitación había unas esteras enrolladas, apoyadas contra la pared de contrachapado; un conjunto de cuencos y un par de sartenes bien guardadas en una esquina.

«Nuestro baño es un agujero excavado en el suelo de la habitación, que tapamos con un trozo de contrachapado. Cada dos años se llena, así que hacemos otro agujero. Dentro de veinte años el suelo estará lleno de mierda y entonces no sé qué haremos. Este sitio apesta y la gente se pone enferma. No tenemos agua corriente y gastamos la mitad de nuestro sueldo en comprar la que nos llega en un camión.»

Al principio, los migrantes del sur global suelen desplazarse entre la ciudad y su pueblo, a donde vuelven para ayudar con la cosecha y en otros períodos en que hay mucho trabajo, o cuando en la ciudad el trabajo se acaba. Los temporeros a menudo duermen en dormitorios improvisados o acampan en el suelo de su lugar de trabajo, para ahorrar hasta el último céntimo de sueldo y mandarlo a casa. Haciendo malabarismos entre ambos sitios consiguen construirse redes de seguridad y desarrollar competencias útiles en la ciudad, sin perder la propiedad de la tierra en su pueblo. Al final, los migrantes se trasladan a la ciudad de forma permanente y se construyen una nueva vida que podría comportar una posterior migración hacia otra ciudad u otro país, adquiriendo nuevas competencias y aprovechando nuevas oportunidades. Pero siguen mandando giros al pueblo y las redes que crean y refuerzan en el lugar de llegada ayudan a otros habitantes de su lugar de origen a realizar el mismo viaje.

Los migrantes seguirán llegando a los centros urbanos. Ayudarlos para que la transición sea rápida e indolora sería una ventaja para todos. Ello implica hacer algo que pocos gobiernos hacen bien: prepararse para una crisis que está por venir.

En el 2008, por primera vez en la historia evolutiva de la especie humana, el número de personas que viven en las ciudades superó al de las que viven en las zonas rurales. Nos hemos convertido en un animal distinto, que vive geográficamente separado del mundo natural que nos alimenta y nos abastece. La migración urbana empezó en el oeste: entre 1850 y 1910 nada menos que dos millones de personas al año se trasladaron a las ciudades, motivo por el que las zonas rurales de Estados Unidos están plagadas de pueblos fantasma. Es lo mismo que está ocurriendo hoy en día en los países en vías de desarrollo, donde las áreas rurales se están despoblando. Es el siglo de las megalópolis.

Hoy alrededor de un tercio de la humanidad está en movimiento y se trata sobre todo de migrantes internos que se desplazan de entornos rurales a urbanos. La migración urbana está revolucionando la geografía humana, a medida que los refugiados huyen de la degradación del ambiente y de sus consecuencias sociales. El desafío de los próximos ochenta años es crear ciudades enormes y densamente pobladas que sean seguras, vivibles e inclusivas, con una economía que se ajuste al Antropoceno: reciclando el agua y otros recursos y gestionando los residuos y la producción sin contaminar el ambiente natural.

La transición urbana ya se ha producido en gran medida en América y los países occidentales. En Asia lleva unas décadas en marcha, con países como Malasia, China y Tailandia a la cabeza, pero aún queda por hacer, sobre todo en el sur del continente. África aún es en su mayoría rural, pero la población urbana está aumentando rápidamente, a un ritmo de 3,6 % al año. Esta migración, sumada al índice de natalidad aún elevado, implica que las ciudades africanas alojarán a 20 millones de personas más al año. En este decenio las diez ciudades con mayor crecimiento del mundo estarán todas en África. En el siglo XIX, Dar es Salaam, en Tanzania, no era más que un pueblo pesquero y en el 2030 se calcula que albergará a 11 millones de personas, el doble de su población actual. Al mismo tiempo, se calcula que Lagos y El Cairo alojarán a más de veinticuatro millones de personas cada una en el 2030. Con el calentamiento global ninguna de estas ciudades será sostenible en cuestión de décadas; de hecho, en todas ellas se están viviendo ya las nefastas consecuencias del calor extremo, de las inundaciones o de ambos.

La migración masiva hacia el norte la protagonizarán personas que ya viven en centros urbanos. Normalmente, la migración internacional tiene lugar partiendo de las ciudades, aunque los migrantes nacieran en un pueblo.

En teoría, este crecimiento urbano irá acompañado de mejoras en el bienestar, como ocurrió en Singapur después de la independencia, por ejemplo. Sin embargo, la urbanización de África, pese a ser más rápida que en Asia o América Latina, se está produciendo con unos niveles de pobreza superiores. Ello significa que en Lagos, por ejemplo, las infraestructuras ciudadanas se están desarrollando a un ritmo que ni de lejos es el adecuado para gestionar la llegada de los nuevos migrantes, lo que conlleva la aparición de interminables barriadas de chabolas, atravesadas por estrechas carreteras, alcantarillado deficiente, cortes frecuentes de corriente y otros problemas. Nigeria obtuvo la independencia de Gran Bretaña a la vez que Singapur, en 1960, pero Lagos ha crecido más rápido y sigue siendo mucho más pobre, con millones de personas que viven en terrenos cenagosos sujetos a inundaciones, sin electricidad ni servicios higiénicos, con propagación de enfermedades y una baja alfabetización. Como la gente está desperdigada en lugar de concentrarse en barrios planificados, las actividades económicas, el comercio, la creación de riqueza y la innovación son mucho menos eficientes y, por ende, el país es mucho menos productivo. Es algo que deberemos tener en cuenta cuando planifiquemos las ciudades del futuro.

Los centros urbanos funcionan mejor si son núcleos de alta concentración. Pese a que los africanos cuando migran del campo a la ciudad ganan más, no se trata de un incremento significativo porque, a diferencia de otras partes del mundo, les cuesta encontrar un empleo más productivo. Como tampoco viven cerca de estos trabajos, tienen que desplazarse a diario, lo cual es caro y se pierde tiempo en las carreteras estrechas llenas de atascos. Nairobi es una de las ciudades con el trayecto hasta el trabajo más largo del mundo, porque cuatro de cada diez personas van a trabajar a pie. Eso significa que los inmigrantes acaban trabajando de vendedores ambulantes, vendiendo verduras o baratijas por los arcenes, en lugar de buscar un empleo más rentable. La carencia de infraestructuras y de planificación urbana en todo el continente hace que el transporte de las mercancías salga más caro, por lo que aumentan los precios de los productos alimentarios y de otros recursos, y ello significa que para los empresarios los salarios de las fábricas y otros costes son más elevados. Todo ello hace que resulte difícil competir en el mercado global, por lo que las ciudades africanas son en gran medida «ciudades de consumo» con economías dominadas por servicios y bienes de bajo valor que se consumen localmente más que comercializarse. Estas razones contribuyen a que los africanos que viven en ciudades sigan siendo significativamente más pobres que sus homólogos de otros continentes. Esta circunstancia los hace más vulnerables a las consecuencias del cambio climático y otras presiones ambientales, por lo que la migración en masa se convierte en una prioridad.

Son múltiples los factores tras esta situación, entre ellos el legado de la explotación colonial, el sida, los conflictos y el mal gobierno, además de un sector agrícola improductivo que dispara los precios de los alimentos y limita las rentas. Sin embargo, con una planificación urbana más eficiente, una mayor densidad habitacional, calles más amplias, infraestructuras y sistemas de transporte adecuados, mejorarían enormemente la productividad y el bienestar de las ciudades africanas durante la transición hacia la urbanización de este siglo, además de mejorar la resiliencia climática de las personas.

En mayor o menor medida, la historia se ha repetido en todo el mundo. La migración urbana tiende a ser no planificada e iterativa. Las ciudades más bonitas del mundo nacieron como centros administrativos y comerciales rodeados de barrios habitacionales que, según se expandían hacia la periferia, se volvían menos salubres y se parecían más a las barriadas de chabolas actuales. Los poblados marginales hacinados de la Europa de los siglos XVIII y XIX, donde vivían los migrantes que hacían ricas a sus ciudades, eran famosas trampas mortales de suciedad, donde campaban el tifus, el cólera, la disentería, la malaria y otras enfermedades causadas por la escasa higiene. En invierno, las familias se morían de frío; en verano, les salían úlceras y apestaban. Poco a poco, gracias a las políticas de desarrollo del siglo XX, se derribaron estos poblados de chabolas y se sustituyeron con construcciones decentes e infraestructuras básicas.

Uno de los bajos fondos más sórdidos de Londres en el siglo XIX era Seven Dials, que actualmente es el sofisticado corazón del barrio teatral de Covent Garden. De forma análoga, el internacionalmente famoso barrio pobre neoyorquino de Five Points hoy es una de las zonas inmobiliarias más atractivas entre Chinatown y el Civil Center de Manhattan.

Las ciudades que viven una rápida inmigración por lo general se expanden a medida que los migrantes rurales construyen «ilegalmente» sus casuchas baratas en barrios periféricos alrededor de la ciudad ya consolidada. Según aumenta el número, empiezan a englobar pueblecitos rurales, que se convierten en la nueva periferia de la ciudad. Este tipo de expansión baja y ávida de terrenos a menudo es ineficiente y puede atrapar a las personas en la pobreza: los gobiernos desatienden sistemáticamente estas zonas porque las viviendas son ilegales, por eso los habitantes no reciben servicios higiénico-sanitarios, agua potable u otras estructuras básicas. Además, viven con el temor constante del desahucio, de volver del trabajo y encontrarse con la casa derribada, a menudo sin ninguna indemnización. Sin embargo, las redes que crean y alimentan los migrantes y el capital social vital que aportan convierten estos proyectos habitacionales informales y a precios asequibles en animados centros de intercambio comercial y en una vía esencial en el recorrido de movilidad social para salir de la miseria. En este sentido, los barrios marginales funcionan como trampolines de lanzamiento que permiten pasar de la pobreza rural a una vida urbana de esperanza y oportunidades.

En el pasado, el barrio londinense de Spitalfields, en el este de la ciudad, acogió a los inmigrantes hugonotes que huían de Francia, que prosperaron gracias al tejido de la seda. Para principios del siglo XIX, la competencia de las fábricas textiles de Mánchester había hundido a la comunidad en la miseria y sus amplias viviendas fueron divididas en diminutos habitáculos donde se hacinaban las personas. Con el paso del siglo, la barriada fue acogiendo a judíos holandeses y alemanes, luego masas de pobres hebreos polacos y rusos, y otros inmigrantes de Europa oriental. Los programas sociales del siglo XX mejoraron las condiciones del barrio, que de todos modos siguió siendo pobre, y se convirtió en meta de oleadas de más migrantes judíos e irlandeses y, hacia finales de siglo, bengalís y bangladesís. A principios del siglo XXI, «Banglatown», como se bautizó la zona, que abarca Shoreditch y Brick Lane, se convirtió en un barrio de moda para artistas y otros profesionales creativos.

Normalmente hay una neta línea divisoria entre la ciudad consolidada y la barriada: los habitantes de esta suelen ser denigrados como grupo y se los considera un problema —criminales y sucios—, aunque los ciudadanos más ricos —muchos de ellos, a su vez, migrantes de segunda o tercera generación— cuentan con ellos para trabajar en el servicio doméstico, en la construcción y otros sectores esenciales. Los dos mundos, situados uno junto al otro, están separados por la jerarquía de las circunstancias: muchos de los residentes más ricos nunca pisarán una de las barriadas cerca de su casa.

Con el tiempo, estos barrios bajos, poblados chabolistas, favelas o pueblos urbanos se acaban legitimando como parte de la ciudad misma y sus estructuras se vuelven permanentes. Ironías del destino, la diversidad cultural y empresarial que caracteriza estas zonas a menudo las convierte en los lugares más codiciados de la ciudad, por lo que suben tanto los precios que las comunidades originales no pueden permitirse vivir allí tras el proceso de gentrificación. La antigua barriada de Spitalfields, en Shoreditch, es uno de los distritos más gentrificados de Londres y, exceptuando unos pocos proyectos de viviendas populares, es excesivamente caro para las comunidades «bangla». Entonces, los pobres vuelven a ser expulsados hacia la periferia, donde se han construido grandes bloques para alojarlos, pero donde carecen de una red social consolidada o de las oportunidades de prosperar empresarialmente que confieren a la barriada su dinámica de emancipación económica. El resultado es que las personas se quedan atrapadas en la pobreza dentro de estos enclaves urbanos, con pocas perspectivas de mejora.

Las ciudades del Antropoceno

Así pues, este es nuestro reto. Tenemos que transformar nuestras ciudades de migrantes en lugares de esperanza, donde los pobres puedan encontrar una casa y tejer unas sólidas redes sociales, con oportunidades laborales, de formación, empresariales y otros modos de invertir su tiempo y el capital social. Estas ciudades tienen que ser seguras y sanas, con infraestructuras adecuadas. Deben ser económicamente asequibles, idealmente no deben consumir más electricidad o agua de las que produzcan, no deben contribuir a las emisiones de gases de efecto invernadero ni empeorar la pérdida de la biodiversidad. Los recursos materiales deberían circular en el interior de sus economías, en el mayor número de modos posible, minimizando los residuos y evitando la contaminación.

Es un reto difícil, en parte porque muchos de los elementos que definen una barriada «eficiente» en términos de movilidad social se oponen a los que la convierten en un lugar seguro, asequible y capaz de acoger a un gran número de residentes en condiciones adecuadas. Por ejemplo, el hecho de que un terreno carezca de alcantarillado y esté en estado de abandono lo convierte en asequible para quien llega de un pueblo o no tiene más que planchas de conglomerado para construirse una casucha. Este inicio en condiciones terribles, con una única habitación, concede a su propietario un espacio donde vivir y montar un taller u otra actividad, con la posibilidad futura de poder permitirse un suelo de cemento, conectarse a la red eléctrica, sustituir lentamente el conglomerado por bloques de hormigón, añadir una habitación, alquilar un espacio, ampliar la propia actividad, hasta poder venderle la casa a alguien más pobre y trasladarse a un lugar mejor... El inmigrante que se traslada a un rascacielos anónimo pero seguro no tiene acceso a la calle para anunciar su actividad, no puede expandirse fácilmente y le costará crear las conexiones sociales indispensables para mejorar su situación de llegada.

Por todo el mundo, las ciudades de migrantes más eficientes tienden a estar densamente pobladas, pero con edificios no demasiado altos —bloques de cuatro a seis pisos—, con acceso directo a la calle, agrupados en manzanas que se hallan cerca de colegios, ambulatorios, servicios sociales, parques y mercados. Tienen excelentes conexiones de transporte con el centro económico y cultural de la ciudad y ofrecen un potencial de expansión, por ejemplo, la posibilidad de añadir habitaciones o abrir una tienda en la planta baja. Las políticas también son importantes: los inmigrantes deben poder abrir un negocio o ser contratados legalmente, y debe existir un sistema eficiente y accesible de reconocimiento de su formación para que un cirujano experto no se vea obligado a trabajar de taxista mientras los pacientes tienen que esperar seis meses para que los curen. Y lo más importante de todo: debe haber acceso universal a la asistencia sanitaria y a la educación para todos los ciudadanos, independientemente de su origen o disponibilidad económica, una idea apoyada por muchos estudios pero que en Estados Unidos aún consideran una propuesta radical.

Con la cantidad de migrantes que deberemos alojar, la densidad habitacional es importante y los edificios de varios pisos son los más eficientes. Seguramente la mayoría de las ciudades occidentales podría construirse más en vertical. El problema es que, aumentando la eficiencia energética y espacial, se genera un déficit de oportunidades empresariales y de establecer contactos, un problema que debe solucionarse. Ello significa invertir en el capital social: garantizar una variedad de espacios públicos grandes y pequeños —como parques y plazas, centros sociales y organizaciones locales—, y políticas que mejoren la inclusión. Para asegurar el potencial empresarial, será necesario crear espacios para oficinas, en venta o alquiler, talleres y espacios comerciales a precios asequibles. Es importante que se trate de un conjunto de edificios altos y bajos, con servicios comerciales, de venta al por menor, ocio y espacios públicos totalmente integrados entre sí. No podemos repetir el experimento fallido de los desiertos de cemento y rascacielos que deprimen las periferias de las capitales europeas.

Los migrantes que lleguen a las ciudades del norte deberían ser acogidos en grupos familiares. Cuando los inmigrantes llegan sin sus redes sociales, pueden aislarse y acabar cayendo en la dependencia de grupos criminales o ser presa del extremismo religioso o político. Las familias brindan un apoyo y una estabilidad vitales, ampliando las redes que ayudan a las personas a echar raíces en una nueva ciudad; a pesar de todo, a menudo se les niega la entrada de acuerdo con rígidos sistemas de inmigración por puntos adjudicados según las competencias o los medios económicos. Las familias también son portadoras de competencias distintas, que ofrecen una serie de potenciales ventajas. Pensemos en la enfermera cualificada que requiere el mercado para cubrir un trabajo necesario y que llega con su familia: la abuela puede quedarse en casa cuidando de los nietos mientras la madre trabaja, el abuelo trabaja en un restaurante transmitiendo sus habilidades, los niños son una inversión en la fuerza laboral del futuro, la tía y el tío trabajan en asistencia infantil o como jardineros o personal de limpieza, permitiendo a otras personas que vayan a trabajar. Cada uno de ellos desempeña un papel que sirve para engrasar la maquinaria de la economía.

Las poblaciones de las ciudades de migrantes son de las más resilientes, inventivas y motivadas del mundo, pero la forma en que este potencial se aprovecha y se alimenta depende de la política gubernamental. Los grupos de migrantes, si se gestionan bien, serán un motor fundamental en la regeneración de una ciudad y el crecimiento de una nación en un período de turbulencias climáticas y de trastornos globales; en cambio, si se gestionan mal, desencadenarán divisiones sociales y tensiones étnicas. Gestionar la inmigración implica invertir en vivienda, en servicios y en las infraestructuras necesarias para la nueva población ampliada. De esta forma se elimina la presión sobre los recursos y los servicios que, de lo contrario, recaería en la población autóctona, y se permite que la población inmigrante viva dignamente y contribuya en la productividad de la ciudad. Esta misma inversión podría causar tensiones en las poblaciones autóctonas si llegaran a pensar que sus estructuras son excluidas de cualquier renovación y que los inmigrantes reciben un trato de favor. Para evitar el problema es necesario planificar las mejoras en zonas que incluyan población tanto nativa como inmigrante —todos sacarían provecho de un nuevo hospital o de un colegio— y emplear tanto a unos como a otros en los proyectos de construcción. En algunas ciudades nuevas del norte prácticamente todos serán migrantes, procedentes de otras partes de la nación o del mundo, lo que brinda una oportunidad perfecta para construir ciudades sostenibles y socialmente integradas de arriba abajo. Se pueden instalar rápidamente edificios prefabricados, que lleven incorporados muchos de sus sistemas de generación de energía y reciclado de agua, pero también tendrán que construirse y pagarse infraestructuras municipales si de verdad queremos crear ciudades vivibles y no solo barriadas un poco mejoradas.

Esta inversión gubernamental se verá más que recompensada gracias a la integración exitosa de una vasta nueva fuerza laboral que paga los impuestos, y los fondos para contribuir a la expansión de las ciudades podrían proceder de un nuevo organismo internacional creado *ad hoc*, una Organización para la Migración Global de las Naciones Unidas (con poderes efectivos), que aliviaría la carga de los Estados. Tanto si cuesta como si no, es un paso imprescindible que hay que dar. Si gestionamos bien esta migración masiva, reducirá la pobreza a nivel global, protegerá a millones de personas de los peores efectos del cambio climático y creará nuevas ciudades dinámicas desde las que inaugurar un Antropoceno positivo. El sector privado también podría ayudar con los costes. Canadá ya ha adoptado un eficiente modelo de patrocinio comunitario, en el que organizaciones privadas o comunitarias cubren los costes financieros y el apoyo al asentamiento de los migrantes humanitarios. El país ha acogido a más de trescientos mil refugiados a través de este patrocinio y Australia está valorando su adopción para poner remedio a sus escasos resultados en materia de asilo. El 70 % de los refugiados patrocinados de forma privada en Canadá declaró que había encontrado un empleo en su primer año de estancia, frente al 40 % de los refugiados asistidos por el gobierno. Los migrantes y las comunidades receptoras obtienen los mejores resultados si están integrados en el mercado laboral, por eso las empresas tienen un papel importante que desempeñar. Algunas compañías internacionales participan en programas de ciudadanía global, pagando a sus propios empleados para que trabajen como voluntarios en un país pobre; otras, en cambio, contratan a personas de países pobres. Por ejemplo, Driscolls, una gran empresa californiana que cultiva frutos del bosque, contrata a su mano de obra en México y Estados Unidos, y tiene un gran número de mexicanos en nómina en su planta de California a los que ayuda con la formación, el alojamiento, la asistencia médica y otras cuestiones relacionadas con la inmigración.

La migración urbana se reconoce como la vía de salida de la pobreza más eficaz: el estudio más amplio sobre el tema, a cargo del Banco Mundial, ha llegado a la conclusión de que para gozar de crecimiento económico es necesario que la densidad de la población urbana sea la mayor posible y que las ciudades más grandes crezcan a través de la migración, con la advertencia de que las áreas urbanas a las que llegan los migrantes rurales deben ser objeto de fuertes inversiones y desarrollo de infraestructuras por parte de los gobiernos.[127] Las oleadas migratorias de principios del siglo XX y los años de la posguerra coincidieron con una fuerte expansión del gasto público en educación, sanidad, vivienda, infraestructuras, transportes y administraciones locales (y correspondió con el declive de la industria pesada que dejó barrios enteros de casas de bajo coste). La gigantesca migración de este siglo requiere una inversión parecida.

Hay lugares donde los gobiernos han gestionado la migración mejor que en otros. En la década del 2000 al 2009, la población de origen extranjero de España creció más del cuádruple y alcanzó casi un catorce por ciento del total de sus habitantes, con la llegada de seis millones de inmigrantes. Pero, a diferencia de otros países europeos, España no ha registrado reacciones antiinmigración significativas pese a sus niveles relativamente altos de desempleo y pobreza[128] —la mayor parte de los españoles cree que los inmigrantes son necesarios (conforman un 20 % de la fuerza laboral) y que les corresponden los mismos derechos—.[129] El motivo hay que buscarlo en la forma en que el gobierno gestionó y dio prioridad a su programa nacional de integración de los inmigrantes.[130] España creyó en la posibilidad de definir la política migratoria de forma integral y planificada. Ello implicó forjar verdaderas colaboraciones con otros países basadas en la cooperación, no en la delegación; elaborar políticas proactivas en lugar de reactivas y orientar a la opinión pública para evitar que se fomentara el sentimiento antiinmigración.

Estudiemos el caso de Parla, una ciudad formada por edificios bajos que se extiende en un territorio situado 20 km al sur de Madrid, en la ruta que cubren muchos trabajadores a diario entre Toledo y la capital. En el pasado fue meta de muchos migrantes rurales de España, pero hoy es una ciudad de inmigrantes internacionales, muchos de los cuales proceden de Marruecos y América Latina, como los cuatro millones y medio aproximadamente que entraron en el país durante el *boom* económico del 2008. A diferencia de Francia, que ha hecho poco por gestionar o asistir a su repentino flujo migratorio, o Alemania, que en gran medida ha ignorado las necesidades de los migrantes e impide que se conviertan en ciudadanos alemanes, el gobierno español ha invertido activamente en la gestión de la inmigración masiva, con la primera iniciativa política europea orientada concretamente a crear una ciudad funcional y vivible para los inmigrantes. Se empezó con la ciudadanía: todos los inmigrantes con un empleo a tiempo completo, incluidos los indocumentados («ilegales»), se transformaron en residentes legales que pagan los impuestos y tienen acceso a los servicios. Para desalentar las peligrosas travesías ilegales procedentes del norte de África, el gobierno creó un programa por el que decenas de miles de africanos obtenían un permiso de trabajo en España para un año. Si les prolongaban el contrato, podían traer a sus familias y empezar a tramitar la ciudadanía completa. El efecto fue inmediato y transformador: España añadió a su economía medio millón de migrantes al año, personas que han podido construirse una vida, invertir en una casa, alquilar espacios comerciales, mandar a los hijos al colegio y convertirse en ciudadanos activos deseosos de mejorar su propia existencia y la de su nueva ciudad, en vez de ser una clase marginal pobre, que sale adelante de forma ilegal.

Para organizar la nueva migración de forma eficaz, el gobierno español invirtió en un programa de 2000 millones de euros que incluía una formación especial, acogida e instalación de los inmigrantes, asistencia ocupacional, programas para ayudar a los migrantes a encontrar y construir nuevas casas, acceso a los servicios sociales, asistencia sanitaria, integración de las mujeres, una participación en la comunidad y en su construcción. Y todos estos esfuerzos han dado sus frutos. Hablando con el periodista Doug Saunders, especializado en temas de inmigración, el exportavoz del gobierno para la inmigración, Antonio Hernando, comentó: «Estos inmigrantes ahora trabajan legalmente y pagan los impuestos que financian las pensiones de un millón de españoles. Son la base económica de los programas de bienestar de nuestro país, así que tenemos que asegurarnos de que, a cambio, gocen de los mismos derechos y medios de subsistencia que los demás españoles».

Las mejoras en las infraestructuras y en los sistemas de transporte han permitido que la red urbana de Parla pudiera crecer y su economía ganara eficiencia, con una línea de tranvías que recorren la ciudad y tren de cercanías que la comunica con Madrid, todo un impulso para la economía de Parla. El gobierno ha construido grandes complejos residenciales de apartamentos de medias dimensiones que ofrecen espacios comerciales en la planta baja y ha posibilitado vías para obtener una casa en propiedad. En este tipo de planificación de uso mixto las calles están concurridas y las viviendas tienen una densidad lo bastante elevada como para garantizar un buen flujo de clientes en las actividades comerciales. Pero lo mejor de todo es que los migrantes sienten que pertenecen a una comunidad. Cuando llegó la recesión económica global, las zonas de Alemania y Francia pobladas por inmigrantes, que ya sufrían elevados índices de criminalidad, explotaron en violentas protestas. Por el contrario, en Parla no se registraron desórdenes sociales, pese a los altísimos niveles de paro, porque los migrantes sentían que formaban parte de la sociedad. Y tenían dignidad.

Parla funcionó porque el gobierno había previsto una llegada constante de migrantes y, en lugar de intentar interrumpir o controlar el flujo migratorio, se concentró en la gestión de esta nueva población para beneficio de la economía y de la sociedad nacionales, invirtiendo en acciones para que saliera adelante. (En los últimos dos años, la política española en materia de inmigración se ha vuelto menos favorable, en gran medida como respuesta a la falta de respaldo por parte de sus vecinos de la Unión Europea. Sin embargo, las encuestas demuestran que la postura española para con la inmigración sigue siendo positiva.)

La deficiencia o el coste excesivo del alojamiento es uno de los factores que frenan los traslados hacia ciudades más seguras, donde las personas podrían tener una capacidad productiva mayor, y gran parte de ello se debe a leyes de planificación urbana que no se adecuan a las ciudades en expansión. Si se eliminaran las restricciones urbanísticas, sería posible una mayor densidad habitacional y la creación de ese conjunto de espacios residenciales, comerciales y públicos que forman parte del tradicional atractivo y el progreso de una ciudad. Una mayor densidad de población es preferible para la cohesión social y la prosperidad económica, como han mostrado innumerables estudios. Sin embargo, obtener un permiso para edificar dentro de una ciudad es difícil, porque los residentes a menudo oponen resistencia y presionan a los urbanistas. Ello se traduce en que los nuevos edificios se construyen en zonas más periféricas donde la oposición es menor, en vez de en sitios bien comunicados donde la necesidad es mayor, lo que conduce a una expansión urbana descontrolada y reduce la productividad y otras ventajas de las ciudades densamente pobladas. En Inglaterra, por ejemplo, en todas las regiones hoy se destina más terreno a las calles que a las viviendas.[131] Es necesario eliminar también otras restricciones, como las normas municipales de Estados Unidos que limitan el número de «ocupantes no emparentados» que pueden convivir en una casa,[132] porque se trata de normas que impiden que las personas con rentas bajas compartan el alojamiento, dividan los gastos y ahorren en el alquiler.

Un modo de aumentar la productividad y ayudar a los inmigrantes a establecerse podría ser, en las ciudades europeas y estadounidenses, flexibilizar las normativas comerciales y de licencias, para que los ejercicios de venta al por menor, la industria ligera y los servicios comerciales pudieran implantarse en los mismos barrios residenciales. El factor clave para la eficiencia de una ciudad de migrantes es la intensidad de la zona, es decir, la cantidad de actividades humanas que se permiten en una determinada zona. Los barrios de baja densidad que aíslan el uso residencial de las demás actividades, tan de moda en las extensiones suburbanas de Norteamérica cuyo protagonista es el coche, pueden atrapar a los residentes pobres y los inmigrantes en guetos de una pobreza sin salida. Por el contrario, los barrios de alta densidad, desde Hong Kong hasta Nueva Delhi, Manhattan o Londres, rezuman productividad y oportunidades. París, con sus hileras de edificios de seis plantas, tiene una densidad de población superior a la de Nueva York. Londres se ha desarrollado a partir de la fusión de distintos pueblos, cada uno como un pequeño barrio que se recorre a pie, mientras que el diseño en cuadrícula planificado de Manhattan, un proyecto cuyos orígenes se hallan en las antiguas ciudades chinas, se basa en conjuntos independientes de barrios, donde todo queda al alcance de la mano, ya que las áreas residenciales no están separadas del comercio al por menor ni de otras actividades económicas. Las nuevas ciudades de migrantes tendrán que integrar este tipo de intensidad en sus planes urbanísticos.

Un lugar donde aprendieron esto tarde es Bijlmermeer, un gran barrio periférico planificado de Ámsterdam, en los Países Bajos. Conocido localmente como Bimmer, el barrio retomaba la visión utópica de los años sesenta y estaba formado por 31 bloques puramente residenciales dispuestos como un vasto panal, rodeados por una zona verde que los aislaba. Los bloques de pisos, con su confuso laberinto de pasarelas suspendidas, carecían de servicios públicos; las carreteras también estaban elevadas, por lo que el acceso era complicado y la zona a nivel del suelo se convirtió en un espacio desierto. Cuando se acabó de construir el complejo, nadie quería trasladarse allí, así que se convirtió en una especie de «vertedero» de casas populares para inmigrantes de Surinam y del África subsahariana, muchos de los cuales vivían de subsidios y no tenían forma alguna de salir de la trampa de la pobreza. Bijlmermeer no tardó en forjarse fama de ser el barrio más peligroso de Europa, plagado de drogadictos, crímenes violentos, asesinatos y pobreza. Luego, en 1992, un vuelo de carga de El Al, intentando volver al aeropuerto de Schiphol para aterrizar por una avería en el motor, se estrelló contra dos torres idénticas y causó la muerte de 43 personas en total. El desastre dio pie a campañas públicas para demoler los infames edificios y recalificar la zona.

Hoy Bimmer es uno de los barrios más prometedores de Ámsterdam. En lugar de las torres hay calles flanqueadas por casas adosadas, con su propio jardín, intercaladas por espacios para tiendas y pequeñas empresas. Una nueva estación de metro y carriles bici comunican la zona con el resto de la ciudad. Han surgido cafés, teatros subvencionados, espacios de arte y museos, y el gobierno promueve el carácter multicultural de la zona, lo que atrae a personas de toda Ámsterdam para probar los sabores de sus mercados de alimentos y sus restaurantes. Al principio de la recalificación, el gobierno invirtió también en la seguridad de la zona y creó programas de formación y asistencia para las empresas, que ayudaron a los residentes a salir de la pobreza mediante la educación y las oportunidades laborales. Y funcionó: los migrantes de Surinam de segunda generación tienen un índice de educación universitaria y una renta parecidos a los de sus homólogos holandeses.

El genial arquitecto chileno Alejandro Aravena tenía bien claros los requisitos fundamentales de los alojamientos para migrantes cuando, en el 2003, desarrolló su proyecto piloto de «casas progresivas» extraordinariamente adaptables en la ciudad portuaria de Iquique.[133] Encargado de encontrar una alternativa a las barriadas donde se alojaban los migrantes rurales, su solución consistió en coger una parcela de terreno situada en el centro y construir, ante todo, infraestructuras esenciales, como el alcantarillado y las tomas a las redes eléctrica e hidráulica (que cuesta tanto introducir en los barrios marginales en un segundo momento). Luego construyó unas casitas de cemento espartanas dotadas de todos los elementos fundamentales (techo, baño, cocina) y con un espacio que los residentes podrían modificar o ampliar, paso a paso, según pudieran permitírselo. Las casas progresivas eran un 25 % más pequeñas que las viviendas populares medias de Chile, pero, gracias a los cimientos extragrandes, sus inquilinos tenían espacio suficiente para expandirse. El gobierno entregó a cada familia 7500 dólares estadounidenses, que correspondían al coste de compra de la casita de Aravena. Según ampliaban las casas, el valor de estas aumentaba. Un estudio mostró que en los dos primeros años las familias habían aportado una media de 750 dólares en mejoras por unidad, duplicando su tamaño y aumentando el valor de la propiedad hasta costar 20000 dólares cada una. Si bien el proyecto nació con unos feos bloques de cemento gris completamente idénticos, al cabo de pocos meses el barrio se diversificó con colores, añadidos y otras mejoras. Algo así podría servir de modelo para el desarrollo urbano de otras ciudades de migrantes. En el estado mexicano de Tabasco, por ejemplo, la empresa de construcción ICON ha colaborado con la organización sin ánimo de lucro New Story para construir viviendas antisísmicas a precios asequibles, capaces de soportar condiciones climáticas extremas, usando una gigantesca impresora 3D.[134] Para la creación de las casitas, de dos dormitorios, es necesario solo un día de funcionamiento de la máquina, que usa un conglomerado de producción local, por lo que en pocos meses se podría producir un barrio entero, con variados diseños de impresión. Con el tiempo, las familias podrían adaptarlas y ampliarlas según sus exigencias.

Cuando en el 2015 llegó a las fronteras alemanas un millón de refugiados, la canciller Angela Merkel podía mandar al ejército para repelerlos o bien podía acogerlos para que contribuyeran a colmar la carencia nacional de trabajadores. Su famosa respuesta a la crisis fue: «Wir schaffen das» («Podemos hacerlo»). Para los próximos dos decenios la economía alemana necesita al menos diez millones más de personas en edad laboral. Con un esfuerzo excepcional por parte del gobierno, la mayor parte de los refugiados sirios —muchos de los cuales eran profesionales de clase media que podían permitirse emigrar— fueron reubicados en el país. La decisión provocó un ligero repunte de la extrema derecha y se cometieron errores iniciales, como los lugares elegidos para el asentamiento de los migrantes. En lugar de acomodarlos en ciudades o barrios que ya tenían una presencia notable de inmigrantes, fueron deliberadamente reubicados en barrios vacíos con viviendas disponibles, incluido un bloque abandonado de pisos altos de la época comunista situado en un destacamento suburbano de Leipzig, en la antigua Alemania del Este, donde no había ni trabajo ni esperanzas de encontrarlo. Por suerte, el resolutivo alcalde de Neukölln, un barrio berlinés habitado por inmigrantes, había previsto que muchos de ellos llegarían a su barrio, así que había empezado a prepararse: en los colegios, por ejemplo, se informó de que llegarían nuevos alumnos. Y, naturalmente, los sirios más emprendedores no tardaron en llegar a Neukölln, donde su experiencia ha sido todo un éxito para Alemania, al haber creado más oportunidades de trabajo que los autóctonos. En el 2021, cuando Afganistán cayó en manos de los talibanes, lo que generó una oleada de emigrantes, el 62 % de los alemanes respondió a la previsión de llegada de refugiados con un «Wir schaffen das». En marzo del 2022, Alemania se apresuró a acoger a los refugiados procedentes de la Ucrania invadida (independientemente de su nacionalidad), eliminando los obstáculos burocráticos, proporcionando transporte gratuito y actuando de forma resolutiva para satisfacer sus otras necesidades. Alemania, además, está modificando su legislación para permitir que los inmigrantes puedan solicitar la nacionalidad mucho antes —sin que tengan que pasar tres años desde su llegada si demuestran un «grado excepcional de integración»— y que tengan la doble nacionalidad.

Los barrios de los migrantes tienen que estar integrados en una comunidad mayor, es decir, hay que garantizar que los colegios no acaben convirtiéndose en centros de segregación a causa de la «fuga de los blancos», quizá mediante la creación de escuelas excelentes en los barrios más pobres que atraigan a personas de todas las comunidades. Pero los residentes también necesitan poder administrarse sus propios asuntos, la seguridad, el comercio y las oportunidades. La devolución de poderes a las comunidades hoy se considera un catalizador clave para el desarrollo social y económico: las personas ya tienen interés en su propio bienestar, pero lo que necesitan es ser una parte implicada y participativa en el bienestar de sus ciudades.

La flexibilidad es fundamental para que funcionen bien estos planes urbanísticos. La migración urbana está reduciendo el crecimiento de la población mundial, porque la gente que vive en las ciudades tiene menos hijos que la de las zonas rurales. Según cálculos de las Naciones Unidas, la velocidad del éxodo hacia las ciudades es en gran medida la causa de que la población mundial vaya a alcanzar su pico en la década del 2060, si bien algunos expertos creen que ya sucederá en el 2050. Esto nos coloca ante un reto interesante: ¿cómo podemos planificar las ciudades de forma flexible ante el crecimiento, la estabilización y la reducción de la población? Paralelamente, nuestra composición demográfica está cambiando: a nivel global estamos pasando de una población más joven a una más anciana y las personas ancianas tienen exigencias de transporte y vivienda distintas, por ejemplo.

Tokio es la mayor megalópolis del mundo, pero aquí los urbanistas hacen hincapié en lo hiperlocal, en lugar de en un diseño tradicional formado por un gran epicentro que irradia los distintos barrios de creciente degradación y desigualdad. Las comunidades locales, mediante un proceso denominado *machizukuri*, participan en todos los aspectos del diseño y las infraestructuras del barrio, confiriendo así personalidad a los espacios y garantizando las zonas verdes. El cambio demográfico en Japón es cada vez más evidente —tiene más de dos millones de habitantes mayores de noventa años y se venden más pañales para adultos que para bebés—, por eso Tokio está construyendo «zonas para actividades cotidianas», parecidas a las de los colegios, pero pensadas para ancianos. Son como pueblos dentro de la ciudad, donde las personas pueden desplazarse fácilmente a pie para disfrutar de todos sus servicios. Tokio es una exitosa megalópolis que a la vez opera a escala de la interacción comunitaria. En el Reino Unido el cambio demográfico también está transformando el aspecto de las ciudades: las residencias de ancianos, durante mucho tiempo relegadas a remotos núcleos rurales, se están trasladando al centro de las ciudades y los urbanistas apuestan por la «libra gris» para revitalizar las calles comerciales. En los centros urbanos se están construyendo nuevas estructuras de asistencia de ancianos y se están reconvirtiendo manzanas de tiendas y oficinas desocupadas, así la creciente población de los mayores de sesenta y cinco años tendrá a su alcance la oportunidad de ir de compras, disfrutar del tiempo libre y divertirse. Las ciudades del norte, mientras se expanden para atraer a jóvenes inmigrantes, tendrán que pensar también en su población anciana. Dar cabida a los mayores en el diseño y la planificación de nuestras ciudades será una garantía de sostenibilidad para el futuro: al fin y al cabo, los jóvenes migrantes que ayudan a construirlas serán los mismos que las disfrutarán cuando sean viejos.

Capítulo 9

LOS HÁBITATS DEL ANTROPOCENO

En este siglo la migración se producirá hacia las ciudades y, si la sostenibilidad socioeconómica es importante, no lo es menos la ambiental. Debemos asegurarnos de que nuestras áreas urbanas sean seguras mientras el planeta se calienta. Además, las ciudades no deben empeorar aún más la situación: actualmente consumen dos tercios de la energía global y generan el 75 % de las emisiones mundiales de gases de efecto invernadero. Algunas partes de algunas ciudades pueden adaptarse a las nuevas condiciones climáticas; otras habrá que abandonarlas o reubicarlas; y será necesario crear ciudades completamente nuevas para alojar a miles de millones de migrantes.

Las ciudades son especialmente vulnerables a las repercusiones del cambio climático y sufren más intensamente las consecuencias del calor, el aumento del nivel de los mares y las condiciones meteorológicas extremas. Las superficies duras, como el cemento, absorben el calor del sol y los edificios altos reducen la circulación del aire, mientras que la actividad humana concentrada (incluidos los motores de los vehículos y los sistemas de calefacción y refrigeración) contribuye al llamado efecto «isla de calor urbana», en que las ciudades registran temperaturas más elevadas respecto a las áreas circundantes. Actualmente, las temperaturas urbanas son 1-2 °C superiores respecto a los alrededores y las zonas degradadas pueden alcanzar el triple de ese valor. Las mismas superficies duras de cemento y asfalto impiden que el agua de las precipitaciones se absorba, por lo que las tormentas pueden causar rápidamente inundaciones. Las ciudades, naturalmente, concentran un mayor número de personas por superficie respecto a las zonas rurales, por lo que también es mayor la cantidad de personas afectadas por las olas de calor, la contaminación atmosférica y la devastación causada por los fenómenos meteorológicos extremos.

De las 100 ciudades del mundo más vulnerables a los cambios climáticos, 99 se encuentran en Asia y, de ellas, 80 en India o China. Según un informe del 2021 de la consultoría de riesgos globales Maplecroft, más de cuatrocientas grandes ciudades con un total de 1500 millones de habitantes corren un riesgo «alto» o «extremo» por la combinación de varios factores: la contaminación que acorta la vida, la reducción de las reservas hídricas, las olas de calor mortales, los desastres naturales y la emergencia climática.[135] Como ya he explicado previamente, los efectos añadidos de la humedad junto con unas temperaturas ligeramente superiores a las actuales harán que las latitudes ecuatoriales se vuelvan intolerables.

Además, las ciudades costeras, donde vive alrededor del sesenta por ciento de la población mundial, están experimentando el aumento del nivel de los mares a un ritmo cuatro veces superior al de otros sitios, porque el peso de los edificios y de las infraestructuras empuja el terreno hacia abajo respecto al agua.[136] Los edificios y las calles se hunden en las cavidades creadas por las obras de construcción. En los últimos sesenta años, Shanghái (que significa «encima del mar») se ha hundido 2,6 m; la parte oriental de Tokio, 4,4 m; Ciudad de México, casi diez metros; y la mitad de Nueva Orleans, que se hunde a un ritmo cuatro veces mayor que el de la subida de las aguas, ya está por debajo del nivel del mar. Estas ciudades, que actualmente absorben a migrantes, pronto los generarán y en gran cantidad.

Yakarta, la ciudad que se está hundiendo más rápidamente, está desapareciendo a un alarmante ritmo de 25 cm al año. Como solución, el gobierno indonesio ha decidido recurrir a la migración masiva. Desplazará la capital a una ciudad de nueva construcción, que se llamará Nusantara, situada en un terreno alto en la isla boscosa de Borneo. Con este proyecto de varios miles de millones de dólares se pretende salvar del oleaje a los ciudadanos de Yakarta, que en el 2050 alcanzarán los 16 millones. De todos modos, la construcción, que durará décadas, tendrá enormes consecuencias ambientales en uno de los ecosistemas más importantes del planeta y tampoco evitará que los ciudadanos sean vulnerables al calor extremo y los incendios.

Otras ciudades están intentando retener el oleaje con barreras y diques marítimos. Venecia, construida para soportar una subida y una bajada de la marea de 45 cm en la laguna véneta, hoy está parcialmente sumergida 75 veces al año y la mitad de las principales inundaciones de los últimos ciento cincuenta años (es decir, desde que se registran) se han dado del año 2000 en adelante. El gobierno encargó una barrera formada por mamparas sumergidas que se elevan cuando sube la marea para separar la laguna del mar. Pero esta barrera fue proyectada para hacer frente a un aumento del agua inferior a 20 cm, que podría superarse ya en el 2050. Venecia es casi más un museo que una ciudad viva —en verano la visitan unos sesenta mil turistas al día, frente a sus escasos cincuenta y dos mil residentes—, puesto que la falta de inversiones y las repetidas inundaciones de los últimos decenios han generado un éxodo constante: más de ciento veinte mil venecianos se han marchado de la ciudad desde principios de los años cincuenta y en los últimos veinte años el ritmo se ha acelerado. Pronto Venecia será exclusivamente un museo. Y otras ciudades célebres, o una parte de ellas, están destinadas a sufrir la misma suerte.

Las ciudades son poseedoras de un activo muy arraigado, una enorme riqueza que se hunde con ellas, por eso mantenerlas a flote siempre será un imperativo financiero aun cuando las áreas residenciales estén sumergidas. Tokio, Bangkok, incluso Dhaka y Lagos no serán completamente abandonadas. Más bien lo contrario: serán objeto de más proyectos de ingeniería, con enormes inversiones en infraestructuras. Nueva York está planificando el «Big U», un enorme muro costero que debería proteger el barrio financiero de Lower Manhattan, pero que dejaría expuestos a las mareas a quienes viven al norte de la calle 57 Oeste. La ciudad ya está sufriendo inundaciones sistemáticas: en el 2021 vimos a personas nadando por las estaciones del metro inundadas y géiseres en erupción por las tapas de las alcantarillas de las calles. Un hombre describió su salida a nado de una estación inundada de Manhattan tras una tormenta, en el 2005, mientras «a mi lado había un grupo de ratas a la fuga». La situación podría empeorar enormemente: la ciudad de Nueva York corre el peligro de encontrarse a un metro bajo el agua para finales de siglo.[137] Róterdam —que ya está a dos metros bajo el nivel del mar— está proyectando otro imponente sistema de diques, además de casas flotantes. La capital de Maldivas, Malé, es un atolón densamente poblado que se está hundiendo, pero cuenta con diques marinos y otras barreras. Y, por ahora, parecen protegerla.

Sin embargo, como demuestra la leyenda del rey Canuto, la marea siempre gana. Los habitantes más vulnerables de todas estas ciudades condenadas son los más pobres, entre quienes se encuentran los migrantes: los moradores de las barriadas marginales que viven en casas insalubres y las poblaciones rurales que se unen a ellos, desplazándose en manada hacia las ciudades en busca de un lugar seguro cuando se producen eventos meteorológicos extremos. Dicho de otro modo: la gente hoy migra hacia el desastre. Las ciudades disponen de infraestructuras más sólidas, de un mayor número de hospitales y de otros servicios básicos, por lo que a menudo se consideran un refugio. La capital de Bangladés, Dhaka, es una de las ciudades con mayor densidad de población del mundo: alrededor del cuarenta por ciento de sus catorce millones de habitantes vive en asentamientos informales, de los que el 70 % se ha visto obligado a abandonar su hogar en zonas rurales a causa de fenómenos relacionados con el cambio climático, como ciclones o la erosión de las costas y las riberas. Pero Dhaka no es un refugio seguro. Mientras caminaba por el terreno aún empantanado de un poblado de chabolas de la ciudad, algunos residentes me enseñaron el nivel que alcanza el agua —a la altura de los ojos—, que inunda sus hogares y destruye sus pocas pertenencias. Durante estas inundaciones los vecinos se ven obligados a buscar refugio en las calles elevadas (que también se inundan porque no tienen desagües) y a dormir al raso o en tiendas improvisadas. Y la carencia de agua potable y de servicios higiénicos comporta la aparición de enfermedades letales transmitidas por el agua.

Cuando los pobres migran hacia las ciudades, tienden a quedarse estancados, puesto que han usado todos sus recursos para pagarse el traslado. Mientras que la clase media y las personas más ricas pueden permitirse migrar hacia sitios mejores, los más pobres y marginados se quedan atrapados en las ciudades más vulnerables, al no poder sufragarse otro desplazamiento. En el 2018, el Migration Policy Institute llevó a cabo una revisión exhaustiva de todas las evidencias derivadas de la investigación sobre el clima y la migración.[138] El resultado fue que en la mayor parte de los casos las adversidades climáticas reducen la probabilidad de que una comunidad se traslade (al dañar los recursos económicos que les permiten migrar); cuando las personas recurren a la migración como estrategia de supervivencia, casi siempre lo hacen dentro de su propia región.

La solución está en la planificación: ciudades más seguras para los inmigrantes que están por llegar, estrategias de reubicación de los barrios en peligro e instrumentos para facilitar las migraciones internacionales. Los gobiernos pueden contribuir retirando su apoyo a los seguros de la propiedad y rescatando los terrenos. A pesar de todo, en muchos casos las indemnizaciones y las recompras parecen tristemente inadecuadas a los ojos de las familias interesadas. Trasladar a comunidades enteras puede suponer décadas de planificación para garantizar la mejor transición y los medios de subsistencia adecuados.

Un lugar que se está tomando en serio la cuestión del clima es Kiribati, un Estado de atolones coralinos situado en un nivel muy bajo sobre el mar y cruzado por el ecuador, cuya economía depende de la pesca y la palma de coco. En los últimos cinco mil años, estas islas han estado habitadas por oleadas de inmigrantes, desde los primeros austronesios hasta los recientes europeos, que han construido una rica cultura. Ahora toda la población se está preparando para una migración en masa a causa del peligroso aumento del nivel de los mares. En el 2014, el entonces presidente Anote Tong me dijo que el país había llegado «a un punto sin retorno».

Kiribati está abriendo el camino para muchas otras ciudades y países que tendrán que enfrentarse a una realidad de condiciones invivibles. Kiribati ha adquirido un territorio en las islas Fiyi para su población amenazada y está ayudando a sus ciudadanos a encontrar nuevos medios de vida en otros países. Hace unos diez años Tong inauguró su programa «Migrar con dignidad» y así empezó a trasladar paulatinamente a los habitantes de la isla después de encontrarles un empleo en el extranjero, por ejemplo, mandando enfermeros a Nueva Zelanda. Su objetivo, según explicó, era evitar que sus habitantes se convirtieran en refugiados en caso de que fuera necesaria una evacuación humanitaria masiva durante un evento climático extremo, como ha ocurrido en otras islas, como Puerto Rico.

Tong me habló de su «deber y responsabilidad» de preparar a los ciudadanos para que afronten el trauma psicológico —aparte de las cuestiones prácticas— que supone abandonar su tierra ancestral, sus tumbas y su cultura, incluidas la lengua, las canciones y las historias. «Me he propuesto ayudar a que nuestra nación se adapte a lo que está por llegar, lo que significa enfrentarse a riesgos y reforzar nuestra resiliencia cuando nuestras islas ya no sean capaces de sustentar la vida humana», declaró. «Queremos que nuestros jóvenes migren a otros países voluntariamente y con dignidad, por eso estamos invirtiendo en educación y competencias para que estén preparados».

La planificación es fundamental no solo para las nuevas ciudades o las de los inmigrantes extranjeros, sino también para animar a quienes viven en lugares no seguros de un país a que se trasladen a ciudades más seguras del mismo. En Luisiana, por ejemplo, las autoridades se están gastando 48,3 millones de dólares en reubicar a familias que viven en la baja Isle de Jean Charles en terrenos más elevados situados a unos sesenta kilómetros de distancia, en el ámbito del primer proyecto de traslados comunitarios de Estados Unidos financiado a nivel federal y dictado por el cambio climático. Nueva Zelanda ha promulgado una ley específica (Managed Retreat and Climate Adaptation Act) para ayudar a los ciudadanos particulares y a las comunidades a trasladarse; en Canadá, el Climate Migrants and Refugee Project es un proyecto que está mapeando los desplazamientos en el interior de la Columbia Británica y los que se dirigen hacia ella. En Bangladés las agencias gubernamentales están estudiando la posibilidad de crear ciudades a medida de los migrantes en torno a las principales urbes, para así reducir la presión en lugares como Dhaka.

CONSTRUIR CIUDADES RESILIENTES

Mientras que Dhaka, Nueva Orleans y Venecia se convertirán en ciudades cada vez más impracticables, cuyos residentes emigrarán por doquier, muchas otras ciudades serán capaces de lidiar con los cambios venideros y de aprovechar una fuerza laboral de reciente movilidad constituida por los migrantes, ofreciéndoles un nuevo hogar. Dejemos las cosas claras: aunque el impacto en las ciudades por el cambio climático sea relativamente menor, todas tendrán que adaptarse a causa de la transición hacia las emisiones netas cero de gases de efecto invernadero. Las ciudades con ubicaciones ideales atraerán a muchos millones de personas con exigencias complejas, que necesitarán viviendas seguras y sostenibles. Estas ciudades tendrán que ser resilientes desde el punto de vista ambiental y garantizar una rigurosa eficiencia en términos de uso de los recursos, reducción de los residuos al mínimo y eliminación de la peligrosa contaminación atmosférica.

En este siglo el gran riesgo para las ciudades son las condiciones meteorológicas extremas y cualquier paso adelante debe ser adecuado a los riesgos. No tiene sentido que un migrante huya de su tierra natal por la sequía para acabar en una ciudad vulnerable a las inundaciones; sencillamente, sería intercambiar un riesgo climático por otro.

Cada vez serán más frecuentes los episodios extremos de precipitaciones, tanto altas como bajas, y todas las ciudades tendrán que adaptarse para evitar que estos fenómenos se vuelvan catastróficos. En distintas ciudades del mundo, desde Nueva Orleans hasta Londres, para hacer frente a la sequía se han instalado jardines de la lluvia, que capturan y canalizan el agua pluvial hacia cisternas subterráneas o simples depresiones en el terreno, bajo cultivos de juncos y otra vegetación. Está previsto que el máximo incremento de las precipitaciones intensas se produzca en las regiones situadas en latitudes altas, incluidos el norte de Europa y de Asia. El gobierno chino se ha comprometido a lograr que antes del 2030 el 80 % de sus ciudades tenga capacidad de «esponja», con un coste de alrededor de veinte millones de dólares por kilómetro cuadrado. Urbes como Wuhan, por ejemplo, ya se valen de espacios verdes, zonas pantanosas y depósitos subterráneos para absorber el agua pluvial y evitar las inundaciones. Otras construyen canales, amplían el alcantarillado, instalan desagües de flujo rápido y usan pavimentaciones y superficies permeables. Barcelona está reacondicionando kilómetros de carretera para absorber mejor las lluvias y mitigar el calor. Más al norte, la ciudad sueca de Gotemburgo está lidiando con las lluvias con nuevas infraestructuras de gestión de aguas, además de cascadas artificiales y un *Regnlekplatsen*, o «parque de recreo de la lluvia», diseñado para que sea especialmente divertido cuando está mojado, con la posibilidad de que los niños creen piscinas, ríos y presas. Otras ciudades están haciendo frente al aumento del nivel de las aguas con innovadoras infraestructuras flotantes, entre ellas hospitales, viviendas y parterres agrícolas, capaces de elevarse y bajarse con el nivel del agua. En los Países Bajos ya existen varias comunidades flotantes: las casas, a menudo prefabricadas, están ancladas a la orilla, normalmente apoyadas en pilones de acero, y tienen conexión con el sistema de desagüe local y la red eléctrica. Estructuralmente se parecen a las casas construidas en tierra firme, pero, en lugar de un sótano, tienen un casco de cemento que funciona como contrapeso y garantiza la estabilidad en el agua. Las Maldivas también están planificando un complejo flotante frente a la costa de Malé que incluye viviendas a precios asequibles para 20 000 personas, proyectado por el estudio holandés de arquitectura Waterstudio. Las barreras coralinas artificiales situadas bajo cada casa contribuirán a sustentar la vida marina y habrá unidades de aire acondicionado que emplearán agua bombeada del fondo del mar como refrigerante.[139] Las casas seguras contra las inundaciones no tienen por qué ser costosos productos de ingeniería: la arquitecta bangladesí Marina Tabassun ha sido premiada por la creación de unas viviendas destinadas a los refugiados que son prefabricadas, elevadas y de bambú, pero resistentes a tormentas e inundaciones.[140]

El calor es otro grave problema que las ciudades deberán resolver, a ser posible adoptando proyectos «pasivos» que mejoren la sostenibilidad general en lugar de añadir emisiones de carbono. En este siglo la demanda de refrigeración aumentará y se convertirá en una cuestión clave de justicia social, sobre todo durante las olas de calor, cuando la falta de acceso a ambientes frescos resulte ser letal. La climatización ya usa el 20 % de la producción global de energía y está previsto que esta cantidad se triplique para el 2050. Las olas de calor que duraron meses en la primavera del 2022 en India y Pakistán impidieron que cientos de miles de personas pudieran trabajar después de las 10 de la mañana, con interrupciones de corriente que dejaron a la gente sin climatización o refrigeración. Este problema no será exclusivo de los trópicos, donde la demanda ya está creciendo rápidamente, sino también de las zonas templadas actuales a donde se dirigirán grandes cantidades de personas.

El aislamiento de los edificios ayudará a gestionar este problema y también desempeñará un papel importante un uso estratégico del agua, utilizada durante siglos por los arquitectos y los urbanistas como refrigerante. Muchas ciudades están proyectando nuevos canales y estructuras hidráulicas. En la plaza Omonia, en el centro de Atenas, los análisis han demostrado que las temperaturas han disminuido cuatro grados desde que instalaron en el 2020 una fuente de varios chorros. Las zonas verdes en las azoteas y los jardines verticales representan una solución holística al problema del calor, de la pérdida de biodiversidad y de las condiciones climáticas extremas y, pese a que determinada vegetación, como las juncias, crece mejor en los trópicos, usarla en el extremo norte también funciona bien. En Chicago, las azoteas han florecido tras las nuevas leyes e incentivos introducidos en el 2004.[141] Hoy una mitad del Ayuntamiento está cubierta con una zona ajardinada y, aunque en verano las temperaturas de la zona descubierta pueden alcanzar los 77 °C, la parte verde suele mantenerse como la temperatura del aire, a unos treinta y dos grados. Los jardines en las azoteas también capturan las precipitaciones, lo que reduce la escorrentía de las aguas pluviales.

También pintar de blanco los tejados y otras superficies reduce el calor. Un estudio concluyó que un tejado blanco y limpio, que refleja el 80 % de la luz solar, se mantiene alrededor de treinta y un grados más fresco en una tarde de verano y reduce las temperaturas interiores hasta siete grados.[142] Un tejado fresco puede ahorrar hasta el cuarenta por ciento de los costes del aire acondicionado, según los cálculos de unos investigadores. Incluso en India, donde la mayor parte de los tejados es de metal, amianto y cemento y las temperaturas pueden alcanzar los 50 °C, las azoteas encaladas consiguen que en el interior de los edificios se esté hasta cinco grados más fresco. Este instrumento de bajo coste podría producir un efecto refrigerante comparable a la compensación de 24 gigatoneladas de dióxido de carbono —como quitar de las calles 300 millones de vehículos durante veinte años— si se encalaran los tejados de todo el mundo.

A medida que se caliente el planeta, los tejados blancos jugarán un papel fundamental también en las ciudades situadas más al norte y los científicos siguen desarrollando pinturas cada vez más reflectantes. La mejor hasta ahora refleja más del noventa y ocho por ciento de la luz solar. Se trata de un dato significativo, porque cada 1 % de reflectancia de un tejado equivale a 10 W menos de calor solar por metro cuadrado. Entonces, si se usara una pintura ultrablanca para cubrir un tejado de una superficie de 93 m^2, se produciría una potencia de enfriamiento de 10 kW, o sea, una potencia superior a la de los aparatos de aire acondicionado centralizados que se usan en la mayoría de las casas.[143]

Estas ciudades refugio del siglo XXI no solo tendrán que combatir contra condiciones extremas, sino que también deberán mitigar el cambio climático. Los edificios por sí solos son responsables, de media, de más de la mitad de las emisiones de carbono de una ciudad y del 70 % en grades metrópolis como París, Londres y Los Ángeles. En el 2050, el objetivo es que todos los edificios usen únicamente la cantidad de energía que generan;[144] y los alcaldes de 19 ciudades, entre las que se encuentra Londres, han acordado cumplir el propósito en el 2030.[145] Se empieza por el aislamiento para evitar que el calor se filtre por las paredes, los suelos y los techos, además de instalar tejados reflectantes y ventanas que reduzcan la entrada de calor. En el caso de los edificios ya existentes, es un proceso que podría requerir tiempo. El proyecto holandés Energiesprong de reformas integrales de viviendas no es económico, pero envuelve las casas con paneles solares aislantes que encajan igual de bien que las piezas de Lego. Otra opción es el papel de pared térmico, que puede pintarse encima. Descarbonizar completamente significa sustituir (y electrificar) los sistemas de calefacción y refrigeración ineficientes, que son a su vez responsables de más de la mitad del consumo energético de un edificio, además del agua caliente y la iluminación. Se pueden instalar termocompresores bajo parques públicos, plazas, calles, ríos y canales de cualquier centro urbano para calentar y enfriar los edificios. La ciudad de Ithaca, en el estado de Nueva York, ha recaudado 100 millones de dólares mediante un programa de inversión innovador con el objetivo de descarbonizar todos sus edificios para el 2030 y crear nuevos empleos,[146] una iniciativa que otras ciudades podrían imitar.

Proyectar de forma eficiente construcciones nuevas neutras en carbono resulta más fácil y la rápida expansión de los centros urbanos que tendrá lugar durante este siglo brinda una ocasión única para innovar. El edificio Pixel de Melbourne, inaugurado en el 2011, tiene paneles que controlan la cantidad de luz que penetra y ventanas «inteligentes» que durante las noches de verano permiten que salga el calor y filtran la entrada de aire fresco. En el tejado tiene paneles solares y turbinas eólicas que generan energía renovable. También el primer edificio neutro en carbono de Canadá, en Waterloo (Ontario), está dotado de paneles solares y un muro verde de tres pisos para compensar las emisiones de carbono. Los materiales y las instalaciones inteligentes que responden al calor y a la luz se convertirán en un estándar para los edificios, desde el revestimiento externo que da sombra durante las horas más calurosas del día y permite que el sol entre durante las más frías, hasta los suelos que generan electricidad al pisarlos y los sistemas de recirculación de aguas pluviales que contribuyen a minimizar la pérdida de agua.

Las nuevas viviendas para las ciudades en expansión de migrantes probablemente serán prefabricadas y modulares para garantizar la máxima facilidad de construcción y la flexibilidad de utilización y reutilización, sobre todo si hacia finales de siglo las ciudades anteriormente inhabitables vuelven a ser habitables. Estas unidades prefabricadas pueden realizarse con materiales orgánicos, como el bambú, o con maderas blandas de rápido crecimiento, estudiadas especialmente para conferirles la resistencia y durabilidad de los materiales más duros. Construir con madera significa proteger activamente el clima, porque el carbono se queda atrapado en este material, a diferencia del cemento y el acero, que juntos son responsables del 13 % de las emisiones globales. Un estudio ha descubierto que el uso de la madera para construir un rascacielos de 120 m podría reducir las emisiones de carbono del edificio en un 75 %. Además, la madera es más ligera, más rápida y versátil: en todo el mundo, desde Noruega hasta Nueva Zelanda, se construyen rascacielos de madera, hechos con paneles de madera contralaminada (CLT en sus siglas en inglés) pegados con cola resistente al fuego, que es un material robusto como el acero estructural y que resiste mejor a los incendios (el acero puede deformarse e incluso fundirse). La mayor parte de nuestras nuevas viviendas podría estar formada por conjuntos de edificios ligeros de cinco o seis plantas, realizados con madera contralaminada, un material que además permite construir manzanas enteras en pocos días. El gobierno francés ha decretado que todos los edificios públicos nuevos tienen que emplear la madera en un 50 % de su construcción como mínimo. La localidad sueca de Skellefteå tiene colegios, puentes, un rascacielos, hoteles e incluso aparcamientos de madera.

Varias empresas ya producen complejos de viviendas prefabricadas de madera que se entregan en un camión y que se montan rápidamente, como BoKlok, una empresa subsidiaria de IKEA; las casas se entregan equipadas con paneles solares y otras dotaciones para la autosuficiencia energética. Lo bueno de estas viviendas transportadas en camiones es que pueden desplazarse y recolocarse fácilmente donde sea necesario. En el dinámico panorama de la migración masiva, podría resultar muy útil.

Las políticas gubernamentales son fundamentales para guiar esta transición, también a través de la introducción de impuestos sobre las emisiones de carbono y la eliminación de las ayudas para los combustibles fósiles. Actualmente, la construcción es un sector extremamente contaminante; nuestras ciudades necesitarán ser construidas con hormigón de bajas emisiones libre de cemento y con acero producido en hornos de arco eléctrico en lugar de a combustión. Las emisiones también podrían reducirse considerablemente con el uso del Concretene, un hormigón mejorado con grafeno tan resistente que requiere un 30 % menos de material y ninguna armadura de acero.

Las ciudades tendrán que trabajar más para responder a muchas más personas en condiciones menos favorables. El agua tendrá que circular, limpiarse, almacenarse y reutilizarse como ya se hace en las ciudades más áridas. Los edificios tendrán que generar energía, prevenir las pérdidas energéticas, servir de andamiaje para las plantas trepadoras, de hogar para insectos, aves y microorganismos, y proteger a sus habitantes de peligrosas olas de calor y tormentas. Vivir en las ciudades significará vivir en barrios de pisos densos con balcones, jardines colgantes o patios privados y espacios exteriores compartidos. El paisaje urbano incluirá la gestión y el almacenamiento del agua, con lagos y canales artificiales, y espacios para la interacción social. La movilidad se basará principalmente en desplazamientos a pie o pedales, como las bicicletas de carga eléctricas o los bicitaxis. Es un verdadero desafío para las ciudades norteamericanas, que tienden a tener edificios bajos, extenderse mucho por el territorio y depender del uso del automóvil. Pero con cientos de millones de inmigrantes que necesitan nuevas viviendas, esta es una oportunidad para construir comunidades densas que faciliten los desplazamientos. Cuando sea necesario usar vehículos más potentes para trayectos más largos o cargamentos más pesados, tendrán que ser eléctricos y en su mayoría compartidos o de alquiler. El transporte público tendrá que ser barato, frecuente y eléctrico.

Por desgracia, muchas ciudades de la franja tropical no serán capaces de adaptarse porque las condiciones serán demasiado extremas y los fondos para contrarrestar el cambio climático se invertirán mejor en ayudar a los ciudadanos a adaptarse para vivir en el futuro en otros lugares. Según la visión del expresidente Tong, ello significa invertir en educación, para que las personas encuentren trabajo más fácilmente en la ciudad de destino, y negociar la compra o el alquiler de terrenos fuera de las fronteras por parte de los gobiernos.

La formación es especialmente importante en el caso de los migrantes rurales, que corren el peligro de acabar pidiendo limosna por las esquinas o sumidos en la pobreza sin vía de fuga porque carecen de las competencias necesarias para salir adelante trabajando en la ciudad. Bangladés ya ha puesto en marcha programas de reconversión profesional. Mientras la población rural más anciana se está adaptando al clima, por ejemplo, pasando a cultivar variedades de arroz que toleran la salinidad o gambas en lugar de verduras, los más jóvenes acceden a una «adaptación de segundo nivel». Es decir, los jóvenes reciben una formación que les permitirá encontrar un empleo en un contexto urbano, pues el gobierno quiere que sus ciudadanos cuenten con las herramientas necesarias para poder trasladarse e instalarse en las ciudades.

Dentro de poco, las ciudades del norte, con problemas demográficos, competirán por atraer a trabajadores migrantes y las que puedan ofrecer trabajo, formación y alojamiento a precios asequibles serán las aventajadas. Los migrantes que llegan con un título profesional deben poder matricularse en una universidad a precios accesibles para que se le reconozcan sus estudios, pero un ingeniero de Kabul (Afganistán) que trabaja de taxista en Duluth (Estados Unidos) no puede permitirse un alquiler alto mientras estudia a tiempo parcial para que le reconozcan la titulación. Las ciudades de provincias de medianas dimensiones son las primeras que se beneficiarán de la afluencia de inmigrantes porque sus alquileres y universidades son más baratos y a menudo escasea la mano de obra. Aquí es donde se trasladarán muchos migrantes, y habrá ciudades, incluso en el extremo norte, que crecerán de tamaño e importancia a medida que crezca la diversidad de sus poblaciones y sus competencias.[147]

Los migrantes se verán atraídos por empleos en sectores en crecimiento, como la biotecnología y la gestión de datos que, a diferencia por ejemplo de la agricultura y la industria minera, pueden localizarse en ciudades de cualquier lugar. Algunas ciudades recientemente identificadas como posibles «refugios climáticos» ya han vivido una inmigración no planificada a causa de la pandemia de la COVID-19. En el 2020 casi once mil personas se trasladaron a Vermont, lo que supuso un incremento aproximado del 1,5 % de su población, de 624 000 habitantes. Fue un aviso para los escépticos de la migración climática, que decían: «Aquí no hay trabajo, la gente no tiene por qué venir», según palabras de Kate McCarthy, responsable del programa para las comunidades sostenibles del Vermont Natural Resources Council. «Con la pandemia la gente ha entendido dos cosas: que no hay necesidad de venir a buscar trabajo, porque el trabajo se puede llevar con uno; y que no sabemos qué nos deparará el año que viene», añadía.

En el 2019, una coalición de 10 ciudades —entre ellas Los Ángeles, Bristol y Kampala— fundó el Mayors Migration Council, un consejo de los alcaldes para ayudar a las ciudades a reaccionar localmente ante la migración urbana inducida por el clima con estrategias que beneficiaran tanto a las municipalidades como a los recién llegados. Ello significa cosas distintas según las ciudades. En Canadá, el Climate Migrants and Refugee Project está cartografiando los desplazamientos migratorios debidos al clima por el interior de la Columbia Británica y que llegan a ella, con el objetivo de poder proporcionar a las ciudades consejos concretos sobre cómo prepararse para el evento. Para otros centros urbanos, la transformación significa garantizar la igualdad para los migrantes, rediseñando el alojamiento y los sistemas de transporte y asegurando una mayor diversidad de empleos, como en el caso de Bangladés. La ciudad portuaria industrial de Mongla es una de las numerosas ciudades medianas del país que se están preparando para acoger a migrantes rurales, puesto que alrededor de cuatro millones de bangladesís se vieron obligados a huir de sus hogares a causa de eventos climáticos extremos ya solo en el 2020. La migración climática ofrece a ciudades como Mongla una posibilidad de resurgir económicamente y la administración está creando nuevas estructuras educativas, alojamientos y empleos, mientras el gobierno intenta prevenir que se agrave la situación de hacinamiento en los poblados chabolistas de Dhaka.

Anchorage, en Alaska, ha adoptado una nueva serie de políticas migratorias, basadas en reconocer que los migrantes climáticos ofrecen competencias únicas derivadas de la supervivencia a grandes trastornos y estrés de distinto tipo. La mayoría de los migrantes de la ciudad procede de Filipinas y otros países asiáticos, y el 10 % es de México. La mujer del exalcalde de la ciudad,

Mara Kimmel, es una abogada especialista en inmigración y considera que los migrantes tienen una capacidad única de transformación urbana que puede resultar extremadamente provechosa para las ciudades que los acogen. La ciudad fomenta la inclusión creando programas lingüísticos, garantizando una igualdad de acceso a los transportes que unen el lugar de empleo de los migrantes con su hogar, y relacionando las habilidades de los recién llegados con los trabajos disponibles.

«La sostenibilidad de estas ciudades de migrantes ampliadas depende completamente de la velocidad y la eficacia de la integración de las nuevas poblaciones», afirma Neil Adger, docente de Geografía Humana en la Universidad de Exeter, en el Reino Unido, que ha estudiado las ciudades de migrantes de todo el mundo, analizando cómo las personas se sienten dueñas de sus ciudades. Los migrantes que son acogidos a menudo se convierten en ciudadanos orgullosos y leales, que contribuyen a reforzar la sociedad. Un estudio estadounidense del 2019 mostró que los inmigrantes y sus hijos tienen niveles de patriotismo iguales o superiores a los de quienes nacen en el país y más confianza en el gobierno americano. «Los inmigrantes reafirman el patriotismo y la confianza nacional en las instituciones de gobierno americanas», concluían los investigadores.[148] Es un hecho confirmado por innumerables ejemplos, como el del inmigrante francés de origen irlandés Samuel Beckett, a quien le concedieron la Croix de la Guerre por su heroísmo en la Resistencia francesa, el de muchas figuras importantes del Reino Unido —el ex primer ministro Boris Johnson, el actual primer ministro Rishi Sunak, la ex secretaria de Estado del Interior Priti Patel y el alcalde de Londres Sadiq Khan son todos ellos inmigrantes de primera o segunda generación— y el de reformadores sociales como Thomas Paine, el inmigrante americano de origen británico cuyos panfletos inspiraron a los patriotas a declarar la independencia americana en 1776.

Hoy en la población mundial solo una persona de cada siete es un migrante y, de estos, solo el 20 % ha cruzado una frontera internacional. Es una cantidad destinada a dispararse en los próximos decenios a medida que la gente se concentre en las ciudades más vivibles del planeta. Estos ciudadanos dependerán del resto de áreas no pobladas del globo para todo lo demás, ante todo la comida.

CAPÍTULO 10

LA COMIDA

Uno de los mayores desafíos de la migración masiva va a ser alimentar a todo el mundo en sus nuevos hogares. Las Naciones Unidas calculan que para el 2050 tendremos que producir hasta un ochenta por ciento más de alimentos para satisfacer a los dos mil millones de residentes urbanos extra.

Pero, a causa del cambio climático y de la degradación del medioambiente, muchos de los lugares donde hoy se cultiva ya no estarán disponibles. Y como la agricultura es actualmente responsable aproximadamente del quince por ciento de las emisiones globales de carbono y está acelerando la pérdida de biodiversidad, tenemos que modificar radicalmente la forma en que alimentamos al mundo. Tenemos que lograr que el proceso de alimentación sea más eficiente y menos destructivo para el medio ambiente y producir nuestra comida en lugares más idóneos de un planeta más cálido y con una disponibilidad de agua cada vez más escasa. Ello significa adaptar y mejorar la producción alimentaria en el sur del planeta y crear nuevas y mayores fuentes de suministro para quienes migren hacia las ciudades del extremo norte.

El consumo medio de calorías que una persona necesita al día es de 2350. A nivel global, la producción agrícola permitiría que cada habitante del planeta consumiera 5940 kcal diarias. Sin embargo, desperdiciamos mucho: nada menos que el 35 % de los alimentos. Además, un tercio de las cosechas que producimos se destina a alimentar a los animales, lo que representa un uso muy ineficiente de la tierra y de las calorías. El resto, lo que realmente comemos los seres humanos, suma 2530 kcal por persona: se trata de una cantidad más que suficiente para las necesidades nutricionales de todos, pero evidentemente estas calorías no se distribuyen uniformemente y muchas personas no pueden permitirse seguir una dieta sana (o no quieren). A nivel global, hay enormes disparidades en la producción agrícola y en el acceso a la alimentación. América del Norte produce ocho veces más calorías de las que necesita su población; el África subsahariana, 1,5 aproximadamente. En el mundo, unos ochocientos cincuenta millones de personas sufren hambre, un número en constante aumento, mientras más del doble sufre obesidad o tiene sobrepeso.

Hoy los seres humanos aprovechamos más de un cuarto de la productividad biológica total de los suelos, con la perspectiva de llegar al 50 % en unas décadas. La ganadería emplea más del ochenta por ciento de los terrenos agrícolas del planeta y un tercio del agua total extraída. Es una situación devastadora para la naturaleza: el 96 % (en peso) de los mamíferos de la Tierra está formado por seres humanos o su ganado; solo el 3 % lo conforman los animales salvajes. En los últimos veinticinco años hemos asistido a un descenso de las poblaciones de aves e insectos voladores, casi exclusivamente atribuible a la agricultura, y los bosques pluviales se deforestan a una velocidad de 12 hectáreas por minuto.

Los peces, el último animal salvaje que cazamos en grandes cantidades, también se ven sujetos a enormes presiones. Globalmente, el 90 % de las reservas pesqueras está total o excesivamente explotado, con vastas áreas de lecho marino que parecen desiertos después del paso de flotas de arrastre, subvencionadas por los gobiernos, que arrasan con todo tipo de vida marina. Los pescadores artesanales, muchos de los cuales practican una pesca sostenible, se ven cada vez más penalizados por estas grandes operaciones de pesca industrial. A nivel global, cada año extraemos 80 millones de toneladas de pescado de los océanos y otros 80 millones de toneladas procedentes de las piscifactorías. A la velocidad a la que estamos agotando las reservas, en pocos decenios ya no podremos comer pescado salvaje. Por desgracia, la forma en que criamos los peces también es extremamente insostenible. A los peces los atiborramos de antibióticos y los alimentamos con enormes cantidades de pescado salvaje, maíz y soja.

Esta relación desequilibrada e insostenible entre nuestro ambiente y la producción de comida es la culminación de un proceso que nació con la invención de la agricultura, hace unos diez mil años, y que hizo posible la subsistencia de la vasta población del actual Antropoceno. En los treinta años transcurridos entre 1820 y 1850, cuando la población mundial superó los mil millones de habitantes, se calcula que en América, África y Asia se destinaron a la agricultura 600 000 km^2 de terrenos, una superficie equivalente al continente europeo. Entre 1850 y el 2000, la población humana se quintuplicó, gracias a la denominada «revolución verde», que introdujo variantes de trigo y arroz de alto rendimiento, fertilizantes químicos, bombas en los sistemas riego y otras técnicas agrícolas modernas.

Hoy son suficientes trece años para añadir mil millones de personas en el mundo. Nuestro triunfo sobre la naturaleza parecería definitivo. Sin embargo, hemos sacado el planeta del Holoceno, que respaldó el desarrollo de la agricultura por parte de la especie humana, para abocarlo a una nueva era más cálida con recursos hídricos limitados, un clima imprevisible, una población mucho más numerosa y con los mejores terrenos ya ocupados. Incluso con la ayuda de las modernas tecnologías agrícolas, los recursos del planeta no consiguen alimentar a todo el mundo. La capacidad de carga actual de la Tierra es de nueve mil millones de personas aproximadamente, pero algunos científicos advierten de que, en un mundo con 4 °C más de temperatura, el límite podría ser de mil millones escasos a causa de los efectos climáticos en los cultivos, las reservas de agua, los fenómenos meteorológicos extremos, el aumento del nivel de los mares y la acidificación de los océanos.

Es un aviso serio y significa que tenemos que cambiar radicalmente la forma en que nos nutrimos.

Hoy el 80 % de la tierra libre de hielo del planeta se usa para producir nuestros alimentos. De las 300 000 especies de plantas comestibles, 17 constituyen el 90 % de nuestra dieta. Se trata, en su mayoría, de monocultivos de cereales que se producen agotando los mantos acuíferos, empobreciendo los terrenos, exterminando a los polinizadores y otros insectos, y contaminando los cursos de agua. Además, nuestra principal actividad de producción de comida comporta un tratamiento inhumano de los animales y, en general, las labores agrícolas se desarrollan en contextos de pobreza y desesperación social que a veces llevan a los campesinos a quitarse la vida.

Pero todos estos problemas no son nada en comparación con las repercusiones del cambio climático en las próximas décadas en las áreas de la actual producción alimentaria. Según un estudio reciente, el cambio climático ya lleva decenios frenando la agricultura:[149] en los últimos sesenta años el mundo ha perdido el 21 % del crecimiento de la producción alimentaria, equivalente a siete años de crecimiento de la productividad.[150] La porción del planeta afectada por la sequía se ha duplicado con creces en los últimos cuarenta años, el fenómeno natural que ha perjudicado a más personas, en su mayoría agricultores. A nivel global, actualmente la sequía afecta gravemente a la producción agrícola de todos los continentes, incluido el 80 % de los terrenos cultivados de Estados Unidos. Hasta ahora se ha intentado mitigar el problema bombeando agua de los acuíferos, principalmente, aunque se están quedando secos. Y este hecho tiene una enorme repercusión. En los últimos decenios India ha ampliado notablemente el riego de sus cultivos, en gran parte mediante el bombeo de aguas subterráneas, lo que ha conllevado alteraciones climáticas en regiones enteras del planeta porque el agua se evapora y cae en otras partes. Hoy alrededor del cuarenta por ciento de las lluvias de África oriental se atribuye a la insostenible extracción de aguas subterráneas por parte de India, un regalo que ha permitido que los agricultores etíopes amplíen la producción de cultivos hacia nuevas zonas. Cuando en los próximos de cinco a veinte años los mantos acuíferos indios se sequen por completo, las consecuencias catastróficas las advertirán también los agricultores de África oriental.

Según un análisis del 2021, un tercio de la producción alimentaria mundial está amenazada por el cambio climático previsto para este siglo.[151] Con un aumento de la temperatura de 2 °C, 189 millones de personas más pasarán hambre; con un aumento de 4 °C, el efecto será diez veces peor, con 1800 millones de personas hambrientas. Según otro estudio, por cada grado adicional se producirán unas pérdidas del 10 % de las cosechas de maíz únicamente en Estados Unidos, además del descenso del rendimiento global de trigo, soja y arroz.[152] Para algunos investigadores, se trata de una gran estimación a la baja, porque el aumento de los ataques de parásitos e insectos podría hacer que las pérdidas llegaran al 25 % por cada grado. En el 2020, alrededor del veinte por ciento del territorio mundial sufrió una plaga de langostas, que afectó a 25 países del Cuerno de África, de la península arábiga y del subcontinente indio, una región enorme en la que 24 millones de personas se hallan en condiciones de inseguridad alimentaria y donde hay ocho millones de desplazados internos.

El bufé oceánico también sufrirá un revés. Las olas de calor marino ya están alterando los ecosistemas, llevado a los peces tropicales hacia bosques de algas de aguas templadas y destruyendo las zonas de reproducción de los peces coralinos. Con un incremento de la temperatura global de 4 °C, la frecuencia de estas olas de calor se multiplicará por cuarenta, durarán de media un tercio del año y abarcarán una superficie 21 veces mayor que la actual. Un estudio prevé que en un mundo 4 °C más cálido muchas ecorregiones marinas tropicales se convertirán en zonas muertas porque la temperatura de los océanos superará el umbral de tolerancia térmica de todas las especies.[153] El océano Ártico, altamente productivo, será una de las regiones más afectadas y más precozmente, ya que el 90 % de sus aguas se volverán demasiado ácidas para sustentar organismos que construyen conchas, incluidos los corales y muchas especies de fitoplancton, que se encuentran en la base de la cadena alimentaria marina. Si a ello le añadimos las otras consecuencias de unos mares más cálidos y ricos en carbono, como las invasiones de medusas y de algas tóxicas, la situación se agrava: los océanos serán incapaces de absorber el carbono de la atmósfera y se perderá el intercambio esencial de las capas superficiales y profundas de las aguas, que permite la circulación de los nutrientes y almacena el carbono. La biodiversidad de los océanos desaparecerá y con ella nuestra pesca.

Necesitamos un gran cambio en los hábitos alimenticios

Vistas las limitaciones sobre la tierra, la comida y la población que se producirán en el próximo siglo, tenemos que reducir drásticamente los desperdicios: bastaría con reducirlos a la mitad para añadir el 20 % de alimentos a la disponibilidad mundial. En el sur del mundo puede llevarse a cabo invirtiendo en infraestructuras, como mejores carreteras para reducir la duración de los desplazamientos y tecnologías más eficientes, almacenes refrigerados y contenedores sellados y secos. Nunca me olvidaré de lo angustiante y absurdo que resultó, cuando estuve en Uganda, ver en el norte del país, azotado por la sequía, a habitantes de aldeas desnutridos y hambrientos mientras la fruta y la verdura no recogidas se pudrían por el sur, únicamente por la ausencia de carreteras decentes que comunicaran rápidamente las dos zonas del país. Los agricultores del sur no querían arriesgarse a pagar el transporte de productos que acabarían pudriéndose antes de llegar al mercado. Y, mientras, la USAID (Agencia de Estados Unidos para el Desarrollo Internacional) enviaba paquetes de ayuda alimentaria a los habitantes de las aldeas del norte, al borde de la hambruna.

Hay soluciones. Algunos investigadores están desarrollando un método que, usando energías renovables, permite comprimir el aire en un líquido para usarlo en las unidades refrigerantes (y de aire acondicionado) a precios asequibles, lo que reduciría el desperdicio de alimentos perecederos. Muchos agricultores no disponen de graneros donde mantener las cosechas secas, por lo que crecen mohos tóxicos en los cereales húmedos. Construir varios millones de graneros, 300 almacenes medianos y 100 depósitos grandes agrícolas costaría alrededor de cuatro mil millones de dólares, según una estimación, pero rebajaría las pérdidas alimentarias del África subsahariana en un 40 %.

En el mundo rico necesitamos un cambio de mentalidad que nos lleve a comprar solo lo que vamos a ingerir. Parte del problema es que la comida se ha vuelto tan barata que ya no le damos valor. Dinamarca consiguió reducir los desperdicios alimentarios en un 25 % en cinco años, entre el 2010 y el 2015, gracias a una serie de iniciativas concertadas como campañas informativas, aplicación de descuentos en los alimentos perecederos, modificación de los sistemas de fechas de caducidad y fomento de la costumbre de llevarse a casa las sobras del restaurante. La nación ahora aspira a una ulterior reducción del 25 % para el 2030.

En lugar de mandar los desperdicios alimentarios a los vertederos o al compostaje, una alternativa mejor sería usarlos para alimentar a los insectos, como las larvas de mosca, que luego pueden servir como alimento en las piscifactorías o, mejor aún, para nosotros. Las larvas de mosca están compuestas en un 40 % por proteínas y en un 30 % por grasas, así que son ideales para usar en lugar de otros productos de origen animal en alimentos procesados como las hamburguesas, las tartas o los helados.

Con la disponibilidad de terrenos agrícolas cada vez más limitada, el cambio más eficaz que podremos hacer es, con diferencia, adoptar una dieta basada en el consumo de vegetales en la que la carne y los lácteos sean un lujo que concederse de vez en cuando. De esta forma se liberará inmediatamente el 75 % de los actuales terrenos agrícolas destinados a la ganadería y se cortarán las emisiones de carbono y la contaminación por nitrógeno. En los países ricos, la agricultura es la industria más contaminante, más que las compañías petrolíferas: representa el 0,7 % del PIB, pero el 11 % de las emisiones de carbono. Si sustituimos incluso parcialmente la carne de nuestras dietas, podríamos eliminar el 70 % de las emisiones de gas de efecto invernadero asociadas a la producción alimentaria. Un modo de acelerar este proceso podría ser aplicando a la carne un impuesto sobre las emisiones de carbono, como ya pasa con el carbón. No es necesario dejar de comer carne completamente —el ganado seguirá siendo una pieza clave en la agricultura—, pero los animales de granja tendrán que ser mucho menos numerosos, alimentados en pastos al aire libre o añadiendo algas a su dieta para reducir las emanaciones de metano a través de los eructos. Alimentos como el pescado salvaje o productos de origen animal como los lácteos tendrán un precio basado en su disponibilidad e impacto medioambiental, de forma que en la mayoría de los lugares y para la mayoría de las personas se consuman ocasionalmente, como el caviar o la carne de caza en la actualidad. En cualquier caso, no dispondremos de las áreas de pastos ni de los recursos para mantener una cantidad de cabezas de ganado ni remotamente parecida a la actual.

De todos modos, eso no será un problema ni una privación, porque nuestras necesidades nutricionales pueden satisfacerse por completo y fácilmente incluso sin productos animales y nuestros paladares pueden dulcificarse con todo un abanico de alternativas, todas ellas con un coste ambiental muy inferior.

Algunas señales ya nos hablan de esta transición. Existen numerosos sustitutos de la carne, en concreto entre los alimentos procesados, a base de proteínas vegetales y fúngicas, como las nueces, la soja y los guisantes. Aunque la soja requiere una estación vegetativa más larga y cálida y le cuesta crecer en regiones septentrionales, en un par de decenios podrá cultivarse en la mayor parte de Europa del norte y Canadá, por ejemplo, con las nuevas condiciones climáticas. Los guisantes, en cambio, toleran ya temperaturas de hasta -2 °C, por lo que el incremento del cultivo de estos sustitutos de la carne no debería verse limitado por nuestra migración hacia el norte. Existe, además, una amplia variedad de productos lácteos de origen vegetal que está creando problemas en el mercado global del ganado, valorado en 1,2 billones de dólares al año pero que recibe 100 000 millones de dólares anuales en subvenciones para la producción de carne y lácteos. Cuando se cierre el grifo de esas ayudas, se producirá un *boom* de inversiones en las alternativas. Pat Brown, consejero delegado de Impossible Foods, apunta ambiciosamente al 2035 como la fecha del final de la industria cárnica y de la pesca de altura. Si ello no se produjera, para el 2050 necesitaríamos 600 millones de hectáreas más de terrenos de cultivo y pasto para poder seguir consumiendo carne y lácteos, un área más grande que la Unión Europea, según los cálculos del World Resources Institute. En otras palabras: no hay alternativa.

Los productores están empezando a usar la biotecnología para crear carne sintética que sangra como la ternera: la Impossible Burger está hecha a partir de una proteína de la soja con una levadura modificada genéticamente a partir de la cual se obtiene la leghemoglobina, una molécula que transporta el hierro igual que la hemoglobina y que le confiere a la hamburguesa el aspecto sanguinolento. Sin embargo, lo que más apreciamos de la carne es el sabor y el aroma de la reacción química de Maillard, es decir, la fusión de los azúcares y los aminoácidos que tiene lugar cuando se dora un alimento durante su preparación. Ahora esta reacción puede ser replicada de forma convincente con moléculas vegetales. Para quienes no quieren renunciar a los filetes, la próxima generación de carnes cultivadas en laboratorio llegará a las grandes cadenas de supermercados quizá hacia finales de esta década, gracias a las ingentes inversiones en este nuevo sector industrial, que solo en el 2020 se han sextuplicado.[154] La carne sintética se genera a partir de células de tejido muscular y graso que se multiplican, cultivadas en cadenas que luego se superponen, se comprimen y se relajan en un medio de cultivo hasta que se forma el filete. La ventaja es que los laboratorios pueden estar situados en cualquier lugar del mundo y la industria biotecnológica creará muchos empleos para los migrantes en muchas ciudades nuevas. Los inversores, entre los que se encuentra el cofundador de Google Sergey Brin, apuestan por la construcción de gigantescos biorreactores para producir una gama económica de los filetes más difundidos, a una fracción del coste ecológico de la carne de verdad. Alrededor del ochenta por ciento de los habitantes del Reino Unido y Estados Unidos se muestra dispuesto a comer carne producida en una fábrica y no en los campos, según un estudio del 2021, y los investigadores creen que probablemente la carne cultivada será ampliamente aceptada por los consumidores en general.[155] De todos modos, la carne sintética será un producto de lujo, a causa de los elevados costes energéticos que comporta.

Estados Unidos podría alcanzar el pico de producción de la carne ya en el 2025 y, según un reciente informe de algunos investigadores del Boston Consulting Group, en quince años el ascenso de la carne sintética causará la quiebra de la industria cárnica bovina nacional, al tiempo que eliminará la necesidad de cultivar soja y maíz para los piensos. Para el 2035, según otro informe, una superficie equivalente a un cuarto de las dimensiones de los Estados Unidos continentales «quedará a disposición para otros usos» tras el desplome de la ganadería.[156] En un mundo más cálido, en el que muchas regiones ya no podrán ser cultivadas, este tipo de racionalizaciones serán básicas para alimentar a nuestra población en aumento.

La piscicultura seguirá siendo importante en las próximas décadas, pero los métodos actuales, extremadamente problemáticos, tendrán que renovarse. Las granjas de cría de salmones al aire libre consumen mucho pescado salvaje como pienso, producen muchos desechos, sufren enormes plagas de parásitos y muchos peces huyen, por lo que se contaminan los ecosistemas naturales. Actualmente en el Atlántico viven más salmones de piscifactoría que salvajes. La cría en tierra podría resolver estos problemas, empleando un sistema de recirculación del agua de acuicultura, con agua a temperatura controlada bombeada dentro y fuera de los tanques y pienso a base de insectos. Estos nuevos sistemas, que están en fase de construcción en las ciudades americanas de Belfast y Bucksport (Maine), podrían contribuir a revitalizar algunas ciudades del norte que se expandirán con la llegada de los migrantes. Las piscifactorías terrestres pueden alojarse en edificios de varias plantas casi en cualquier sitio y los costes energéticos relativamente elevados del sistema se pueden cubrir con las energías renovables. Este tipo de pescado de granja será costoso, pero, como ya hemos visto, en las próximas décadas el pescado y los productos animales se consumirán ocasionalmente en lugar de formar parte de nuestra dieta cotidiana como hoy.

La carne con menor impacto ambiental es la procedente de los insectos, que actualmente consumen 2000 millones de personas en 130 países. Si el lector ha comido algo que contiene carmín, un colorante alimentario rojo presente en salchichas, postres, yogur y zumos de frutas, es probable que haya comido cochinilla. Estos insectos se crían en los cactus de Perú, un sector industrial valorado en 38 millones de dólares al año que mantiene a más de treinta dos mil agricultores. La cría de insectos tiene un enorme potencial en la producción de piensos sostenibles para los animales y como complemento para la dieta humana, y genera subproductos que pueden usarse como fertilizantes y material para fines médicos. Los insectos se pueden criar en grandes cantidades sin necesidad de disponer de demasiado terreno, agua o pienso: en realidad, se pueden nutrir con nuestros desperdicios, incluidas las aguas residuales, en un perfecto ejemplo de economía circular.

Pensemos que el animal de explotación ganadera medio convierte en carne o productos lácteos solo el 10 % de las calorías que ingiere y solo el 25 % de las proteínas. En cambio, para producir la misma cantidad de proteínas, los grillos o las moscas soldado negras necesitan una cantidad de pienso seis veces inferior a la de los bovinos, cuatro veces inferior a la de los ovinos y la mitad que la de cerdos y pollos de engorde. Los insectos producen masa corporal a un ritmo sorprendente, en parte debido a que son animales de sangre fría y, por lo tanto, no gastan energía en la regulación de la temperatura. En concreto, la cría de insectos tiene un enorme potencial para la alimentación de los peces de piscifactoría, pues constituyen un producto de calidad superior y rico en proteínas que sustituye a las actuales, insostenibles, proteínas procedentes de los peces salvajes. Además, los insectos son un alimento para el ganado mucho más eficiente que los cereales: se necesita alrededor de una hectárea de terreno para producir una tonelada de soja al año; la misma parcela podría producir hasta ciento cincuenta toneladas de proteínas de insecto. En los últimos cinco años este sector industrial ha atraído a importantes inversores, que esperan desestabilizar el mercado global de los piensos para animales, valorado en 400 000 millones de dólares.

A medida que las poblaciones migrantes se concentren en las ciudades del norte, los insectos representarán la cría animal más versátil y apropiada. Las larvas de mosca soldado negra podrían criarse en edificios de varios pisos o sótanos situados fuera de las áreas urbanas, donde se pueda sacar partido a los vertederos municipales. Todo el insecto es comestible y la harina que se saca de él es un superalimento, con un alto contenido de proteínas y grasas esenciales, y rico en micronutrientes como hierro y vitaminas. Hacia la mitad del siglo, esta será la fuente principal de proteínas y grasas para los 9000 millones de habitantes del planeta.

A lo largo de la próxima década, la mayor parte de la gente se pasará a una dieta de base vegetal y lo hará sin esfuerzo o por una elección responsable, siempre que se les oriente correctamente. Un estudio demostró que, si en los restaurantes los menús son un 75 % vegetarianos, los clientes carnívoros tienden a pedir este tipo de platos. Yo no soy vegetariana, pero como principalmente alimentos de origen vegetal, uso aceite y sustitutos vegetales de la mantequilla y me preparo las gachas con leche de avena. Las principales ocasiones en que consumo carne o lácteos son cuando como fuera y elijo algo de la carta que yo no cocinaría: es un capricho que me concedo. La cuestión es que no he tenido que tomar ninguna decisión crucial para seguir una dieta principalmente vegetal. Y el lector tampoco tendrá que hacerlo.

La mayor parte de nuestras dietas será a base de plantas, hongos y algas, porque es la forma más eficiente de producir alimentos para 9000 millones de personas. Con los terrenos agrícolas bajo presión a causa de la sequía, el aumento del nivel de los mares, las condiciones climáticas extremas y las temperaturas demasiado elevadas para que los jornaleros labren las tierras, tendremos que adaptarnos a pasar de la producción alimentaria del Holoceno a la del Antropoceno. Por ejemplo, tenemos que procurarnos nuevas fuentes de alimentos de los océanos. Y con ello no me refiero a la sobreexplotación de las reservas ya agotadas: los mejillones, por ejemplo, se pueden cultivar frente a las ciudades costeras, contribuyendo a la limpieza del agua. Y las algas y las plantas marinas fotosintéticas son algunos de los alimentos más sostenibles que tenemos a nuestra disposición y están destinados a producirse en gran cantidad.

Las fanerógamas marinas, que son las únicas plantas de flor que crecen en los océanos, tienen semillas comestibles que las poblaciones indígenas llevan siglos ingiriendo, pero que los chefs europeos no han descubierto hasta hace poco. El grano es muy nutritivo, sin gluten, rico en ácidos grasos omega-6 y omega-9, contiene el doble de proteínas que el arroz y crece sin agua dulce o fertilizantes. El cultivo de este «arroz marino» podría expandir la agricultura en lugares donde el aumento del nivel de los mares ha hecho que seguir con los cultivos tradicionales sea imposible, como Bangladés: las semillas de algunas fanerógamas marinas del Sudeste Asiático son tan grandes como las nueces. Además, estas plantas tienen más ventajas, pues previenen la erosión de la costa, que es un importante hábitat de la biodiversidad marina, y atrapan el carbono: lo almacenan hasta treinta y cinco veces más rápido que los bosques pluviales tropicales y absorben anualmente el 10 % del carbono de los océanos, pese a cubrir únicamente el 0,2 % del lecho marino.

Las algas, ya sean las recolectadas de los océanos o las microalgas (llamadas también fitoplancton) como la espirulina que se cultivan en tanques industriales, son altamente nutritivas y contienen el doble de proteínas que la carne. Crecen extremadamente rápido y absorben anhídrido carbónico, pero, a diferencia de otros alimentos cultivados, no ocupan terrenos valiosos. Desde California hasta el Reino Unido ya se cuentan plantaciones de bosques de algas marinas para uso alimentario y para la producción de biocarburantes, en parte gestionadas por drones submarinos. Si se expandieran por las costas septentrionales, se proporcionaría una nueva actividad industrial para los migrantes, así como un alimento muy valioso. Los tanques de cultivo de las microalgas se pueden colocar prácticamente en cualquier lugar del planeta, incluso en los desiertos o el subsuelo, y las algas posteriormente pueden secarse y añadirse a todo tipo de alimentos, desde el pan hasta los batidos. También pueden emplearse para combatir la desnutrición o alimentar a los animales, incluidos los peces de cría. En los tanques también pueden cultivarse bacterias especialmente ideadas para producir proteínas y grasas idénticas a las de la carne, de forma eficiente, con un impacto mínimo y usando pocos recursos. Algunas de estas bacterias oxidantes de hidrógeno incluso han sido proyectadas para extraer el agua y el dióxido de carbono que necesitan del aire (sin tener que recurrir al sol para la fotosíntesis).

Tenemos que superar la técnica holocénica de talar un bosque para crear terrenos agrícolas, esparcir semillas y dejar que el sol y la lluvia se ocupen de casi todo el resto. El cultivo de alfombras de algas, que crecen en la superficie de estanques y lagos, y los cultivos en plataformas flotantes y pantanos contribuirán a alimentar las ciudades. Las ciudades también tendrán que contribuir más en la producción de la comida, a través de huertos en las azoteas y granjas verticales, que tienen la ventaja añadida de que refrescan y limpian el aire. Incluso los desiertos también pueden aportar su granito de arena, con invernaderos cerrados y autosuficientes donde el aire y el agua circulan en un circuito cerrado, alimentado con energía solar. Estos sistemas ya se usan en sitios como Australia y Jordania y podrían contribuir a alimentar a las comunidades que se hallan en zonas habitables, como China septentrional, que de lo contrario tendrían que emigrar a causa de la desertificación de sus tierras. Con nuevos materiales, como el grafeno, y unas técnicas de desalinización más eficientes, se puede optimizar una agricultura de circuito cerrado alimentada con energía solar.

Gran parte de nuestra agricultura tendrá que desarrollarse en latitudes más altas, en lugares como Canadá o Patagonia, porque en los trópicos hará demasiado calor para los trabajadores agrícolas. La mayor parte de los terrenos polares tiene suelos finos y rocosos, con escasas posibilidades de producir cosechas abundantes; sin embargo, según un estudio, en un mundo con 4 °C más de temperatura, tres cuartas partes de la actual región boreal serían aptas para las labores agrícolas.[157] Así, la agricultura se desplazaría hacia el Canadá ártico, Alaska, Siberia y Escandinavia, con áreas cultivables situadas incluso 1200 km más al norte que los actuales terrenos, lo que generaría 15 millones de kilómetros cuadrados de extensiones cultivables (una superficie equivalente a Estados Unidos y la Unión Europea juntos). Destruir el bosque boreal existente y arar el permafrost y la tundra para plantar cereales distaría de ser ideal. En lugar de eso, la mayor parte de la agricultura del extremo norte podría concentrarse en las praderas occidentales canadienses y en la expansión de las áreas agrícolas ya presentes en los países nórdicos y en Rusia, sobre todo en las zonas más templadas próximas al océano Ártico.

Todo esto podría transformar la geopolítica global. Muchos de los mayores productores agrícolas actuales, como Estados Unidos y Brasil, verán reducir notablemente su productividad, mientras que Rusia, que ya es el mayor exportador de trigo del mundo, verá cómo crece su predominio agrícola a medida que el clima mejora.

No obstante, desplazar la agricultura hacia el norte significa lidiar con luz solar menos intensa, sobre todo en invierno. Y como se trata de los mismos lugares a donde muchas personas migrarán, significa que los cultivos se disputarán terrenos y recursos hídricos con las ciudades. De todos modos, numerosos estudios han demostrado que las plantas también crecen bien con luz artificial LED, siempre y cuando tenga la frecuencia correcta requerida para la fotosíntesis. Así, podríamos cultivar productos como hortalizas en invierno, si fuera necesario, con la técnica hidropónica y en espacios reducidos —en grandes almacenes de varios niveles o incluso bajo tierra con iluminación alimentada por energía renovable—, lo que dejaría los terrenos libres para otros usos. Los sistemas industriales en espacios cerrados que usan microbios genéticamente modificados y materias primas químicas contribuirán a suministrar proteínas, grasas y otros nutrientes fundamentales para nuestra población cada vez mayor, mientras que los productos tradicionales cultivados en terrenos agrícolas aportarán más sabor y textura.

En áreas del mundo como India o Tailandia, donde las peligrosas temperaturas de bulbo húmedo acabarán por hacer imposible la vida y el trabajo de los agricultores, el cultivo podría seguir siendo viable (donde haya un suministro de agua suficiente) con campesinos robóticos controlados a distancia, drones para la distribución de las semillas y maquinaria guiada por inteligencia artificial para la recogida, la conservación y la transformación. En Colorado (Estados Unidos) ya están experimentando las prácticas ganaderas con drones.[158] En las partes del mundo donde las economías se basan en su mayoría en el sector agrícola, la idea de que los campesinos no podrán seguir trabajando ellos mismos la tierra es una tragedia: la vida y el sustento de miles de millones de personas —su sentido de identidad— están vinculados a la tierra. Y las implicaciones para el abastecimiento alimentario son aterradoras. Mientras seguimos calentando el planeta con nuestras emisiones de carbono en constante aumento, la necesidad de planificar adecuadamente la migración de las personas y la producción alimentaria es más apremiante que nunca. Esto significa que, en los lugares donde se puede cultivar, la eficiencia es fundamental: cada hectárea es importante.

La agricultura moderna, pese a sus defectos, ha mejorado drásticamente los rendimientos: si usáramos los métodos de hace sesenta años, necesitaríamos una superficie cultivada 2,5 veces superior para producir el mismo volumen global de alimentos. La producción alimentaria de este siglo tiene que ser más intensiva e industrial, pero sin un uso excesivo de fertilizantes y agua. Es necesario cerrar la brecha de rendimiento, que en el África subsahariana puede llegar al 81 %: los cultivos de maíz de Ghana tienen un rendimiento potencial de ocho toneladas por hectárea, pero el rendimiento efectivo es tan solo de 1,5 toneladas por hectárea. Incluso en Estados Unidos la brecha de rendimiento puede alcanzar el 40-50 %. Hasta hoy la mayor parte de los intentos por cerrar la brecha se ha concentrado en un uso aún mayor del agua, fertilizantes químicos, pesticidas y fungicidas en los monocultivos. Y, aunque es importante en lugares donde los fertilizantes son infrautilizados, como el África subsahariana, su uso excesivo es muy nocivo para los ecosistemas y los beneficios en términos de rendimiento no duran mucho antes de que los suelos se agoten. Ello se debe, en parte, a que el suelo está lleno de microorganismos que mejoran el crecimiento vegetal en infinitas y sorprendentes formas; por ejemplo, permiten que las plantas se comuniquen entre sí y reciban los nutrientes necesarios en el momento idóneo. El arado intensivo y el uso de sustancias químicas antimicrobianas destruyen este valioso ecosistema del suelo y acaban por reducir la productividad.

Así pues, la agricultura tendrá que ser intensiva, pero inteligente. Por ejemplo, el pretratamiento de las semillas con determinados microbios antes de plantarlas puede contribuir a incrementar el rendimiento, sobre todo en condiciones de sequía. Los científicos también están desarrollando nuevos cultivos, como los cereales perennes, que no hay que extirpar de los campos y luego volver a sembrar cada año, lo que contribuye a mantener intacto el suelo, proteger la fertilidad y reducir las emisiones de carbono. Además, plantar flores silvestres junto a los cultivos, como tréboles, es beneficioso para la salud de los insectos polinizadores y, por lo tanto, para la productividad del cultivo.

Cultivar en este nuevo mundo más cálido significará seleccionar variedades resistentes al calor, a la sequía y a la salinidad, a través de la modificación genética y la hibridación. Crear cultivos con raíces capaces de fijar el nitrógeno, como hacen las leguminosas, por ejemplo, significaría reducir mucho el uso de fertilizantes. La investigación genética ayudará a producir alimentos con menores emisiones de gases de efecto invernadero y un menor uso del agua. Un día hasta podría conseguir que los agricultores tuvieran arroz y cereales capaces de realizar la fotosíntesis de forma mucho más eficiente y así poder cultivar más en un mismo terreno. Si los científicos lograran crear versiones de nuestras principales variedades de cereales con una fotosíntesis tan eficiente como la del maíz y la caña de azúcar, podríamos aumentar muchísimo la producción alimentaria. Han sido necesarios años de estudio, tentativas y errores para generar los cultivos del Holoceno en los que confiamos hoy. Ahora tenemos que crear nuevas variedades de plantas agrícolas para nuestro caluroso planeta que nos permitan alimentar a miles de millones de personas y solo disponemos de unos pocos decenios para lograrlo.

Los cultivos resistentes al calor y a la sequía, como algunas variedades de yuca y mijo, sustituirán a muchos de los actuales alimentos básicos de nuestra dieta, como el arroz y el trigo no modificados. Con niveles superiores de dióxido de carbono, crecerán más rápidamente y necesitarán menos agua. Tendremos que diversificar las cosechas y emplear las rotaciones para conservar la fertilidad del suelo. Tendremos que destinar muchos más recursos a la investigación y a los métodos de conservación de las distintas variedades de cosechas: una pandemia de enfermedades agrarias podría ser tan devastadora para los seres humanos como la COVID-19. Habrá que seleccionar los cultivos según las limitaciones ambientales a las que nos enfrentamos, poniendo fin a anomalías como cultivar plantas que requieren mucho riego, como el algodón, en terrenos pobres de agua.

El arroz es un ejemplo ilustrativo. Los arrozales actualmente son responsables aproximadamente del seis por ciento de las emisiones de gas de efecto invernadero de la cadena alimentaria —más del doble que ningún otro cereal—, porque los terrenos inundados liberan mucho metano. Este es unas treinta veces más potente que el dióxido de carbono como gas de efecto invernadero. Según las actuales previsiones de crecimiento demográfico, las emisiones derivadas del cultivo del arroz podrían aumentar un 30 % o más en los próximos veinte años. Sin embargo, existe una variedad de arroz que podría cultivarse sin inundar los campos, con un proceso denominado SICA (sistema intensivo de cultivo arrocero). Este método emplea menos semillas y menos fertilizantes y requiere menos agua. En un estudio trienal con 50 000 agricultores que usaron el SICA en 13 países de África occidental, los campesinos ahorraron hasta un 80 % en el coste de las simientes y obtuvieron un aumento medio del 70 % de la producción y un 41 % de la renta, a la vez que redujeron las emisiones de metano en un 50 %.

En el Reino Unido, donde está previsto que se den más fenómenos meteorológicos extremos, como chubascos e inundaciones de tipo monzónico, se está introduciendo la llamada *paludicultura*. En lugar de secar los humedales, una operación que libera mucho carbono almacenado, se seleccionan cultivos aptos para crecer en terrenos saturados y que a la vez estimulan la rehumidificación. Entre estos tenemos los juncos y las cañas, pero también la *Glyceria* —parecida al arroz silvestre—, cuyos granos pueden molerse para las gachas.

Independientemente de dónde produzcamos nuestra comida, tendremos que usar sistemas de fertilización y de riego por goteo más selectivos, con el fin de evitar la contaminación de los ecosistemas y también para reducir la pérdida y el desperdicio de productos. Ello implica valerse de cultivos de cobertura, mantillos y cultivos intercalados, que reciclan los nutrientes y permiten usar los aditivos químicos con moderación y solo cuando es necesario. Se trata de devolver la fertilidad a los terrenos empobrecidos y de permitir que los no aptos para los cultivos vuelvan a la naturaleza. China contribuyó a mejorar sus campos agrícolas mediante un extenso programa de gestión integrada del sistema suelo, llevado a cabo del 2005 al 2015, en el que participaron unos veinte millones de agricultores en una extensión total de 40 millones de hectáreas. El resultado fue un aumento medio del rendimiento de los campos de más del diez por ciento, mientras que el uso de fertilizantes nitrogenados se redujo en un 16 %, con un ahorro económico de 12 200 millones de dólares.

La comida no solo es esencial para sobrevivir, sino que también es un aspecto central de nuestras vidas. En todo el mundo los agricultores están pasando de una existencia rural que nos ha dado sustento durante unos ocho mil años a una existencia urbana en la que para alimentarse dependen totalmente de desconocidos. Por eso, la forma más corriente de protegerse de la pobreza de ingresos es conservar la tierra, lo cual entorpece la migración. En muchos países las familias conservan la propiedad de unas parcelas cada vez más reducidas y fraccionadas, incluso cuando sus componentes se han trasladado a la ciudad, como si se tratara de una especie de póliza de seguro (a menudo porque no pueden permitirse una vivienda en la ciudad). De ahí la enorme dificultad de practicar una agricultura de alto rendimiento en grandes parcelas de terreno. La subsistencia rural se vuelve más complicada y la espiral negativa continúa. En el otro extremo tenemos a los países ricos, donde un grupo reducido de poderosos terratenientes controla vastas áreas de la nación, a menudo sin explotarlas para fines alimentarios, pero tampoco ayudando a los demás a salir adelante.

Como otros tipos de riqueza, la propiedad de la tierra se está concentrando en un número de manos cada vez menor. El 1 % de las empresas agrícolas mundiales controla el 70 % de los terrenos del planeta y está integrado en el sistema agroalimentario corporativo de las multinacionales, que cuenta con pocos vínculos con la tierra e incita a prácticas destructivas con el único objetivo de obtener beneficios a corto plazo.[159] El magnate de la tecnología Bill Gates es el mayor propietario privado de terrenos agrícolas de Estados Unidos. Los pueblos indígenas, en cambio, dan prioridad a la protección de la tierra para las generaciones futuras, a la vez que satisfacen las necesidades del presente y, además, sostienen el 80 % de la biodiversidad mundial.[160] Una solución ante la distribución desigual de la tierra es un impuesto sobre el valor catastral, que obligaría a los terratenientes a vender sus terrenos para obtener liquidez o a arrendarlos a otras personas que les darían un mejor uso. Además, para ayudar a sanear la agricultura se podría gravar a los propietarios de las tierras por la extracción del agua y los costes medioambientales, como los vertidos en los ríos o la emisión de nitratos y gases de efecto invernadero. Como incentivo, se podrían recompensar servicios ambientales como la manutención de los cauces de agua, la creación de ecosistemas de biodiversidad y la protección de especies raras.

Pero, cuando cultivar se vuelve imposible, los agricultores necesitan que los ayuden a migrar a las ciudades a través de políticas de asistencia social que les den unos ingresos mínimos. India, por ejemplo, ayuda a su población a través de la Mahatma Gandhi National Rural Employment Guarantee Act (MGNREGA), una ley que garantiza el «derecho a trabajar», con 100 días de empleo retribuidos con el salario mínimo. Naturalmente, seguiremos necesitando mano de obra agrícola y muchos migrantes internacionales tendrán competencias en este sector, pero no serán necesariamente aplicables a las condiciones o al tipo de agricultura de su nuevo país. Así pues, es esencial planificar programas de formación paralelamente a los programas de asentamiento. No se puede pretender que un arrocero bangladesí se convierta de la noche a la mañana en un cultivador de algas de Escocia, pero millones de personas que mueren de hambre dependen del éxito de esta rápida transferencia de competencias.

Muchos de los numerosos inmigrantes de las latitudes septentrionales hallarán trabajo en la pujante industria biotecnológica o en los nuevos sectores agrícolas, bien cultivando algas en granjas subterráneas o en invernaderos verticales con control termostático, bien en el campo, trabajando el suelo al aire libre como hacían nuestros antepasados. La actividad de producción de los alimentos siempre ha sido el trabajo más importante de los seres humanos; está claro que nosotros lo hemos complicado, pero disponemos de los conocimientos y las competencias tecnológicas necesarios para hallar nuevos modos de alimentarnos durante las crisis que nos deparará el futuro. La cuestión es si lograremos gestionar la transición preparándonos con prudencia o si esperaremos a que la gente se muera de hambre y estalle un conflicto, un resultado inadmisible que nos pondría en peligro a todos.

CAPÍTULO II

DE ENERGÍA Y AGUA, ENTRE OTROS

Cuando vastas áreas del planeta se vuelvan inhabitables y en las zonas estratégicas de supervivencia aumente la densidad de población, los suministros de agua potable, materias primas y energía tendrán que concentrarse geográficamente. Tendremos que ser más cautos y parcos con los recursos, manteniendo todo en circulación durante más tiempo a través del reciclaje y el reúso. Desde el punto de vista social, estamos ante enormes desafíos, a los que tendremos que enfrentarnos mediante un reparto más equitativo de la riqueza y los recursos.

Empecemos por la energía. Actualmente, nuestro mundo dependiente de la tecnología usa globalmente casi seiscientos exajulios (25 000 TWh) de energía primaria (se prevé que aumente a 39 000 TWh para el 2050). Ello ha contribuido a hacernos más sanos, longevos y productivos. Pero hay dos grandes problemas. Para empezar, la distribución de este recurso no es justa: cientos de millones de personas carecen de acceso a una fuente de energía fiable —no tienen corriente para iluminar, enfriar, alimentar un ordenador o una nevera, ni una forma segura para cocinar y calentar el hogar—. Quienes carecen de una cantidad de energía suficiente se ven atrapados en condiciones de pobreza nocivas para la salud, con consecuencias devastadoras en su entorno local. Una de las principales causas de la deforestación, por ejemplo, es la obtención de leña para cocinar y calentarse, que a su vez es una de las principales fuentes de contaminación atmosférica.

En las últimas dos décadas, muchos países del sur global han descubierto nuevas fuentes energéticas nacionales, como reservas de petróleo, ríos con potencial hidroeléctrico y oportunidades solares y eólicas. El problema es que, para aprovechar este potencial, se necesita una inversión de capital muy significativa; la infraestructura de redes es extremadamente pobre, por eso las personas que más energía necesitan tienen menos probabilidades de recibirla; y muchas de estas fuentes energéticas comportan consecuencias ambientales problemáticas. Las migraciones masivas, de todos modos, podrían acelerar el acceso a la energía, puesto que las personas se desplazarían hacia ciudades donde es más fácil conseguirla.

El otro gran problema global de la energía es que causa el 87 % de las emisiones de gases de efecto invernadero, con todas sus catastróficas consecuencias. Una de cada tres moléculas de anhídrido carbónico presente en la atmósfera la hemos puesto ahí nosotros. En los últimos quince años, hemos añadido a la atmósfera un tercio del anhídrido carbónico que la humanidad ha producido en toda su existencia. Para el 2035 seguramente habremos superado el umbral de 1,5 °C de aumento de la temperatura media. Cada aumento de la temperatura global empuja a un número mayor de personas a migrar. Y se prevé que alrededor del año 2100 consumamos siete veces más energía que hoy, debido en parte a que la población rural que se dirige a las ciudades necesitará más energía.

Por eso, nuestra misión de los próximos dos o tres decenios es descarbonizar la energía mundial. Cuando mis hijos lleguen a la treintena, el problema tendría que estar resuelto. Se trata de un problema descomunal, pero también remediable en el período que dura la hipoteca de una casa.

El primer paso es descarbonizar la producción de electricidad; el siguiente es alimentar todo lo posible con electricidad. Mientras tanto, tenemos que capturar todos los gases de efecto invernadero que se generan en la producción de energía.

Incluso sin el cataclismo producido por las migraciones masivas, adaptar las ciudades a una economía de carbono cero neto en un período de calentamiento global y de clima extremo es una empresa colosal. Según los cálculos de la Agencia Internacional de la Energía, para llegar al cero neto en el 2050 tenemos que desarrollar nuevas capacidades renovables a un ritmo de dos a tres veces mayor que el índice de crecimiento «excepcional» del 40 % registrado en el 2020.

Para los países pobres que tienen una capacidad energética insuficiente y dependen del carbón, los costes del desarrollo de nuevas fuentes renovables —incluso a precios más baratos— pueden ser aún prohibitivos. La comunidad internacional debería actuar para ayudarlos —por ejemplo, mediante financiaciones con tipos de interés preferenciales—. La producción, construcción, uso, reciclaje y manutención de las tecnologías para la energía renovable representarán los principales sectores laborales tanto en las ciudades ya existentes como en las nuevas economías del extremo norte.

Nuestro mundo de emisiones cero será mucho más dependiente de la producción de electricidad, para alimentar no solo las casas y las oficinas, sino también la industria y los transportes, que actualmente se basan en el uso de combustibles fósiles. La energía para producir toda esta electricidad puede proceder de megaplantas solares y eólicas instaladas en una franja que cruza las regiones desérticas deshabitadas de las latitudes medias. Unos sistemas de transmisión de energía eléctrica de corriente continua y alta tensión se encargarán de distribuir la energía hacia las ciudades de latitudes más altas, pero también a las ciudades más cercanas. Ya existen modelos de este tipo de sistema: Australia, por ejemplo, está construyendo en el desierto septentrional el mayor parque solar del mundo, que enviará electricidad renovable a Singapur las veinticuatro horas del día mediante un sistema de cableado submarino de 4500 km de longitud, que se finalizará en el 2027. Australia ya produce mucha más energía solar de la que puede usar o almacenar. También el norte de África está enviando a Europa corriente continua de alta tensión gracias a sus paneles solares y se prevé una mayor transmisión regional desde las centrales hidroeléctricas hacia las ciudades. Los desiertos africanos son ideales para producir energía solar y eólica a gran escala: Marruecos ya cuenta con el proyecto de energía solar termoeléctrica más grande del mundo, en Ouarzazate, y tiene otros en construcción. Las energías solar y eólica requieren una interacción humana muy inferior respecto a la de las centrales de combustibles fósiles, por lo que se pueden destinar vastas áreas inhabitables a la producción de energía que usarán personas que viven en lugares más seguros, a miles de kilómetros de distancia. Del mantenimiento pueden ocuparse sistemas automatizados y robots. Los parques eólicos en alta mar, como los del mar del Norte y del océano Atlántico, también estarán conectados a grandes redes regionales que contribuirán a compensar los suministros de otras fuentes. Groenlandia podría suministrar energía geotérmica, hidroeléctrica y eólica a través de cables submarinos a ciudades canadienses, nórdicas y británicas, por ejemplo.

Aprovechando la enorme potencia de los océanos se podría crear otra útil fuente energética para las zonas costeras del norte. La Unión Europea calcula que aproximadamente el diez por ciento de su electricidad procederá de la fuerza mareomotriz en el 2050; si estos sistemas funcionan de forma eficiente y se pueden instalar fácilmente, el porcentaje podría aumentar de manera significativa.

También existe la posibilidad de interconectar en redes distribuidas los paneles solares instalados en tejados, vehículos y otras infraestructuras, de forma que los barrios se convertirían en verdaderas centrales eléctricas que recargarían la red. Sin embargo, quienes saldrán más beneficiados serán los habitantes de las latitudes más bajas, ya que tendrán un mayor acceso al sol y podrán vender esa riqueza a las grandes ciudades de migrantes situadas en el norte.

Así pues, la energía se generará localmente, pero también se transportará por todo el mundo, desde donde se produce hasta las ciudades del norte vía cable o en forma de combustible limpio, como el hidrógeno.

Las redes eléctricas producen, almacenan y transmiten energía y deben responder a las fluctuaciones diarias y estacionales de la demanda y la oferta: el sol de noche no irradia y no siempre sopla el viento. Se ha visto que la energía hidroeléctrica es más fiable, un potencial que los países desarrollados han explotado en el último siglo. Pero las grandes presas y centrales hidroeléctricas también han destapado polémicas y han sido perjudiciales para el medioambiente, y en muchos países ahora están en fase de desmantelamiento para recuperar las antiguas redes fluviales. En Estados Unidos se han eliminado mil seiscientas presas aproximadamente y en Europa son miles las que están a la espera de demolición. La disponibilidad de la energía hidroeléctrica se está volviendo más inestable en muchos lugares, lo que lleva a frecuentes apagones: algunos ríos están alimentados por glaciares que están desapareciendo, otros tienen el lecho seco por la escasez de lluvias, y las condiciones meteorológicas están comprometiendo las infraestructuras de las presas, a menudo con consecuencias devastadoras.

Los paneles solares flotantes en canales y embalses podrían generar más energía que añadir a la de las turbinas existentes y a la vez reducirían las pérdidas debidas a la evaporación. Algunos grandes lagos artificiales, como el de la presa Alta de Asuán en el Nilo, en Egipto, pierden alrededor de un cuarto de su aporte hídrico anual a causa de la evaporación. Según un estudio del 2021 sobre las posibilidades de las centrales híbridas hidrosolares, instalar paneles flotantes en tan solo un 1 % de las cuencas hidroeléctricas africanas podría aumentar la capacidad de generación total del continente en un 25 %.[161]

En los lugares donde en los próximos decenios la energía hidroeléctrica aún sea una solución practicable, podrá ofrecer una importante contribución a las redes eléctricas (la mayor del sector), considerando que hoy aporta el 16 % a nivel mundial. En el sur global se está viviendo un auge en el sector de la construcción de las presas, con al menos tres mil setecientos proyectos nuevos o ya en camino. Pero se trata de operaciones discutibles, porque, pese a prometer electricidad y desarrollo a algunas de las regiones más pobres del mundo, corren el peligro de causar enormes daños ambientales,[162] así como producir a menudo significativas emisiones de metano. Por ejemplo, si las presas proyectadas o en construcción por el río Mekong se completan, alrededor del noventa y seis por ciento de los sedimentos que alimentan el delta del río se quedarán atascados, lo que causará una erosión de tal magnitud que pondrá en peligro la existencia misma del delta, una zona donde viven 21,5 millones de personas.

El acceso a la energía es un factor clave cuando las personas deciden si migrar, puesto que la energía puede alargar la supervivencia en condiciones que de otro modo serían invivibles, por ejemplo, contribuyendo en el suministro de aire acondicionado, refrigeración y agua potable. En el Cuerno de África, donde la migración climática ya empezó hace tiempo, Etiopía está construyendo la Gran Presa del Renacimiento Etíope, que usará el Nilo para producir 6000 MW pero que causará el desplazamiento de 20 000 personas. Río abajo, Egipto está luchando contra su propia crisis climática y encima corre el peligro de sufrir graves interrupciones en el riego de los cultivos mientras se llena la presa. La energía está vinculada a la producción alimentaria, al clima y a la pobreza: la forma en que manejemos estos elementos determinará si una población permanece en un lugar u opta por migrar.

El colosal proyecto de la presa hidroeléctrica Grand Inga, planificado por la República Democrática del Congo en el río Congo, tendrá una capacidad de 40 000 MW y un coste previsto de 90 000 millones de dólares. Podría mejorar enormemente las condiciones de vida de la población, pero no está del todo claro dónde irá la electricidad producida. Rara vez se benefician las poblaciones rurales pobres, que son las más afectadas por los impactos en el territorio de las grandes centrales hidroeléctricas y las que mayor necesidad tienen de electricidad. Muchos Estados venden la energía a los países vecinos, otros la mandan solo a sus ciudades. Por eso, quien quiera beneficiarse de ella debe migrar a las urbes.

En las latitudes septentrionales, donde vivirán muchas de las poblaciones de migrantes en expansión, se espera que con el cambio climático la energía hidroeléctrica se vuelva más fiable y los proyectos sostenibles podrían contribuir a alimentar las ciudades. La energía hidroeléctrica es el motivo por el que Noruega registra unas emisiones tan bajas, por ejemplo. Las centrales hidroeléctricas de pequeñas dimensiones tienen un impacto ambiental mínimo y son una solución excelente para las comunidades ubicadas en localidades remotas. Decenas de miles de este tipo de plantas se han instalado por Asia y algunas partes de Europa y podrían distribuirse de forma mucho más extensa por todo el mundo a costes relativamente bajos: en Europa ya se han localizado casi cuatrocientas mil ubicaciones posibles para las minicentrales hidroeléctricas. China cuenta con una capacidad total instalada de unos ochenta gigavatios de energía derivada de minicentrales hidroeléctricas, casi el cuádruple que la producida por la presa de las Tres Gargantas.

Otra fuente fiable de energía procede del corazón del planeta y podría constituir un cambio radical en las nuevas ciudades del norte. La energía geotérmica ya se usa en lugares donde los gases o los líquidos calientes del interior de la Tierra suben a la superficie a través de fumarolas hidrotermales, géiseres y otras fisuras del terreno. Sin embargo, el mayor potencial lo representa la explotación del calor de las rocas terrestres situadas en las profundidades, donde no quedan expuestas. Es una fuente de energía de gran alcance: este calor puede extraerse en todo el planeta, en teoría en casi cualquier sitio, y, naturalmente, siempre está disponible. Quizá la tecnología más prometedora a corto plazo es la construcción de radiadores profundos de bucle cerrado, donde se excavan dos pozos a una distancia de 2,5 km de separación comunicados lateralmente por un conjunto de tubos sellados, llenos de un fluido que sube a la superficie donde se utiliza el calor. Como se trata de un circuito cerrado, el fluido frío baja por un pozo y el caliente sube por otro, así no hace falta bombearlos. Este sistema, fácilmente modulable en cuanto a sus dimensiones, es ideal para las ciudades y otras zonas donde la demanda de terrenos es alta. Puede suministrar la carga base de una red eléctrica y puede encenderse y apagarse fácilmente según las necesidades, limitando o interrumpiendo el flujo del fluido. Actualmente esta tecnología se está probando en algunas plantas experimentales y en la próxima década los extrabajadores de la industria petrolífera encontrarán empleo en la implantación de este tipo de sistemas geotérmicos por muchas localidades del norte, grandes y pequeñas.

La otra fuente de energía segura que no produce carbono es la energía nuclear, motivo por el que Francia tiene emisiones tan bajas, por ejemplo. Este tipo de energía podría alimentar procesos industriales de alta intensidad energética como la producción del acero, en sustitución de los combustibles fósiles. Las grandes centrales nucleares, que producen energía a partir de la fisión de los átomos, suministran una carga base para las redes de todo el mundo —representan el 25 % de la energía total de la

Unión Europea (el 10 % de la global)—, aunque muchas se están quedando viejas y tienen problemas porque los cambios climáticos repercuten negativamente en las estructuras de refrigeración. Sustituirlas y construir otras nuevas es caro, sobre todo comparado con la instalación de fuentes renovables, y encima sobre el sector nuclear pesan cuestiones políticas y culturales que obstaculizan su difusión. Pero eso podría cambiar.[163] Los gobiernos deben invertir en infraestructuras y tecnologías para reducir los costes, y para que este recurso energético sea económicamente sostenible habría que facilitar el acceso a las inversiones privadas. Mientras, hacia finales de esta década deberían entrar en funcionamiento los primeros reactores nucleares modulares de pequeñas dimensiones, una potencial fuente versátil de energía limpia. Rusia incluso está desarrollando versiones flotantes que podrían arrastrarse hasta donde se necesitara la energía, una solución muy útil cuando el Ártico se abra a nuevas industrias.

El otro tipo de energía nuclear es la fusión, la energía liberada cuando se acercan dos átomos para que se unan dando lugar a uno más grande. Esta anhelada fuente energética es una quimera que los científicos persiguen desde hace un siglo; sin embargo, con las recientes innovaciones en las tecnologías modulares, más económicas y de dimensiones reducidas, se ha convertido en una posibilidad más que prometedora. Los primeros reactores de fusión podrían empezar a inyectar energía en las redes eléctricas antes del 2030, mientras que el Reino Unido promete su primera central de fusión para el 2040. Pero dejemos las cosas claras: ya será tarde. Para respetar el objetivo de cero neto, las emisiones globales deberían haber disminuido un 45 % para el 2030, si bien la fusión ofrece la promesa de una energía limpia, abundante y prácticamente gratuita que transformará nuestras vidas. Pensemos en todas las actividades humanas que requieren energía, tanto si se trata de producir alimentos, como ropa o juguetes, una energía que hoy es limitada y contaminante. Si la energía fuera abundante, gratis y no contaminante, transformaría nuestra relación con el planeta. Se puede objetar que podría empeorarla (y muchos ambientalistas querrían que usáramos menos de todo, independientemente de cómo se produce), pero también podría suponer una gran mejora. Hoy algunos de los mayores daños ambientales están causados por quienes disponen de menos energía, porque la escasez energética obliga a los más pobres a talar los bosques, contaminar ríos y costas, cazar animales salvajes y vivir y trabajar en condiciones peligrosas e insalubres.

Mientras tanto, en todo el mundo se están construyendo grandes baterías químicas para almacenar la energía generada por fuentes renovables e inyectarla en las redes eléctricas a la carta. También se puede almacenar en forma de energía térmica usando sales fundidas y como sistema de bombeo hidroeléctrico: la energía excedente bombea agua desde un depósito inferior hasta uno superior, donde se libera para accionar las turbinas según se necesite.[164] Estos sistemas de almacenamiento serán fundamentales para satisfacer la enorme demanda energética de nuestras megalópolis, en concreto durante los inviernos, cuando en el norte el sol se pone pronto y la gente necesita más energía para la iluminación y la calefacción.

El hidrógeno, producido usando energía renovable para separar las moléculas de agua, es otra forma de almacenamiento energético. El hidrógeno se puede comprimir y transportar a cualquier parte del mundo, donde luego se quema para accionar turbinas o se usa en una célula de combustible (una especie de pila) para producir electricidad. Australia está proyectando en este sector una industria de grandes dimensiones, con la que enviará su abundante sol a climas septentrionales más nubosos, generando hidrógeno que despachará a todo el mundo bajo una forma más transportable, el amoníaco líquido (se necesitará otra reacción para recuperar el hidrógeno). Para Australia y las naciones con una riqueza solar asegurada, esta economía de suministro energético que emplea una reducida mano de obra será una buena opción una vez que se produzca la migración masiva.[165]

El transporte de personas y mercancías tendrá que efectuarse principalmente por vía terrestre en lugar de aérea, a causa de las limitaciones de peso de las baterías. Las ciudades del norte estarán comunicadas mediante trenes de alta velocidad y rutas marítimas,[166] alimentadas con electricidad o, llegado el caso, con energía nuclear. Se va a experimentar un retorno de la navegación a vela, gracias al uso de sensores y reguladores controlados por la inteligencia artificial que puedan garantizar una captura óptima del viento; de este modo, el velamen quizá potenciaría —y, en algunos casos, reemplazaría— otras formas de energía en los buques transoceánicos.

A medida que nos adentremos en la era urbana, no todos los coches contaminantes de hoy podrán ser sustituidos por otros eléctricos: aunque pudiéramos soportar el tráfico causado por millones de vehículos privados, los costes energéticos de los recursos materiales derivados de su construcción y uso son demasiado elevados. Los desplazamientos en nuestras ciudades serán más seguros, sanos y rápidos gracias al uso de medios públicos eléctricos y distintas versiones del bicitaxi eléctrico y la bicicleta de carga.[167] En caso de necesitar un vehículo eléctrico para uso privado, podrá alquilarse o compartirse. La recarga de dichos vehículos también puede compartirse: ya existen aplicaciones que ponen en contacto a los conductores con las viviendas dotadas de cargadores para coches eléctricos, que pueden usarse por un suplemento.

Más difícil será descarbonizar el transporte aéreo. Sin embargo, son las estelas de vapor producidas por los aviones, y no el dióxido de carbono, lo que causa dos tercios del impacto climático del tráfico aéreo y representa alrededor del dos por ciento del calentamiento global. Pequeñas modificaciones en la altitud y la hora del día en que se efectúan los vuelos pueden influir en la formación de las estelas, que podrían evitarse por completo desplazando las rutas aéreas a altitudes superiores o inferiores, con un coste mínimo y un beneficio enorme.[168] Aplicar un impuesto a la aviación comercial contribuiría a reducir los vuelos de negocios no necesarios, reemplazables con videoconferencias, si bien a las personas extremadamente ricas, que causan la mayor parte de las emisiones, de forma desproporcionada, un impuesto tampoco las va a disuadir de volar. En cambio, los *jets* privados deberían prohibirse, a no ser que fueran eléctricos. En el futuro, los carburantes sintéticos para la aviación creados a partir del dióxido de carbono capturado y el hidrógeno verde podrían suponer una recuperación del transporte aéreo.

Los dirigibles también podrían desempeñar un papel en nuestro mundo norteño, contribuyendo al transporte de mercancías hacia las ciudades y las remotas minas del Ártico durante las estaciones en que estos lugares sean inaccesibles por vía terrestre; varias empresas ya están estudiando la idea.

El problema que tenemos que afrontar es que la producción de electricidad limpia no es suficiente para satisfacer nuestras necesidades energéticas. Así, durante los próximos decenios tendremos que seguir dependiendo de la quema de combustibles fósiles. Para lograr unas emisiones netas cero antes del 2050, los países ricos tienen que dejar de usar combustibles fósiles hacia el 2035, eliminando gradualmente el carbón y el petróleo a nivel global antes del 2040 y el gas justo después. De los más de cuatrocientos escenarios climáticos evaluados por el informe del IPCC con un calentamiento global de 1,5 °C, solo unos cincuenta evitan superar de forma significativa el objetivo de 1,5 °C. De estos, solo unos veinte formulan hipótesis más o menos realistas sobre las opciones de mitigación, por ejemplo, la velocidad y la escala de eliminación del carbono de la atmósfera o el alcance de la reforestación. E incluso estos casos implican estrategias «complicadas» cuya eficacia no se ha demostrado a gran escala o que son socialmente problemáticas. Siendo realistas, es muy improbable que consigamos mantenernos por debajo del aumento de 1,5 °C.

Si bien la mayor parte de las personas ya se ha convencido de la urgencia de eliminar el carbón, las compañías productoras de combustibles fósiles y los gobiernos —y muchas compañías eléctricas son de propiedad estatal— cuentan con que sigamos quemando gases fósiles (metano) y petróleo, y luego simplemente capturando y almacenando el dióxido de carbono producido para evitar un ulterior calentamiento de la atmósfera. Sería maravilloso si no fuera porque la captura y el almacenamiento del carbono (CAC) nunca se ha llevado a cabo a gran escala, por lo que no sabemos si funcionará de forma eficaz. De todos modos, el plan es ese. Está por ver si los gobiernos y los inversores seguirán financiando la exploración y la extracción de combustibles fósiles, sobre todo cuando en los próximos decenios se abran nuevos yacimientos en el Ártico y la industria exalte el potencial de la CAC y de otras medidas de mitigación poscombustión. Aunque la eficacia de la CAC quede demostrada, la industria de los combustibles fósiles seguirá siendo contaminante y perjudicial.

Descarbonizar nuestras economías es, usando un eufemismo, un proceso muy costoso. Sin embargo, es necesario llevarlo a cabo para transformar nuestras sociedades globales sucias e injustas. Hasta ahora los gobiernos no han logrado hacer frente a este problema con la seriedad y el rango de acción que se requiere: no ha sido ni de lejos el nivel de compromiso adquirido para un esfuerzo bélico, por ejemplo. Una solución podría ser que los bancos colaboraran para que hubiera grandes cantidades de dinero disponibles para acelerar la transición, lo que se ha denominado la «reducción cuantitativa de carbono». Según algunas personas, podría permitir que los petroestados fueran compensados por la pérdida de ganancias derivadas de los combustibles fósiles, igual que los propietarios de los esclavos fueron compensados cuando se abolió la trata de personas, aligerando así el fin de este sector industrial.

Un crecimiento mejor

Hemos examinado algunas de las estrategias con que el mundo pretende satisfacer la creciente demanda energética, pero también podemos reducir el crecimiento de esta demanda. La forma más evidente es lograr que la energía que producimos se aproveche por todas partes. Ha habido grandes progresos en el ámbito de la eficiencia energética, sobre todo en la industria y la tecnología, que han ayudado a los países ricos, pero debemos difundir dichos avances a nivel global.

Otro modo de reducir la demanda es reducir el crecimiento: durante las recesiones económicas y otras reducciones de la actividad, como la pandemia de la COVID-19, las emisiones cayeron de forma significativa. Un cierto número de activistas ambientales pide el fin del crecimiento o incluso un crecimiento negativo, subrayando que el índice de crecimiento que normalmente se define como «sano», equivalente al 2-3 % del PIB al año, es insostenible desde el punto de vista del medioambiente. A nivel global, el índice medio de crecimiento del PIB es de 3,5 % aproximadamente al año y los problemas ambientales del mundo están empeorando. De todos modos, el problema no es el crecimiento en sí, sino el crecimiento insostenible desde el punto de vista social y ambiental.

El crecimiento económico es el aumento de la cantidad y la calidad de bienes y servicios producidos per cápita a lo largo del tiempo. Es el motor que ha generado la abundancia de la que disfrutamos hoy. Pero la riqueza se distribuye de forma desigual en el planeta y, mientras algunas naciones como Gran Bretaña llevan siglos creciendo, otras como Chad siguen sumidas en una extrema pobreza. Muchos de los actuales países muy pobres fueron explotados y empobrecidos por las potencias coloniales, que impidieron que sus economías crecieran; luego, los ricos han seguido minando de muchas maneras las posibilidades de crecimiento de los países más pobres desde su independencia.[169] Para lidiar con este problema urge adoptar una política activa, además de financiación, que permita ayudar a los gobiernos a reducir la pobreza a través de inversiones clave en energías renovables, asistencia sanitaria y educación.

Como hemos visto, las personas viven en condiciones de pobreza no por quiénes son, sino por *dónde* están; es pura casualidad si nacen en una gran economía productiva o no. Las ciudades son más productivas que la agricultura de subsistencia de las zonas rurales; los países ricos son más productivos que los pobres. La ciudadanía concede un premio (o una sanción) en la renta y en las oportunidades de una persona, independientemente de la suerte y los esfuerzos individuales. Por mucho que una campesina de Chad trabaje duramente, es altamente improbable que se haga tan rica como una persona nacida en el Upper East Side de Manhattan. Pero solo con trasladarse a Estados Unidos podría triplicar su poder adquisitivo (porque allí las rentas son más altas, aunque los precios también). Por eso, permitir y favorecer la migración es fundamental para reducir la pobreza.

Naturalmente, no todas las personas de un país pobre pueden o quieren emigrar y esta no debería ser la única vía para salir de la pobreza, como sucede en demasiados casos. Los países pobres deben ser ayudados por el mundo rico a crecer y adaptar sus economías. Como hemos visto, el cambio climático hará que muchos lugares sean invivibles para una parte de la población, pero, cuanto más rico es un país, más capaz es de adaptarse y más tiempo puede permanecer su población. El crecimiento económico —asistido por las remesas de los emigrantes— es necesario para construir sociedades más fuertes y resilientes para quienes no migren y para los que regresen a lo largo del siglo. El crecimiento económico es lo que permite que las sociedades brinden a los ciudadanos las oportunidades, los bienes y los servicios que necesitan para llevar una vida digna «buena».

El PIB per cápita es un indicador general útil para comparar los países entre sí y a lo largo del tiempo. Sin embargo, el capital natural (los bienes y servicios proporcionados por la naturaleza) no se incluye en el cálculo del PIB y la destrucción del ambiente a menudo se considera como un dato positivo: un bosque genera PIB cuando se tala, por ejemplo. Evidentemente, es algo insostenible y algunos economistas, como Kate Raworth, autora de *Economía rosquilla*, han propuesto parámetros más apropiados para medir el crecimiento económico en el siglo XXI e instrumentos como el impuesto sobre las emisiones de carbono. Las personas damos un valor a lo que medimos y tenemos que encontrar formas mejores de medir lo que efectivamente aporta bienestar a una nación, como el aire limpio, los terrenos sanos y una asistencia digna a los ancianos, aunque no contribuyan en el PIB o la renta. Recordemos, además, que el crecimiento económico refleja el aumento de la cantidad y calidad de los productos y los servicios a lo largo del tiempo. Pasar del carbón a la energía eólica, aunque se produzca exactamente la misma cantidad de energía, supone un aumento de la calidad de esta: se reduce la contaminación atmosférica, se evitan las emisiones de gas de efecto invernadero y las turbinas eólicas son más seguras y requieren menos manutención. Esto, entonces, sí es crecimiento económico. Si los científicos encuentran una forma de curar el cáncer o erradicar la malaria, también es crecimiento económico. Dicho de otra manera: el crecimiento económico no se basa intrínsecamente en un aumento de los consumos superfluos o de la contaminación; no tenemos que replicar todos los patrones de crecimiento de los últimos dos siglos, podemos crecer mejor con políticas mejores. A medida que la innovación tecnológica aumenta la productividad en los sectores en que puede hacerlo, como la industria manufacturera o la agricultura, la cuota de mano de obra necesaria para estos sectores se reduce. La automatización causa pérdidas de trabajo, lo que supone grandes dificultades sociales: parte de la solución, sin embargo, podría ser gravar el uso de los robots, como hace Corea del Sur. Así se contribuye a devolver a las arcas públicas una parte de los beneficios de la productividad.

Está claro que existe una enorme desigualdad dentro de un mismo país y entre distintos países, con casi tres mil multimillonarios mientras la mayor parte de la población del globo vive con rentas bajísimas y no tiene acceso ni siquiera a los productos más básicos. La pobreza global ha disminuido en las últimas décadas, pero África ha registrado los menores progresos: el 37 % de los habitantes de la zona subsahariana vive en condiciones de pobreza extrema. Para alcanzar un nivel en que las personas no sean tan pobres y puedan acceder a los servicios y los bienes que necesitan, no basta con reducir la desigualdad. Los países tienen que experimentar un aumento del nivel medio de la renta: necesitan un crecimiento económico sostenible.[170]

Esto nos lleva a un terreno problemático, porque un aumento de la producción requiere un aumento de la energía y de los recursos. En los últimos años, más de treinta naciones han conseguido desvincular el PIB de las emisiones de carbono,[171] pero la mayoría no lo ha hecho. La única forma de lograr este crecimiento clave es a través de una amplia y rápida disponibilidad de energía limpia, que además generará ingresos. El plan de acción de la Agencia Internacional de la Energía estima un descenso del 8 % en la cantidad de energía usada por la economía global para el 2050 pese a la duplicación del PIB, un aumento de la población de más de dos mil millones de personas y la disponibilidad de un acceso universal a la energía para el 2030. Según el informe, ello se vería acompañado por un aumento de la ocupación en la economía verde.

La única forma de que sean eficientes nuestras nuevas grandes ciudades culturalmente mixtas es que tengan también un crecimiento económico sostenible.

Es fundamental contar con una política distributiva inteligente: los sectores emergentes, desde la biotecnología hasta las energías limpias, podrían ofrecer enormes oportunidades a generaciones de trabajadores autóctonos y migrantes para construir sociedades económicamente sostenibles y justas, o bien podrían acabar concentrando aún más poder, riqueza y oportunidades en manos de los pocos que ya son privilegiados. En la transición posindustrial, la mayor parte de los empleos estará en sectores donde la productividad no puede aumentarse fácilmente a través de la simple innovación tecnológica, como el sector servicios. Siempre necesitaremos a personas que trabajen como peluqueros y enfermeros. Para mediados de siglo, el Reino Unido tendrá una población muy anciana y la única forma de satisfacer su demanda de mano de obra será a través de la migración.

La asistencia sanitaria y la educación universal son piezas clave del crecimiento. La formación es fundamental para mejorar la renta y será esencial para la mayor parte de las industrias emergentes de este siglo, desde la biotecnología hasta las nanotecnologías o la ciencia de los materiales. La educación ofrece a los migrantes una vía de acceso a las ciudades con buenas economías y precisamente por eso las ciudades que quieren atraer a migrantes deben contar con centros de educación superior. La falta de acceso a la asistencia sanitaria es un enorme peso económico, que roba vidas y medios de sustento. Casi todos los países ricos tienen sistemas sanitarios universales, con la notable excepción de Estados Unidos. Otros países defraudan a sus ciudadanos de otras maneras: por ejemplo, el Reino Unido tiene el peor subsidio de baja por enfermedad de los países de la OCDE (que en parte agravó lo que se cobró la COVID-19) y sus ciudadanos ancianos son los que más probabilidades tienen de vivir en la pobreza. A medida que los migrantes se trasladen a las nuevas ciudades, necesitarán acceder a la asistencia sanitaria y ellos mismos la sufragarán al formar parte de la fuerza laboral; pero es esencial que en este proceso no salgan perdiendo sus países de origen. Los países pobres, muchos de los cuales tienen poblaciones numerosas que ni siquiera disponen de médicos de atención primaria, necesitan que los países ricos los ayuden a crear estructuras adecuadas, sobre todo en las ciudades en rápida expansión, y a formar a las futuras generaciones de personal sanitario.

La distribución de la riqueza en las sociedades tiene que transformarse a través de la política, con herramientas como el impuesto de sucesiones, el de patrimonio y el territorial. Asimismo, un impuesto sobre el carbono y una tarificación del agua ayudarían a preservar el patrimonio ecológico. No hay justificación que valga para la existencia de multimillonarios en sociedades donde muchos luchan por llevarse algo que comer a la boca: esta acumulación patológica de riqueza podría emplearse mucho mejor por la sociedad sin comprometer el estilo de vida de quien la posee. Aún estamos lejos de alcanzar un crecimiento económico que no dañe el medioambiente, pero existen formas de hacerlo. Pese a que algunos ambientalistas consideran que deberíamos aspirar al decrecimiento, sigo sin estar convencida de que así se pueda mantener la misma calidad de vida y no consigo imaginarme sociedades democráticas que elijan redimensionarla.

Recirculación de los recursos

La ventaja de tener una población global concentrada en megalópolis, los refugios seguros, es la oportunidad de crear eficiencia. Los recursos comunitarios —como transportes, juguetes, material de oficina, calor, luz, energía— se pueden compartir en lugar de poseer, con la consiguiente reducción en el uso de materias primas y de residuos. Ya se observan las semillas de esta economía colaborativa: en mi caso, me he apuntado a la ludoteca de mi barrio y uso los servicios de automóviles compartidos de ZipCar. Las ciudades no son autónomas, tienen intercambios continuos con el mundo exterior. Las urbes suecas, por ejemplo, importan 20 toneladas de combustibles fósiles, agua y minerales por persona al año.

Como muchas de las fuentes de minerales y materias primas naturales están destinadas a convertirse, en unas décadas, en físicamente inaccesibles para los seres humanos, a causa de temperaturas peligrosas o del aumento del nivel de los mares, tendremos que encontrar alternativas o recurrir a la mano de obra robotizada. (Por inverosímil que parezca, una importante empresa japonesa,

Obayashi, ya está construyendo una enorme presa con el uso de trabajadores artificiales en la punta sureste de Hokkaido.)[172] Mientras tanto, nuevos yacimientos mineros están volviéndose accesibles en latitudes septentrionales, desde el Ártico a los profundos lechos marinos, por lo que los analistas no prevén que nos quedemos sin suministros. De todos modos, tenemos que desarrollar métodos de extracción de bajo impacto que empleen menos agua dulce, ningún combustible fósil y que no produzcan la contaminación y los desastres ecológicos causados por las minas.

Con la creciente difusión de la electricidad, necesitaremos grandes cantidades de cobre y todo un abanico de otros elementos, muchos de ellos hasta hace poco descartados como impurezas en la extracción de otros metales, como el estaño. La Agencia Internacional de la Energía advierte de que el suministro de minerales tendrá que ser hasta treinta veces mayor antes del 2040 para satisfacer la demanda de la industria de la automoción eléctrica. Esta demanda conducirá a una reanudación de los procesos de extracción en lugares donde se había vuelto poco rentable hacía décadas o incluso siglos. Cornualles, por ejemplo, está abriendo de nuevo sus minas de estaño para extraer litio, alimentándolas con energía geotérmica procedente de las mismas minas.

Groenlandia, con sus enormes recursos de torio, uranio y metales de tierras raras, está siendo cortejada por Estados Unidos, China y Australia, en pugna por obtener la autorización para iniciar allí las extracciones. El debate sobre la concesión de esta autorización causó una crisis de gobierno en la isla más grande del mundo, con las consiguientes elecciones anticipadas en el 2021, en las que los 56 000 ciudadanos se debatieron entre la protección de su frágil entorno o el desarrollo de su economía, que actualmente se basa en la pesca y en las subvenciones que llegan de Copenhague. En esa ocasión, ganó la naturaleza.

La escasez de recursos obligará a pasar a una economía circular, donde el fin del ciclo de vida de un producto ya se tendrá en cuenta en su fase de diseño para que los materiales se reutilicen fácilmente y se reciclen continuamente, generando pocos residuos. Se han desarrollado eficaces métodos de reciclaje del plástico de bajo consumo energético que permiten transformar cualquier material plástico en petróleo, del que se puede volver a crear plástico. Por fin acabaría el azote de los residuos plásticos. Asimismo, nuevos materiales elaborados con recursos ampliamente disponibles, como el carbono, contribuirán a mejorar la sostenibilidad de la fabricación de los productos. Materiales de rápido crecimiento, como el bambú, se cultivarán en lugares tropicales accesibles, así como en plantaciones situadas más al norte.

No obstante, la preocupación por los recursos que dominará este siglo gira en torno al agua: crónicamente demasiado poca y sistemáticamente demasiada. El 98 % del agua del planeta es salada; la mayor parte del resto está contenida en los glaciares de la Antártida y Groenlandia; el 0,008 del 1 % es el agua de todos los ríos, los lagos y los humedales juntos; y solo el 0,0001 del 1 % está formado por las nubes, el vapor y la lluvia. Así pues, el agua de la que dependemos es increíblemente escasa y no almacenamos la suficiente: pese a la construcción de millones de presas, embalses y estanques, almacenamos menos de dos años de suministro. Es más, esta agua no se distribuye uniformemente en el mundo: mientras que Canadá, Alaska, Escandinavia y Rusia tienen más ríos de los que podrían contar, Arabia Saudí no tiene ni uno. Noruega dispone de 82 000 m^3 de agua dulce por persona, Kenia apenas de 830. De algunos de los ríos más importantes y grandes del mundo, como el Nilo, el Colorado, el Amarillo y el Indo, se extrae tanta agua que a duras penas llegan al mar.

En las próximas décadas el problema del agua será la causa principal de la migración climática.

Hoy, alrededor de cuatro mil millones de personas (dos tercios de la humanidad) sufren escasez de agua durante al menos un mes al año. La mitad de estas personas vive en China o India. Al menos veintiuna ciudades indias, entre las que se cuentan Nueva Delhi, Bangalore, Chennai e Hyderabad, agotarán las aguas subterráneas antes del 2025, con graves consecuencias para unos cien millones de personas. Y para el 2030 el 40 % de la población india no tendrá acceso a agua potable, según un informe de la National Institution for Transforming India, la principal organización de planificación del país. Ya hoy cientos de miles de personas se ven obligadas con asiduidad a hacer cola para conseguir agua racionada que llega en camiones cisterna. El deshielo de los glaciares al principio aumenta el caudal de los ríos de montaña... hasta que desaparecen. Más de la mitad de los ríos alimentados por glaciares más importantes del mundo ha superado este umbral del «pico hidrológico».

Globalmente, alrededor del setenta por ciento del uso del agua corresponde a la agricultura, pero cuando los recursos hídricos escasean, las ciudades siempre triunfan sobre las áreas rurales, con consecuencias dramáticas para los agricultores y un aumento de la inseguridad alimentaria. Por eso la gente tendrá que trasladarse.

Algunos ríos recibirán mayores precipitaciones, aunque no necesariamente en el momento idóneo para la agricultura. Más bien aumentarán las inundaciones repentinas, la erosión y la pérdida de cosechas y vidas humanas en eventos imprevisibles. Ciudades europeas como Londres, por ejemplo, vivirán inundaciones repentinas periódicas seguidas por rachas de sequía. Ello significa que las precipitaciones anuales se concentran en tormentas violentas y destructivas, que discurren por las calles y otras superficies duras hasta llegar a los ríos o se evaporan sin llegar a reabastecer los acuíferos. Las ciudades, entonces, tienen que lidiar con meses sin precipitaciones durante las temporadas más cálidas y cuando la gente más necesita el agua. Los californianos ya están comprando máquinas que condensan el aire y lo transforman en agua potable, pero consumen mucha energía y son costosas.

En las ciudades situadas por encima del paralelo 45° también se tendrán que construir depósitos subterráneos para recoger las aguas pluviales y volver a distribuirlas, como ya se hace desde Singapur hasta Orange County, en California. El proceso de recirculación del agua de circuito cerrado, con un nombre tan poco atractivo como «del inodoro al grifo», permite filtrar, limpiar y almacenar el suministro completo de la ciudad si se hace correctamente, con pérdidas y evaporación mínimas. Israel es líder mundial en la conservación del agua, gracias también a un impuesto sobre este recurso: el 85 % de las aguas residuales depuradas se recicla. La financiación para este tipo de infraestructuras puede proceder de gravámenes progresivos del agua, que también modificarían los hábitos derrochadores de los ciudadanos.

Las nuevas políticas del agua serán cada vez más importantes, tanto para el uso doméstico como para la industria, incluso en lugares donde históricamente nunca han tenido problemas de abastecimiento. Entre las medidas contempladas podrían incluirse restricciones en el riego de jardines, eliminación de los campos de golf no sostenibles, cubiertas obligatorias en los recolectores de agua para prevenir la proliferación de los mosquitos, almacenamiento de las aguas pluviales en los tejados, electrodomésticos con ahorro de agua, multas por los vertidos de aguas residuales y la prohibición de construir en zonas sujetas a inundaciones. Las plantas desalinizadoras de agua marina, alimentadas con energía renovable o nuclear, contribuirán al suministro de las ciudades costeras y al riego de los cultivos.

Las praderas del centro-sur canadiense y las estepas rusas se volverán más áridas con el calentamiento del planeta, un fenómeno que podría ser mitigado desviando el curso de los ríos para facilitar la agricultura. De todos modos, casi todas las demás regiones del norte serán más húmedas y la migración seguirá al agua. En los años noventa los satélites ya habían detectado un reverdecimiento del Ártico septentrional debido al aumento del manto vegetal. En Groenlandia los cazadores de focas han empezado a cultivar y sus cosechas de patatas son tan superiores a las del resto de Europa que los científicos daneses las están estudiando para entender el motivo.

La escasez de agua probablemente desencadenará conflictos, que a su vez generarán desplazamientos migratorios. Es probable que se difunda la siembra de nubes para que llueva artificialmente, por ejemplo, pese al temor de que los Estados vecinos las «roben». Los Emiratos Árabes Unidos ya siembran regularmente las nubes para rellenar sus cuencas hidrológicas, igual que Estados Unidos en períodos de sequía, o simplemente para mejorar las condiciones de la nieve en las estaciones de esquí. También será necesario construir nuevos embalses, desvíos fluviales y canalizaciones para que el agua fluya en direcciones distintas. No cabe duda de que estas intervenciones desatarán polémicas, sobre todo porque muchos de los ríos más importantes del mundo son transnacionales o circulan desde grandes «torres de agua» situadas en países distintos. Eso significa, por ejemplo, que Etiopía controla una torre de agua para Sudán y Egipto; Estados Unidos controla una para México; y China controla una para Bangladés, Birmania, Laos, Camboya, Tailandia y Vietnam.[173] China está acaparando grandes cantidades de agua del Himalaya en enormes presas e incluso ha creado aldeas y ha desplegado sus propias fuerzas de seguridad dentro de la nación soberana de Bután para proteger sus operaciones hidrológicas.[174]

Para este siglo se han programado importantes desvíos fluviales y nuevas vías de navegación para hacer frente a la escasez del agua y estimular el desarrollo en las próximas décadas. De funcionar, podrían reducir o aplazar la necesidad de migrar de millones de personas. El más famoso es el mastodóntico proyecto chino de desvío de aguas del sur al norte para traspasar agua del río Yangtsé al río Amarillo, una obra que debería acabarse en el 2050. El proyecto Transaqua de África central y occidental pretende desviar 50 000 millones de metros cúbicos de agua al año de la cuenca del río Congo por un canal navegable —con un conjunto de presas hidroeléctricas— hasta el río Chari, que desemboca en el lago Chad. El plan suministraría energía hidroeléctrica y nuevas vías de transporte a la República Democrática del Congo, la República del Congo y la República Centroafricana, además de reabastecer el lago Chad, que en los últimos cincuenta años se ha reducido en un 90 %, con consecuencias devastadoras para la región. El desvío permitiría regar hasta 70 000 km^2 de terrenos agrícolas en Camerún, Chad, Níger y Nigeria, y los estudios de viabilidad están recibiendo la financiación de China a través de la Iniciativa de la Franja y la Ruta.

El National River Linking Project de India es de una escala totalmente distinta. Se trata de un plan de reconfiguración de los ríos del subcontinente para llevar agua desde decenas de cabeceras himalayas del húmedo noreste hasta las áridas llanuras, donde los ríos de la zona se comunicarían entre sí a través de canales, estanques y presas. Para los críticos, una mejor gestión del agua mitigaría muchos de los problemas de escasez hídrica del país sin recurrir a esta faraónica reconfiguración hidrológica —las excavaciones constituirían el mayor proyecto de construcción jamás realizado en la Tierra—, que comporta unos enormes riesgos de daños ambientales (además de culturales). Sin embargo, este proyecto de 168 000 millones de dólares, cuando se finalice, trasvasaría 174 000 millones de metros cúbicos de agua al año, generaría 34 000 MW de electricidad y aumentaría en un tercio la superficie irrigada de India.

En realidad, no es la escasez de los recursos lo que limita a los seres humanos: siempre podemos mejorar lo que ya tenemos o encontrar nuevas fuentes de lo que buscamos. Los límites de energía, agua, minerales u otros materiales son, en realidad, límites humanos. El Sol, por sí solo, nos proporciona en una hora energía suficiente para alimentar el mundo entero durante un año; estamos rodeados de agua, solo tenemos que desalinizarla. Todo lo que necesitamos y más puede sacarse del cuerpo de la Tierra y de su biología. Y precisamente el sistema socioeconómico humano, que hemos inventado nosotros, es lo que nos impone límites. Si queremos, podemos renovarnos como individuos para romper esas barreras, aunque es una tarea mucho más difícil. Pero podríamos descubrir que no tenemos elección.

CAPÍTULO 12

RESTAURACIÓN

Concedámonos un momento para llorar por el mundo que hemos perdido, por la biodiversidad y la cultura que estamos perdiendo, por el tiempo malgastado por no escuchar a los climatólogos y los ecologistas. La idea misma de tener que elaborar un plan para sobrevivir en una Tierra cada vez más inhabitable a través del horrible cataclismo que supone una migración masiva porque somos incapaces de mantener la habitabilidad de nuestra maravillosa biosfera es la peor de las locuras. Es una situación verdaderamente terrible.

Pero tenemos que arremangarnos. Veamos cómo podemos hacer que el mundo vuelva a ser un lugar vivible.

Nuestra épica migración se dará en el contexto de una crisis extraordinaria para la humanidad: una catástrofe climática global, una pérdida drástica de la biodiversidad y un rápido incremento de la población humana. Las próximas décadas serán una fase vital en la historia de nuestra especie, durante la cual tendremos que favorecer nuestra gran transformación y, a la vez, hacer que el mundo recupere un estado climático y ecológico más saludable. Cuanto más rápidos y eficaces seamos en esta restauración, menos personas tendrán que migrar y más agradable será la vida de todos nosotros en el planeta.

Los dos problemas más graves, ambos causados por nosotros mismos, son la pérdida de la biodiversidad y el cambio climático. Por suerte, se trata de problemas relacionados entre sí y hasta cierto punto la recuperación de la naturaleza y la restauración del clima pueden llevarse a cabo por caminos semejantes. La pérdida de la biodiversidad es principalmente la consecuencia de la forma en que usamos el territorio, pero también de la caza excesiva y del cambio climático. Y como el cambio climático es una causa de la pérdida de biodiversidad —por ejemplo, la sequía daña los suelos y los bosques—, la reducción de la temperatura global comportaría beneficios también para la biodiversidad. Y vale en ambos sentidos: la recuperación de la biodiversidad ayuda a absorber el dióxido de carbono y a almacenarlo, lo que baja las temperaturas globales y, por ende, reduce el cambio climático. En definitiva: esta enorme empresa que debemos acometer ofrece ventajas en múltiples frentes.

La restauración de la naturaleza

Empecemos por la pérdida de la biodiversidad. Los seres y los sistemas humanos de los que dependemos se apoyan completamente en los sistemas vivos del mundo. Hoy un 20 % de los países corre el peligro de que colapse su propio ecosistema. Con la degradación de los suelos, la reducción de los bosques, la destrucción de las barreras coralinas y la contaminación de los ríos, estamos amenazando nuestra supervivencia. Los sistemas naturales son extraordinarios, porque la biología es capaz de autorreplicarse; así pues, los recursos nunca se acaban si se dan las condiciones correctas: el problema es que las estamos cambiando drásticamente. Los bosques, por ejemplo, se están resintiendo mucho de las consecuencias de los incendios y de las altas temperaturas; en muchas áreas los árboles no vuelven a crecer tras los incendios porque las condiciones del suelo se han modificado y a duras penas sustentan los arbustos. Se trata de un problema global: los bosques están en peligro desde África hasta Asia, desde Europa hasta Canadá. En las montañas Rocosas, un tercio de los bosques quemados no está creciendo de nuevo. Desde el 2010, en la Sierra Nevada californiana la mitad de los árboles ha muerto. Está previsto que para el 2050 las selvas tropicales emitan más dióxido de carbono del que absorben.

Un efecto positivo del abandono de vastas áreas del planeta por parte de los seres humanos a través de las migraciones nacionales e internacionales es que así se podrá recuperar parte de la biodiversidad perdida de forma natural. Los lugares donde ya no vive nadie recuperan una fertilidad salvaje sorprendentemente rápido. Pese a ser problemáticos para los humanos, las plantas toleran mejor los niveles elevados de dióxido de carbono y las mayores precipitaciones previstas para los trópicos. Algunos bosques, manglares y praderas renacerán. Algunas especies animales que dependen de estos hábitats podrían experimentar un rebrote de su población. Si la migración es una salvación para los seres humanos, también lo es para los animales: lo que está conduciendo a muchos al borde de la extinción no es el cambio climático en sí, sino la incapacidad de migrar a lugares seguros a causa de la destrucción de su hábitat o de impedimentos representados por las infraestructuras humanas. Tenemos que proporcionar unos corredores seguros para los desplazamientos de la fauna salvaje y garantizar su reproducción. Estos espacios pueden adoptar formas sorprendentes: las plataformas petrolíferas en alta mar en desuso, por ejemplo, pueden transformarse en frondosas barreras coralinas y enclaves de reproducción importantes para peces en mar abierto.

El peso total de las infraestructuras construidas por los seres humanos supera el de la biomasa viva del planeta. Solo el 2,8 % de las tierras emergidas del planeta está formado por áreas naturales incontaminadas.[175] Algunos ambientalistas, inspirados por el difunto biólogo E. O. Wilson, piden que la mitad de la superficie terrestre del planeta se reserve a la naturaleza. Considerando el aumento de la población mundial, se trata de un objetivo más bien ambicioso. Sin embargo, si se recuperara un tercio de las áreas más degradadas del globo y se preservaran los ecosistemas aún en buen estado, se evitaría el 70 % de las extinciones de especies y se almacenaría una cantidad de carbono equivalente a la mitad de nuestras emisiones producidas desde la Revolución Industrial hasta hoy. Algunos ecologistas han mapeado las Áreas Clave para la Biodiversidad, lugares que son importantes depósitos naturales de carbono, y otras zonas que conviene proteger (por ejemplo, los corredores de vida silvestre). En su conjunto, esta «red de seguridad global» propone instituir un mosaico de zonas protegidas que añadir al 15 % de la tierra ya sujeta a algún tipo de tutela.[176] Es un plan perfectamente viable: Costa Rica era el lugar con la deforestación más rápida del mundo y ahora protege activamente un tercio de su territorio y encima obtiene ingresos gracias al turismo de naturaleza atraído por sus ecosistemas enriquecidos.

Es importante recordar que en muchas de las zonas identificadas para la conservación viven poblaciones indígenas, con sus necesidades y medios de sustento. Podemos proteger el ambiente natural solo si protegemos también a los seres humanos. En algunos casos puede llevarse a cabo pagando a las comunidades para tutelar los bosques y la fauna salvaje. Las personas que recientemente se han instalado en un ecosistema importante podrían ser recompensadas por trasladarse a otro lugar, mediante programas que les proporcionen un techo y un sustento en el lugar de acogida. También serán de ayuda los instrumentos financieros que inciten a los mercados a invertir en la recuperación de la naturaleza (más que en su destrucción),[177] quizá con alguna flexibilización cuantitativa del carbono.

Los índices de extinción son al menos mil veces superiores a los que se registrarían en ausencia de actividades humanas y en algunos casos estas pérdidas representan una amenaza directa para nosotros. Los polinizadores, por ejemplo, son esenciales para muchos de nuestros alimentos y, sin embargo, en el Reino Unido el 97 % de los prados se ha perdido a causa de la agricultura intensiva, lo que ha provocado una disminución de la población de insectos y aves. Puesto que estamos intentando producir más alimentos en parcelas más reducidas para una población global de 9000 millones de personas, el impacto en el ambiente natural podría empeorar. Como remedios para lidiar con el problema se podría obligar a introducir en los campos agrícolas unas franjas de flores silvestres, que contribuirían a la proliferación de los polinizadores y además reducirían el uso de pesticidas, con una pérdida mínima de terreno cultivable. Las ciudades también pueden desempeñar un papel activo. Los jardines privados de Gran Bretaña cubren una superficie mayor que todas las reservas naturales del país juntas; son más de cuatro millones de hectáreas que podrían sembrarse con flores importantes para la biodiversidad. Las cunetas con hierba en las carreteras y las zonas urbanas podrían diversificarse y dejarse sin cortar; en el caso del Reino Unido, el área total de cunetas herbosas equivale a la del condado de Dorset.

Dada la magnitud y el alcance de la pérdida de biodiversidad, en muchos casos son indispensables intervenciones inmediatas para que las especies puedan hacer frente a los cambios en el ambiente causados por la actividad humana. Disponemos de herramientas genéticas capaces de ayudar a las especies a adaptarse a las condiciones del Antropoceno, si bien se trata de un proceso largo y costoso. En Estados Unidos han modificado genéticamente los castaños americanos para protegerlos del cancro (úlcera que daña la corteza); están clonando turones patinegros para rescatar la especie, que estaba al borde de la extinción; y están manipulando genéticamente algunas colonias coralinas para que resistan las temperaturas más cálidas de los mares. En ciertos casos, será necesario ayudar a migrar a las especies en peligro a través de un traslado activo; en otros, habrá que implantar políticas de tutela y zonas de protección: en Ruanda, por ejemplo, los turistas pagan una entrada para ver a los gorilas y ese dinero se destina a financiar proyectos de desarrollo en las comunidades y de tutela ambiental. A medida que las poblaciones humanas vayan abandonando los trópicos, quienes se queden tendrán muchas oportunidades de trabajo en la protección y la recuperación de la naturaleza, importantes para todo el planeta.

En las próximas décadas de migración urbana se vivirá un abandono masivo de las áreas rurales, por lo que las parcelas agrícolas de todo el sur global se reunirán en fincas más grandes y se cultivarán de forma mucho más eficiente; ello permitirá que los terrenos marginales improductivos vuelvan a la naturaleza. Las variedades de cultivos genéticamente modificados también deberían reducir la necesidad de fertilizantes químicos nocivos para el ambiente. Las hortalizas que hoy se cultivan con excesivos pesticidas podrían cultivarse en eficientes granjas verticales urbanas automatizadas, sin necesidad de pesticidas, o en pequeñas empresas agrícolas familiares que empleen métodos sostenibles y que sean recompensadas económicamente por preservar y regenerar la biodiversidad. La agricultura regenerativa ayudará a restablecer y mantener el carbono y la fertilidad de los suelos.

Las soluciones a nuestros problemas ambientales basadas en la regeneración de la naturaleza solo pueden llegar hasta cierto punto, sobre todo si el problema se ha vuelto demasiado grave como para que la naturaleza prospere. Desde hace más de una década, en África y China se están llevando a cabo proyectos de reforestación, la «muralla verde», pensados para contrarrestar la creciente desertificación debida al calentamiento global, aunque no siempre han tenido éxito. Muchos de los árboles plantados no sobreviven.

La siembra de árboles es un método muy popular para compensar las emisiones de carbono, pero en muchos casos las especies elegidas no son las adecuadas para las condiciones locales y se corre el peligro incluso de aumentar las emisiones de dióxido de carbono;[178] sería mucho mejor dejar esos terrenos para pastos. En otros casos, se crean plantaciones en el desierto con poca diversidad y pocos de los beneficios del ecosistema de un bosque mixto natural.[179] El uso de árboles como «compensación de las emisiones» comporta ulteriores problemas, como el recuento doble de los mismos bosques por parte de más de un sujeto, la falta de verificación y el cuidado a largo plazo de los aspiradores de carbono, entre otros. Si se plantan árboles para compensar las emisiones, pueden necesitarse décadas de crecimiento para alcanzar este objetivo, ¿y qué ocurre si el bosque se incendia? Es evidente que el mercado y la gobernanza de las compensaciones requieren una reglamentación detallada, separada de los impuestos medioambientales y la tarificación de las emisiones.

Sin embargo, regenerar el planeta significa repoblarlo con vegetación. En los lugares deforestados por una mala gestión del territorio y que son practicables para la silvicultura, como las tierras bajas británicas, la plantación de árboles podría ser enormemente eficaz y con las inversiones oportunas llegarían también puestos de trabajo. Al mismo tiempo, tenemos que proteger otras formas fundamentales de vegetación, como las praderas de las regiones esteparias y semiáridas, que actúan como excelentes sumideros de carbono y es mucho menos probable que se incendien comparados con un bosque ubicado de forma inadecuada. Las turberas también son fundamentales, pues retienen el doble de carbono que un bosque: un 50 % de la turba es carbono. Y, sin embargo, estos importantes humedales son talados, drenados y quemados a un ritmo alarmante para dar espacio a la agricultura, desde el Reino Unido hasta los trópicos.

Las praderas marinas, los manglares y las marismas son excelentes depósitos de carbono —30 veces mejores que los bosques terrestres— y además contribuyen a la reducción de la erosión y a alimentar a peces y otras formas de vida marina. Muchísimos ecosistemas de este tipo, a menudo denominados de «carbono azul», están actualmente en peligro, y una mejor acción de protección y recuperación de este tipo de ecología tendría muchos beneficios, como la creación de empleos. En todo el mundo existen varios proyectos cuyo objetivo es plantar y cultivar praderas marinas en lechos a una profundidad suficiente para que no les molesten los barcos y repoblar los manglares tropicales, en concreto en lugares donde el desarrollo urbanístico ha causado su destrucción. Las algas laminariales también son otro importante sumidero de carbono de rápido crecimiento con múltiples ventajas para el ecosistema; y, naturalmente, son comestibles.[180]

La regeneración de la biodiversidad del planeta es una empresa global y que requiere mucha mano de obra que podrá crear empleos para los migrantes y la población autóctona, financiados por colaboraciones público-privadas. Este importante trabajo de «comunidad global» podría formar parte de los programas nacionales de construcción comunitaria de muchas nuevas ciudades.

Sin embargo, no todo puede recuperarse. Los arrecifes de coral, que sustentan el 25 % de la vida del planeta y que son el medio de subsistencia de mil millones de personas a nivel global, tienen una duración prevista no superior a los cuarenta años, porque están muriendo erosionados a causa del calor y las condiciones de acidez del medio. Con un calentamiento de 2 °C, las barreras coralinas «desaparecerán en su mayoría». De todos modos, con un aumento de 1,5 °C también se registrará la pérdida del 90 % de los corales que conforman las actuales barreras. Como apasionada del submarinismo que soy, es una pérdida desgarradora, pero su importancia no se limita a su belleza. Actualmente, los arrecifes contribuyen a servicios ecosistémicos del valor de diez billones de dólares aproximadamente, como la protección de las costas de la erosión y de las tormentas, y la producción de arena de nuestras playas. En casos como este, en que no podemos preservar los ecosistemas en su estado actual, al menos tendríamos que intentar recuperar algunas de sus funciones, por ejemplo, creando barreras artificiales que puedan funcionar como viveros de peces. La ingeniería genética y la cría selectiva de pólipos coralinos y sus algas simbiontes para producir variedades más resistentes al calor pueden ayudar a prolongar la vida de algunos arrecifes —y también sería muy útil eliminar otros factores de estrés, como la contaminación o los daños causados por las embarcaciones—, pero, si las temperaturas globales no dejan de aumentar, las barreras coralinas están condenadas.

La restauración del clima

Hacia el año 2050, alrededor de la mitad de la población mundial vivirá en regiones tropicales vulnerables (respecto al actual 40 %), pero gran parte de esa zona empezará a volverse inhabitable antes de esa fecha. Si consiguiéramos reducir la temperatura del planeta, menos personas se verían obligadas a migrar y los desplazados podrían volver. De todos modos, los métodos para lograrlo, conocidos como geoingeniería, están en su mayor parte aún por experimentar y son polémicos.

Una de las formas es reducir la cantidad de dióxido de carbono en la atmósfera, una operación compleja a gran escala (sobre todo si seguimos añadiéndolo) y lenta, pero que vale la pena intentar porque se recuperaría un sistema climático más estable y seguro, en muchos casos incluso mejorando la biodiversidad. La otra opción consiste en enfriar físicamente el planeta reduciendo la cantidad de radiaciones solares que lo calientan. Ello podría llevarse a cabo mediante técnicas como la inyección de partículas reflectantes en la estratosfera.

Tenemos en nuestras manos el termostato del planeta, así que podemos elegir si empezar a limitar el calentamiento enseguida, antes de que millones de personas tengan que trasladarse, o si esperamos a que llegue alguna gran crisis, como olas de calor consecutivas que matarán a miles de personas, antes de emplear técnicas de geoingeniería. Este esfuerzo por limitar las temperaturas globales exige una respuesta política, social y tecnológica sin precedentes. Lo que está en juego es importantísimo: si el mundo se volviera mucho más cálido, ni la migración nos salvaría.

Evidentemente, tenemos que dejar de agravar el problema, lo que significa dejar de usar combustibles fósiles e impedir que los suelos del planeta liberen sus reservas de carbono al alterarlos con la agricultura, la sequía, la deforestación o el calor. También tenemos que eliminar de la atmósfera el carbono que ya hemos emitido, a través de una siembra regeneradora de vegetación y asegurándonos de que el carbono eliminado se quede bien cerrado bajo llave. Los bosques llevan a cabo la denominada «actividad de emisiones negativas» únicamente si no se talan ni se queman; y las praderas marinas son excelentes sumideros de carbono en los lechos marinos. Otra estrategia posible consiste en coger biomasa vegetal —como rastrojos de maíz u otros residuos agrícolas— y calentarla en ausencia de oxígeno para producir carbón vegetal («biocarbón»), que es una forma sólida de carbono que puede enterrarse en los suelos para enriquecerlos. Luego estos terrenos pueden usarse para que crezca más vegetación, absorbiendo así cada vez una parte de carbono. La desventaja es que estos residuos agrícolas no pueden destinarse a pienso para animales, abono u otros fines.

La bioenergía con captura y almacenamiento de carbono (BCAC) es un proceso muy popular entre los gobiernos y las empresas que aspiran a tecnologías de bajo coste para compensar sus emisiones. La tecnología BCAC consiste en cultivar plantas para usarlas como combustible, quemarlas en centrales eléctricas para producir energía y capturar el dióxido de carbono producido, para luego almacenarlo con seguridad. El problema es que la cantidad de terrenos necesarios para marcar una diferencia significativa en las emisiones netas globales es enorme —según algunos cálculos, hasta el ochenta por ciento de las actuales tierras cultivadas— y, como hemos visto, estos terrenos son indispensables para la producción de alimentos y la preservación del ambiente natural. Usar esta valiosa tierra para cultivar plantas combustibles es indecente.

La fertilización de los océanos ofrece un excelente potencial para la recuperación del clima sin necesidad de usar los valiosos suelos. Los océanos se fertilizan de forma natural a través de los minerales que llegan volando de los suelos desérticos y estos nutrientes posibilitan el crecimiento del fitoplancton, que durante la fotosíntesis absorbe alrededor del cuarenta por ciento del dióxido de carbono total (el cuádruple que el capturado por la selva amazónica). El fitoplancton constituye la base de la red trófica oceánica, de ahí su extrema importancia para la biodiversidad. Su crecimiento se ve limitado por la ausencia de nutrientes, sobre todo hierro. Si se añadiera este elemento a las aguas oceánicas en lugares como la Antártida, aumentaría drásticamente la producción de fitoplancton, que absorbería el dióxido de carbono y por lo tanto reduciría también la acidificación de los océanos. En eras geológicas del pasado, los vientos llevaron hasta los mares cantidades mucho mayores de polvo del desierto, lo que produjo un enfriamiento del planeta. Así pues, con la fertilización artificial de los océanos se obtendría el mismo resultado.[181]

Los grandes mamíferos oceánicos, en concreto las ballenas, ayudan en este cometido. Las ballenas se nutren en las profundidades del océano y vuelven a la superficie para respirar y expulsar los excrementos, ricos en hierro, lo que crea las condiciones perfectas para el crecimiento del fitoplancton.[182] La caza industrial de ballenas del siglo XX destruyó este ecosistema marino rico en carbono y la protección de estos cetáceos ayudaría enormemente a poner remedio al problema.[183] La fertilización asistida de los océanos contribuiría a recuperar las poblaciones de ballenas al sustentar poblaciones más numerosas de kril, que se alimenta de fitoplancton y que, a su vez, representa el alimento principal del que dependen las ballenas.

Restaurar este ciclo complejo a través de la fertilización de los océanos para que absorban más dióxido de carbono es una perspectiva mejor para reducir la temperatura global que gran parte de las plantaciones arbóreas terrestres planificadas e irrealizables, pero, como actualmente está clasificada como «geoingeniería», se considera una intervención demasiado arriesgada y solo aprobada en experimentos científicos a pequeña escala.[184] Uno de los temores en cuanto a la fertilización de los océanos es el crecimiento descontrolado de las algas, que merman el oxígeno de las aguas poco profundas, causando la muerte de otras formas de vida marina y la creación de «zonas muertas». Esto es lo que ocurre cuando los fertilizantes agrícolas se usan en exceso y acaban por contaminar las masas de agua terrestres y las zonas costeras. Sin embargo, fertilizar el océano en lugares donde los nutrientes son limitados y la circulación de las aguas es fuerte elimina el riesgo de crear zonas muertas y podría tener la ventaja añadida de contribuir a limpiar y desacidificar el agua para los importantes organismos constructores de caparazones, como el plancton y los corales. Hay estudios piloto en marcha, pero sería oportuno probar ya mismo una restauración a mayor escala.

La tecnología de captura y almacenamiento del carbono (CAC) deberá instalarse en todas las centrales eléctricas alimentadas por combustibles fósiles. Como hoy la mayor parte de las chimeneas de las centrales eléctricas libera una mezcla bastante concentrada con un diez por ciento aproximado de dióxido de carbono, sería de gran utilidad impedir que la continua combustión de materiales fósiles de estas plantas se añadiera a la crisis de calentamiento global. Existe una amplia capacidad de almacenamiento para este carbono, en los acuíferos salinos profundos o en las capas freáticas sedimentarias. Una parte también se puede vender para uso industrial, en los invernaderos comerciales, o para producir carburantes sintéticos combinándolo con hidrógeno. Hoy, cuando se usa esta tecnología, el dióxido de carbono se bombea principalmente en pozos petrolíferos agotados para intentar extraer más petróleo o gas fósil, una operación de todo menos ideal. En la mayoría de los países los costes han frenado el almacenamiento puro, pero con la tarificación del carbono y el objetivo vinculante del cero neto, la adopción de la CAC será inevitable; evidentemente, su difusión reducirá los costes. Y la inversión gubernamental será un elemento clave.

También podemos capturar el carbono directamente del aire con una tecnología geológica, acelerando el proceso natural de la «meteorización». Se trata de la continua erosión de las rocas que reaccionan químicamente con el dióxido disuelto en el agua pluvial, se fracturan y acaban en gran parte en el océano, donde el carbono se almacena en el lecho marino. Este proceso absorbe alrededor del 0,3 % de nuestras emisiones de carbono, pero con la meteorización acelerada la cifra podría aumentar drásticamente. Algunas rocas se prestan mejor que otras. Los silicatos, como el basalto o el olivino, comunes en la superficie terrestre, se muelen hasta convertirse en un polvo altamente reactivo que puede esparcirse por los campos agrícolas, donde las raíces de las plantas y los microbios del suelo aceleran la eliminación del dióxido de carbono. Este polvo también representa un medio excelente para añadir minerales al terreno, aumentando así el nivel de los nutrientes,[185] mejorando el rendimiento de los cultivos y contribuyendo a regenerar los terrenos agrícolas degradados. Además, los silicatos protegen los cultivos de los parásitos y de las enfermedades. Como la meteorización acelerada hace que el agua se vuelva más alcalina, puede contrarrestar la acidificación de los suelos debida al excesivo uso de fertilizantes; de hecho, los agricultores a menudo añaden cal a los terrenos con este objetivo, pero en su lugar podrían emplearse los silicatos. El conjunto de estos beneficios aumentaría la rentabilidad de las empresas agrícolas e incitaría al sector a adoptar la meteorización acelerada. Y todo ello a la vez que se elimina dióxido de carbono de la atmósfera.

La meteorización acelerada también puede emplearse en los océanos, esparciendo silicatos en las playas que luego las mareas transportan hacia el mar. De este modo se podría eliminar parte del dióxido de carbono de los océanos —lo que significa que estos podrían absorber una mayor cantidad de gas de la atmósfera, reduciendo así las temperaturas globales— y disminuir la acidificación de las aguas, sobre todo cerca de las zonas donde se esparcen los silicatos. Podría convertirse en una ayuda vital para los ecosistemas de las barreras coralinas.

El problema es el coste: extraer y pulverizar roca y sembrarla a gran escala requiere energía y sale caro:[186] el coste por tonelada de dióxido de carbono es varias veces superior al de la BCAC, por ejemplo.[187] Pero las industrias mineras, petrolíferas y del gas tienen una enorme oportunidad de invertir en el proceso como «compensación» por las emisiones producidas en otros lugares; y los relaves y residuos mineros, que hoy representan un problema de eliminación de desechos para la industria, podrían usarse para la meteorización acelerada creando una situación ventajosa para todos.

Una opción más popular es utilizar tecnologías de tipo CAC para capturar el dióxido de carbono directamente del aire, y hay grandes inversiones en esta dirección, con varias empresas emergentes que están ideando grandes depósitos para hacerlo. El problema es que en el aire el gas solo se encuentra en concentraciones del 0,04 %, por lo que eliminarlo consume mucha energía: potencialmente la mitad de los actuales suministros energéticos globales, según un estudio.[188] Además, hay mucho aire, por lo que se necesita una industria global capaz de aspirar aire a enorme escala y de capturar el dióxido de carbono para su almacenamiento. Por ahora no existe ningún proyecto que se acerque a esa previsión. El proceso de eliminación del dióxido de carbono requiere millones de toneladas de solvente y cantidades de energía considerables,[189] por lo que la captura directa del aire (CDA) resulta extraordinariamente costosa e intensiva en recursos y energía. Aunque se aplicara esta tecnología con éxito a escala planetaria y las concentraciones de dióxido de carbono se redujeran de forma significativa, existe otro problema: los océanos podrían responder devolviendo parte del dióxido a la atmósfera. El anhídrido carbónico está en constante movimiento entre la atmósfera y los océanos y nadie sabe qué podría pasar con esta nueva perturbación del equilibrio, pero según los científicos hasta un veinte por ciento del dióxido de carbono eliminado con la CDA podría reintegrarse a través de la emisión de los océanos.[190] De todos modos, es fundamental probar la captura de aire directa a gran escala en el marco de nuestra investigación cada vez más desesperada por no superar los 2 °C de aumento de la temperatura.

Es preocupante ver que todos los planes de acción oficiales para alcanzar las emisiones netas cero antes del 2050 se basan en gran medida en el sistema de BCAC o de CDA o ambos, cuya eficiencia aún no se ha demostrado a gran escala. Si bien, en cierto sentido, apostar por la tecnología del futuro puede ser más realista que apostar por la reducción de los consumos a través de un cambio masivo en la sociedad, no creo ni mucho menos que ninguna de las dos opciones impida que superemos temperaturas globales peligrosas.

Ya estamos sufriendo las consecuencias del aumento de la temperatura global de tan solo 1,2 °C: en el último decenio, 21,5 millones de personas al año se vieron obligadas a trasladarse a causa de condiciones climáticas extremas, el triple que los desplazados por conflictos y nueve veces más que las personas que huyen de persecuciones; y se calcula que la cifra se triplicará en las próximas décadas. En el 2020, el mundo sufrió unos daños derivados de factores meteorológicos valorados en 210 000 millones de dólares. Cuando el aumento de la temperatura global supere 1,5 °C (lo que podría pasar en el 2026),[191] tres mil millones de personas vivirán en lugares donde se experimentarán habitualmente condiciones ambientales más allá del umbral de habitabilidad humana. Tengo la sensación de que el mundo aún esperará alguna década antes de reducir las temperaturas globales, pero entonces la migración masiva ya será inevitable.

En vista de lo que hay en juego, no me cabe duda de que para mantener las temperaturas globales a niveles seguros empezaremos a emplear tecnologías que nos permitan reflejar una parte de calor del Sol para impedir que llegue a la Tierra. Actualmente, esta forma de geoingeniería —planes de intervención a gran escala orientados a modificar el sistema climático terrestre— sigue considerándose tabú, a diferencia del aumento de las temperaturas a causa de las emisiones. Dejemos las cosas claras: el cambio del uso del suelo a escala planetaria, la extensa contaminación atmosférica, la liberación de masivas reservas de carbono fósil que calientan la atmósfera y los océanos... todas ellas son acciones de geoingeniería, aunque no se etiquetan como tales. Por tanto, en un intento por que nuestro planeta recupere un estado más habitable, deberíamos utilizar todos los instrumentos que están a nuestra disposición.

La pérdida de los glaciares está avanzando a un ritmo récord; Groenlandia y la Antártida están registrando los índices de deshielo más rápidos del mundo. El proceso ya está empezando a aumentar el nivel de los mares y es inevitable que ese hielo siga derritiéndose a causa de las emisiones que hemos liberado hasta ahora. Tenemos varias propuestas para hacer frente al catastrófico derretimiento de los glaciares aumentando su albedo (reflectancia), como por ejemplo mediante el revestimiento de los glaciares con mantas geotextiles reflectantes, una solución que por ahora solo se ha empleado en los Alpes europeos. Otra idea, actualmente en fase de experimentación en Alaska,[192] consiste en innivar los glaciares con nieve reflectante a base de silicio (vidrio). De esta forma se aumenta la reflectancia del hielo entre un 15 y un 20 %. La aplicación masiva de esta medida, que costaría 5000 millones de dólares, podría reducir las temperaturas locales en 1,5 °C, y aumentar el espesor de los hielos en 50 cm, lo que nos permitiría ganar quince años de tiempo de calentamiento, según los organizadores del proyecto.

Los investigadores también han propuesto usar unas gigantes bombas eólicas para recongelar el océano Ártico. Durante el invierno, las bombas cogerían agua del mar y la verterían sobre la superficie de los glaciares para espesar la capa de hielo ya existente y evitar que se redujera demasiado durante los meses más cálidos. El glaciólogo Michael Wolovick, de la Universidad de Princeton, ha sugerido que algunos glaciares de Groenlandia o de la Antártida podrían estabilizarse con el uso de una barrera submarina artificial —una especie de montículo en el lecho oceánico, quizá construido con arena o rocas— que impediría que el agua caliente del océano se infiltrara bajo el hielo y lo derritiera de abajo arriba. Otra idea consiste en incrementar la blancura de las nubes bajas que cubren estos importantes glaciares polares rociándolas con gotículas de agua salada que se bombearían desde una flota de buques dron teledirigidos, para que proyecten una mayor sombra en el hielo y reduzcan su temperatura. El exasesor científico del reino Unido sir David King está a cargo de un proyecto que espera experimentar este método en el 2024.

La misma idea de aumentar la reflectancia y el espesor de las nubes podría aplicarse para proteger los arrecifes de coral de la decoloración causada por las altas temperaturas. Algunos científicos han efectuado una prueba en la Gran Barrera coralina australiana, usando una turbina modificada, instalada en la parte posterior de una barcaza, con 100 pulverizadores de alta presión para vaporizar en el aire cientos de billones de nanocristales de sal oceánica por segundo. El equipo potencia el proceso natural de formación de las nubes, que tiene lugar principalmente cuando la humedad se recoge en torno a los cristales de sal transportados por los vientos procedentes de las superficies oceánicas. En el experimento los cristales salinos permanecen en el aire solo uno o dos días, pero está previsto multiplicar al menos por diez la escala de la operación, empleando cada vez más turbinas y de mayores dimensiones. A ese nivel podrían generarse nubes capaces de cubrir cientos de kilómetros cuadrados, los suficientes como para enfriar ligeramente las temperaturas del océano. Otras opciones que se están explorando para prolongar la vida de los arrecifes existentes es el lanzamiento de chorros de agua fría en las aguas superficiales para crear una ligera niebla o neblina por encima; y, más factible, colocar en la superficie del mar una película muy fina de carbonato de calcio reflectante. Una tecnología parecida ya se emplea para prevenir la evaporación en las presas y en los embalses, incluidos los destinados al agua potable, y puede reducir la penetración de la luz en más de un veinte por ciento. Las películas superficiales solo tienen que colocarse periódicamente (con aviones, barcos o boyas automatizadas), en verano, cuando se prevén condiciones de blanqueo de los corales, para reducir la radiación solar que llega a los arrecifes. Es probable que, en las próximas décadas, el uso de esta tecnología de finas membranas se extienda más allá de la protección de los corales, sobre todo para conservar el agua de los depósitos hídricos, junto con la tecnología solar flotante.

Las peores consecuencias del calentamiento global se percibirán obviamente en las zonas habitadas del planeta: la tierra firme. Esta requiere una técnica de enfriamiento regional o global, que podría realizarse pulverizando partículas de sulfatos en la estratosfera. Mientras que el dióxido de carbono calienta la atmósfera absorbiendo el calor, los sulfatos la enfrían, porque reflejan parte de la luz solar hacia el espacio. Los efectos del enfriamiento parecen ser más pronunciados en los trópicos que en los polos, por eso esta técnica no serviría para protegernos del aumento del nivel de los mares debido al deshielo de los casquetes, aunque podemos salvar miles de vidas durante las olas de calor de los próximos decenios y evitar que millones de personas tengan que migrar.

El tabú en torno a este tipo de geoingeniería ha impedido que se efectúen de forma transparente incluso las pruebas más banales, por lo que tenemos que confiar en los estudios basados en modelos. De todos modos, los principios químicos y físicos que apuntalan la idea de rociar sulfatos en la estratosfera son bien sabidos y hay pocos motivos para dudar de la eficacia de esta tecnología para enfriar el planeta. El problema es que aún no sabemos cómo difundir dichos sulfatos de forma eficiente, con qué frecuencia hacerlo ni qué otras consecuencias atmosféricas o climáticas podrían derivarse, en concreto en términos de circulación meteorológica y precipitaciones.

Enfriar el planeta alargaría la viabilidad de las partes densamente pobladas de Asia y África y permitiría que las ciudades usaran menos recursos para el aire acondicionado y el suministro hídrico. Unos suelos más frescos y con menos evaporación facilitarían la reforestación de los trópicos y contribuirían a eliminar dióxido de carbono de la atmósfera. Gracias al enfriamiento, los agricultores podrían trabajar al aire libre sin arriesgarse a morir por estrés térmico y, además, sería beneficioso para los cultivos. Lo más eficaz para protegerlos de las peores consecuencias del cambio climático global es reducir la temperatura de superficie, algo que, según los estudios, es más importante que las precipitaciones. De hecho, según un estudio del 2021,[193] enfriar el planeta con la geoingeniería solar sería más beneficioso para el rendimiento de las cosechas que reducir las emisiones, pues el dióxido de carbono es útil para las plantas durante la fotosíntesis.

Evidentemente, ello no significa que debamos frenar la reducción de las emisiones nocivas y la eliminación urgente del dióxido de carbono presente en el planeta. Todo lo contrario: debemos tomar en consideración estas costosas técnicas de enfriamiento solo porque seguimos calentando el planeta con anhídrido carbónico. La reflexión solar no resuelve ninguno de los problemas de fondo derivados de la excesiva presencia de carbono en la atmósfera, como la acidificación de los océanos, pero nos permitiría ganar algo de tiempo para descarbonizar el planeta y lograr emisiones negativas. Lo verdaderamente importante es que mantener el planeta más frío durante más tiempo ayudaría a las poblaciones más pobres a adaptarse y a paliar la pobreza, un objetivo fundamental desde el punto de vista moral y para recuperar los ecosistemas. Mientras, puede incrementarse la captura de las actuales emisiones de carbono presentes en el aire. Todo lo que tenemos que hacer para pasar a una economía global de emisiones cero, el aumento de la biodiversidad al que aspiramos, las mejoras en las condiciones de vida y el bienestar de las personas... todo sería más fácil en un mundo no agravado por un clima catastrófico, fenómenos meteorológicos extremos cada vez más frecuentes, la sequía o las olas de calor. Contar con la posibilidad de enfriar el planeta y no usarla sería moralmente indefendible.

Los sulfatos —hay otras opciones, pero son menos prometedoras— podrían liberarse en la estratosfera con un flujo constante gracias a aviones que vuelan a gran altitud o con drones autónomos. El efecto de enfriamiento sería inmediato, pero los sulfatos no duran mucho tiempo en la atmósfera, por lo que sería necesario distribuirlos continuamente y luego gradualmente eliminarlos junto con las concentraciones en descenso de dióxido de carbono; de lo contrario, los efectos del dióxido de carbono en el calentamiento volverían a manifestarse.

Aún no hemos intentado enfriar el planeta de esta forma, así que no sabemos si habría efectos no deseados y, de haberlos, si serían mayores que los de un calentamiento continuo. En cualquier caso, las consecuencias negativas podrían eliminarse en un tiempo relativamente breve, bastaría con interrumpir la emisión de sulfatos. No sabemos qué repercusiones puede tener una ligera reducción de la luz ultravioleta en la producción agrícola y en los ecosistemas naturales,[194] por ejemplo. Existe el temor de que, en algunos lugares, esta técnica comporte una reducción de las precipitaciones. Para afrontar la situación, los científicos han examinado los efectos de la modulación del proceso: según las simulaciones, reduciendo a la mitad (y no del todo) el calentamiento global mediante el enfriamiento con sulfatos, las inyecciones de estos compensan igualmente gran parte del aumento de intensidad de los ciclones tropicales inducido por el dióxido de carbono, y ni la disponibilidad de agua ni las temperaturas o las precipitaciones extremas se ven exacerbadas en ninguna región.[195] En general, el enfriamiento por sulfatos reduciría la sequía: un estudio muestra una reducción de la frecuencia de olas de calor y de días de sequía consecutivos en casi todas las regiones del planeta, en un contexto climático con una cantidad de dióxido de carbono atmosférico del doble respecto a los niveles preindustriales (previsto alrededor del 2060).[196]

Aun así, añadir cantidades crecientes de dióxido de carbono a la atmósfera ha conllevado unas consecuencias indeseadas con resultados muy desiguales a nivel global; tenemos que asegurarnos de no repetir el mismo error. Por ejemplo, las personas perjudicadas por el enfriamiento solar tendrían que recibir un resarcimiento. Una gobernanza y una supervisión son menester. Actualmente existe una Solar Radiation Management Governance Initiative, pero carece de autoridad y de un mandato claro.[197]

Hay quien piensa que, si optamos por la vía «fácil» del enfriamiento con la geoingeniería, no realizaremos ningún esfuerzo por reducir las emisiones de dióxido de carbono. Está claro que no escasean los sujetos emisores que intentan evitar o retrasar los compromisos de la descarbonización valiéndose de los créditos del carbono, por eso los entes reguladores deben tomar precauciones para que la geoingeniería se use como complemento de la reducción de las emisiones y no en su lugar.

En algunos sectores también existe cierto malestar moral sobre el uso de la tecnología para resolver el calentamiento global causado por nuestro «mal» comportamiento contaminante; un celo puritano que insiste en que las personas modifiquen drásticamente sus estilos de vida, por ejemplo, abogando por un crecimiento negativo, como forma —¿tal vez moralmente mejor?— de enfriar el planeta. Evidentemente, hay individuos con estilos de vida obscenamente contaminantes y todos nosotros debemos ser conscientes de nuestro impacto en el medio, pero algunos ambientalistas parecen mucho más propensos a imponer cambios radicales en las sociedades, con los desbarajustes que ello comporta, en lugar de modificar el estado «natural» de la Tierra mediante la geoingeniería. La idea me parece discutible, pero ese es el problema de la moral, que todo es subjetivo. Para mí, lo moralmente correcto es hacer todo lo posible para que los seres humanos puedan vivir en un clima seguro y con comida suficiente. Ello significa ayudar a quienes viven en peligro o en graves dificultades económicas a migrar hacia un lugar seguro y reducir las temperaturas globales para recuperar una estabilidad climática. (No nos olvidemos de que las temperaturas actuales son el resultado de las malas acciones realizadas en el pasado; las consecuencias de las que realizamos ahora se manifestarán en el calentamiento futuro.)

Los múltiples beneficios de una economía verde en términos de salud, medios de subsistencia y protección, y coste de los ecosistemas hacen que el abandono de los combustibles fósiles sea la medida más urgente y evidente para reducir las temperaturas globales y la legislación debería garantizar la continuación de este proceso. El problema es que los combustibles fósiles impregnan nuestros sistemas humanos, la producción alimentaria y energética, los transportes y los procesos industriales, de ahí que sustituirlos sea un esfuerzo lento y costoso, que ciertos intereses nefarios frenan aún más. Es un proceso más lento que la física del calentamiento global y, mientras tanto, miles de millones de personas se ven amenazadas por un probable aumento de la temperatura de entre 3 y 4 °C. Para mí, es un riesgo inaceptable. Significa que no podemos descartar ninguna hipótesis para enfriar el planeta y las más viables tienen que salir adelante. El enfriamiento con sulfatos es, sin duda alguna, una de ellas.

Incluso poniendo todo de nuestra parte para reducir las emisiones de gases de efecto invernadero, nos dirigimos inexorablemente hacia un aumento de la temperatura de al menos 3 °C. Si inyectáramos unas diez megatoneladas de sulfatos al año en la estratosfera, podríamos desviar hacia el espacio alrededor del uno por ciento de la luz solar, lo que mantendría las temperaturas por debajo del aumento de 1,5 °C. Esta acción podría bastar para evitar un aumento catastrófico del nivel de los mares, para limitar la sequía, los incendios forestales y los huracanes, y para dar una oportunidad a algunas barreras coralinas. Para hacerse una idea: la contaminación industrial actual genera, entre otras cosas, alrededor de cien megatoneladas de sulfatos al año.

Hay aspectos del enfriamiento solar de los que se habla menos. Para empezar, las consecuencias se distribuirán de forma desigual. Mientras que el calentamiento global perjudica desproporcionadamente a los países tropicales e incluso comporta beneficios para los más fríos, cuando se trata del enfriamiento sucede lo contrario: el efecto refrigerante de las actuales emisiones de sulfatos por parte de la industria y del transporte marítimo beneficia a las economías tropicales, pero perjudica a las más frías.[198] Se prevé que ocurra lo mismo con el enfriamiento global estratosférico. Es decir, la franja tropical del sur global, que alberga a miles de millones de personas, saldría ganando, con un incremento del rendimiento de las cosechas y condiciones climáticas más confortables, mientras que el enfriamiento no sería significativo en las zonas septentrionales, algunas de las cuales ya están gozando de temperaturas más cálidas, de un aumento de las tierras libres de hielo y de mejores rendimientos agrícolas. Eso significa que a medida que la mitigación y la retirada del dióxido de carbono mejore y alcancemos el cero neto global —y luego empecemos a reducir las concentraciones para llegar a 425 ppm o incluso volver a las 400 ppm—, las regiones del norte perderán las ventajas de unas temperaturas más altas, mientras que el sur global se volverá menos peligroso y más habitable.

La geoingeniería nos brinda la posibilidad de elegir la temperatura de nuestro planeta —y podríamos no ponernos de acuerdo en cuál es la ideal—. Quienes viven en los trópicos quizá prefieran una temperatura más fresca, en la que no se necesite aire acondicionado y la sequía se manifieste más esporádicamente; por otro lado, quienes viven en las latitudes septentrionales tal vez deseen una temperatura más cálida, sobre todo cuando hayamos adaptado las infraestructuras y hayamos construido ciudades nuevas y prósperas. Viviendo en Londres, con un aumento global de la temperatura de 1,2 °C ahora puedo tener cítricos en mi jardín y gasto menos en calefacción. Me gusta mucho más este nuevo clima mediterráneo del sureste inglés que el frío de antes. Pero, al mismo tiempo, este calentamiento global ha hecho que en los últimos cincuenta años se haya quintuplicado el número de desastres meteorológicos, que han causado la muerte de más de dos millones de personas y han supuesto unas pérdidas económicas valoradas en 3,64 billones de dólares.[199]

En los últimos cuatro mil quinientos millones de años, la Tierra ha oscilado entre temperaturas extremas, pero la mayor parte del tiempo ha sido más cálida que en la actualidad. Es más, casi siempre ha carecido de hielo. Sin embargo, nuestra especie evolucionó hacia el mundo glacial del Pleistoceno y nuestras civilizaciones no nacieron hasta el Holoceno, un recentísimo período climáticamente estable y con temperaturas relativamente templadas. Ahora estamos abocando el planeta a temperaturas más cálidas, llevando nuestra capacidad de adaptación hasta el límite. Pero ¿qué temperatura elegiríamos? ¿La media de la era preindustrial? ¿La de 0,5 °C más? ¿O 1 °C más? ¿Y quién debería tomar esta decisión? Estas son las preguntas fundamentales que plantear a un órgano de gobernanza global, que debería instituirse con urgencia y ser dotado de poderes efectivos.

La restauración de la biodiversidad y el clima del planeta para convertirlo en un lugar habitable para los humanos y la naturaleza pondría fin a gran parte del cataclismo. Cuanto antes lo hagamos, menos migraciones masivas habrá y menos personas tendrán sus vidas patas arriba. Pero, seamos sinceros: la migración no acabará —es una parte intrínseca de la naturaleza humana—, aunque será más fácil gestionarla y se gestionará mejor, espero. Si no tomamos las riendas de la restauración del planeta pronto y a gran escala, las temperaturas subirán a niveles tan altos que no habrá lugar seguro para la población humana.

Pero no es demasiado tarde. Según los pronósticos, la población global alcanzará su pico de 9700 millones de personas en el 2065. A partir de entonces, empezará a estabilizarse o, más probablemente, a reducirse, hasta volver a los niveles actuales ya en el 2100. Esta contracción de la población eliminará el exceso de presión sobre nuestros recursos, aunque comportará problemas debidos a la distribución demográfica. Si las condiciones meteorológicas lo permiten, la gran migración de la humanidad no acabará con el desplazamiento hacia latitudes más elevadas y la colonización de las regiones polares. Más bien, continuará durante el siglo siguiente, cuando las personas vuelvan para repoblar las regiones abandonadas. Con el tiempo, mientras seguimos con nuestra obra de recuperación, los humanos dejarán los lugares donde se habían refugiado para expandirse una vez más por los rincones más remotos del planeta.

CONCLUSIONES

Es absurdo que estemos sopesando la idea de una migración masiva de miles de millones de personas. Es absurdo que sigamos calentando el planeta, aun conociendo las consecuencias. Después de una carrera dedicada a escribir, investigar y hablar sobre el cambio climático y sus consecuencias, me parece increíble que todavía nos encontremos en esta situación. Y, sin embargo, aquí estamos. Mi hija me pregunta, con la fría racionalidad de una niña de seis años, por qué no dejamos de quemar combustibles fósiles. «No es tan fácil, cariño», le contesto irritada.

En realidad, sí lo es. Tenemos los conocimientos científicos y los medios tecnológicos; sería muy caro a corto plazo, cierto, pero disponemos de dinero y lo gastamos sin problemas en otras cosas. Hemos complicado las cosas. Estamos atrapados en una red sociopolítica y económica que hemos tejido nosotros mismos. Esta trampa inventada, esta creación humana, nos ha llevado a una situación de peligro tal que ahora nos vemos en la absurda posición de tener que salvar a la humanidad desplazando ingentes poblaciones de nuestra especie de lugares donde hemos vivido durante cientos de miles de años.

Las migraciones son inevitables, a menudo necesarias, y no habría que ponerles trabas. Pero una situación en la que miles de millones de personas se ven obligadas a dejar sus hogares porque algunas zonas del planeta se han vuelto inhabitables es trágica. Hasta cierto punto la situación no es del todo ineludible. Podemos, y debemos, reducir el aumento de la temperatura global, al menos para evitar un desplazamiento de personas extremo. Sin embargo, incluso a +1,2 °C, las personas ya tienen motivos suficientes para migrar. Debemos dejar de considerar a quienes se desplazan como un problema, aunque algunas de las razones por las que lo hacen lo sean.

Habría que elogiar gran parte de esta migración: las personas que se trasladan a otras ciudades, países o continentes se enriquecen y enriquecen también a las sociedades donde acaban viviendo. La migración ha sido una parte fundamental de la exitosa historia de nuestra especie y de la diversidad y complejidad de nuestras culturas. Si acaso, en las últimas décadas ha sido infrautilizada y muchas más personas podrían salir ganando si abandonaran sus hogares y buscaran fortuna en otros lugares.

Los migrantes son puentes entre culturas, nos ayudan a entender mejor cómo somos nosotros y los demás. Mi propia experiencia viviendo en distintos lugares me ha regalado importantes amistades y la ocasión de conocer otras formas de pensar y vivir, de comprender de cerca cómo son las personas y cómo funcionan los barrios, y de adquirir nuevos conocimientos lingüísticos. Igual de importantes han sido los migrantes que he conocido. Los migrantes suelen ser personas valientes, curiosas y con determinación, que dan un salto al vacío dejando atrás a personas, lugares e idiomas que conocen, a veces superando notables dificultades. Trasladarse al extranjero no es un error moral; no tenemos que castigar a las personas porque deciden dar ese paso. En cambio, convertimos la migración en un proceso innecesariamente complicado y a menudo peligroso, sobre todo para personas a las que deberíamos ayudar.

Las desigualdades sociales de este mundo ya nos llegan servidas: heredamos la ciudadanía, heredamos la seguridad de una casa, heredamos las oportunidades vitales. No podemos hacer mucho por cambiar las penas o glorias que rodean las circunstancias de nuestro nacimiento. Pero la seguridad no debería dejarse a los antojos del destino. Es demasiado importante. Tenemos que facilitar los desplazamientos de las personas por nuestro planeta compartido: es un planeta que todos, sin quererlo, hemos heredado.

Las migraciones en masa de este siglo serán protagonizadas por personas que se desplazarán del mundo pobre y azotado por el clima hacia el mundo más rico, en países que han alcanzado un bienestar gracias, en parte, al cambio climático. Se trata, pues, de una ocasión para impartir un poco de justicia social, permitiendo que tanto las poblaciones migrantes como las receptoras se beneficien del nuevo crecimiento económico. Las ciudades necesitan a los inmigrantes para crear riqueza, pero la inmigración tiene que gestionarse y respaldarse de forma adecuada, mediante un esfuerzo colaborativo. La cooperación es un instrumento muy eficaz, razón por la que la evolución tiende a favorecerla. Ello significa llegar a un acuerdo global sobre las vías seguras y legales para los migrantes y unos mecanismos para compartir los costes sociales y económicos iniciales de un gran flujo de nuevos ciudadanos. Es sorprendente que no exista una estrategia coherente, a nivel global, para atribuir a las personas los empleos disponibles, la formación y el alojamiento; sería fácil en nuestro mundo digital. Es hora de crearla.

La migración se enmarca como un problema de seguridad para el mundo desarrollado, un enfoque erróneo que debemos cambiar. Mientras escribo, en Estados Unidos unos veinte mil niños están encerrados en centros de detención en condiciones lamentables. Estos solicitantes de asilo se mueren de frío y hambre, atormentados por los piojos y la sarna. En Europa, mientras tanto, se está probando un «cañón acústico» para usarlo contra los refugiados como parte de un programa de control fronterizo de 37 millones de euros que contempla el empleo de drones y unidades de IA en los interrogatorios. Aunque la Unión Europea acogió heroicamente a millones de refugiados procedentes de una Ucrania devastada por la guerra, su respuesta a los solicitantes de asilo que llegan de otros lugares se ha deteriorado tanto que ha empezado a penalizar los esfuerzos de búsqueda y salvamento de los migrantes que cruzan el Mediterráneo desde el norte de África.[200] El tiempo, el dinero y la mala voluntad que se están empleando (sin resultado) para intentar frenar la inmigración podrían invertirse mucho mejor en gestionar y preparar las ciudades para incorporar a los nuevos ciudadanos al mercado laboral y ayudarlos a que nos enriquezcan a todos. Ello supone cambiar la retórica en torno a la inmigración y forjar una identidad nacional activa, fuerte e inclusiva. A quienes exaltan y menosprecian al mismo tiempo su propia cultura, atribuyéndole un enorme valor, pero sin confiar en su capacidad de acoger a personas extranjeras, se les debería mostrar esta contradicción. La cultura evoluciona y se enriquece a través de la complejidad, no de la conservación estática.

Tiene que existir una vía de migración digna y segura para quienes la necesiten. Es imperdonable que a diario mueran migrantes intentando cruzar fronteras no seguras porque no tienen otra alternativa.[201] Facilitar la migración es un paso clave en la adaptación al clima y también será necesario lidiar con problemas como la pobreza y el hambre. Invertir en las personas del sur global, así como en el gran número de personas que se desplazarán hacia el norte y por el norte, es una inversión en nuestro futuro común. Se puede empezar por compartir la ciudadanía.

Para las personas con una vida relativamente acomodada es más fácil apreciar los beneficios derivados de la migración; en cambio, las personas pobres que viven en zonas «abandonadas» pueden temer el impacto de los inmigrantes. Teniendo en cuenta la migración en masa que llegará en el futuro, con desplazamientos de personas por doquier, los líderes políticos tienen la misión de tranquilizar a sus propios ciudadanos —y no fomentar los miedos— con políticas que reduzcan la pobreza y creen viviendas, servicios y empleos para todos.

La inminente migración masiva lleva preanunciada al menos una década, con la aceleración del cambio climático global. No hay excusas que valgan para la falta de preparación por parte de las instituciones. La forma en que hoy se «gestiona» la migración es un fracaso social, moral y económico: se están malgastando vidas inútilmente a diario. Es hora de que empecemos a discutir cómo afrontar esta situación; es hora de encontrar una solución colaborativa global tanto para el cambio climático como para la migración, a través de un grupo heterogéneo e inclusivo encargado de tomar decisiones internacionales.

En algún momento de aquí al 2030 tendremos que aceptar el hecho de que contener el aumento de la temperatura en 1,5 °C no es factible con nuestros actuales esfuerzos de mitigación. Tendremos que decidir si optamos por el reflejo de la luz solar o por la adaptación a temperaturas más peligrosas. Y ello mientras la mitad de los 2200 millones de niños del mundo ya corren un «fortísimo peligro» de verse afectados por el cambio climático.[202]

El cambio climático es el cambio de todo, porque el clima son los cimientos en los que apuntalamos nuestras vidas. Determina el lugar donde podemos vivir y el modo en que vivir, el calendario de las estaciones y la elección de los cultivos, los territorios donde llueve, las temperaturas, la forma de los litorales y las características de los paisajes, el recorrido de las corrientes oceánicas y la intensidad de las tormentas. En las próximas décadas cada uno de nosotros experimentará este profundo cambio existencial: una alteración radical de nuestra relación con el ambiente que generó nuestra cultura, nuestra sociedad, nuestras vidas. El cambio climático no es lineal y previsible, sino discontinuo en el tiempo, y se hará notar a rachas. En el 2021, una ola de calor por la costa del Pacífico norteamericana escalfó literalmente a más de mil millones de animales marinos, muchos de ellos en sus caparazones; la fruta se cocía en los árboles; las cosechas y los edificios ardían; y cientos de personas murieron. Condiciones extremas como estas se darán en todo el planeta cada vez con más frecuencia, lo que provocará éxodos de población repentinos.

Hoy las energías renovables se añaden a los combustibles fósiles, no los sustituyen, por eso las temperaturas siguen aumentando. Desde la publicación de *Una verdad incómoda* de Al Gore en el 2006, se ha emitido casi un tercio de las emisiones de carbono de toda la historia de la humanidad, por eso no creo que el problema sea la falta de una mayor sensibilización. Para el 2050, cuando más de mil millones de personas estén en movimiento, tendríamos que haber dado con una forma de gestionar la situación en beneficio de todos.

Nos encontramos ante amenazas existenciales, de una magnitud casi incomprensible, pero reales e inminentes. La índole planetaria de la crisis humanitaria puede parecer abrumadora y nuestra situación, desesperada. Pero no lo es.

Prepararse para este cataclismo significa construir la resiliencia de nuestra especie ante un futuro incierto. La incertidumbre nos impide planificar, organizar e incluso observar el futuro. Hay una reticencia a ir más allá de una extrapolación del presente para imaginar la transformación de escenarios conocidos. De todos modos, es necesario abordar cuestiones complejas relativas a lo que será posible en un mundo más cálido. Habrá que provocar a las personas para que aparten la vista de sus prioridades cotidianas y se imaginen cómo serán en veinte, treinta o cuarenta años.[203] Seamos abiertos de mente mientras pensamos en cómo podrá ser nuestro futuro, dejando de lado nuestros prejuicios instintivos respecto a las distintas posibilidades, tanto si es a favor como si es en contra. Concibamos este mundo futuro con empatía, pensando en nuestro yo anciano: ¿qué tipo de sociedad nos prestará apoyo? ¿Será joven, dinámica y optimista, o estaremos asustados y no tendremos quien se ocupe de nosotros?

Lo que quiero decir es que somos capaces de construir resiliencia en nuestros sistemas sociales y en nuestros ecosistemas para resistir al estrés y las convulsiones del cambio y los desastres climáticos. Pero tenemos que ser dueños de nuestro futuro. Y con ello me refiero a concordar una visión de futuro, decidir cuál es el escenario preferible respecto a la posibilidad de preservar nuestras culturas, nuestras vidas acomodadas y seguras, y nuestro mundo natural.

No somos espectadores impotentes. Pero hoy en día carecemos de un plan coherente; simplemente estamos asistiendo al calentamiento del planeta y, tras cada nuevo embate —una sequía, un tifón, un bosque en llamas, una patera de migrantes—, reaccionamos con un nuevo parche. Debemos tomar las riendas de nuestro futuro, trazar un plan para salvaguardar el bienestar de todos los seres humanos, ricos y pobres, de todos los continentes, mientras nos adentramos en unas próximas décadas de desafíos ambientales. Por eso debemos atrevernos a imaginar una forma distinta de ser humanos: sin el vínculo de una morada fija, la gente debe ser libre de desplazarse por el mundo en busca de un lugar seguro.

Durante la pandemia de la COVID-19, transformamos nuestra concepción de lo que es normal y lo que es socialmente posible. ¿Quién iba a decir que tantas personas limitaríamos voluntariamente los movimientos a pocos metros de nuestros hogares? De todos modos, creo que es más fácil imaginarse lo contrario: que muchos de nosotros nos desplazaremos a miles de kilómetros de casa.

Hablamos de millones de personas desplazándose y ahora mismo tenemos la posibilidad de gestionar este movimiento para que tenga éxito. Se trataría de una transición planificada, organizada y pacífica hacia un mundo más seguro y justo. Con la cooperación y la normativa internacional, podríamos y deberíamos hacer que la Tierra fuera un lugar vivible.

Merece la pena intentarlo. Así pues, manos a la obra.

MANIFIESTO

1. Desplazarse es un comportamiento humano natural; la migración es un instrumento muy eficaz en la adaptación por la supervivencia.
2. Tenemos que reorientar la capacidad productiva de la sociedad para lidiar con el cambio climático y la acechante crisis demográfica.
3. Tenemos que garantizar un proceso de migración seguro y justo, supervisado por una agencia internacional con poderes de control.
4. La migración es una cuestión económica, no una amenaza a la seguridad nacional. Aporta crecimiento económico y reduce la pobreza.
5. Los países ricos y los países pobres deben invertir en alianzas que aumenten la educación y la formación, y la resiliencia al clima.
6. Descarbonizar nuestras economías es un objetivo urgente y global, mediante incentivos y gravámenes.
7. El deshielo de los glaciares y la pérdida de los arrecifes de coral crecen a un ritmo peligroso: es necesario poner en marcha cuanto antes métodos para reflejar los rayos solares, como el blanqueamiento de las nubes, y explorar otras tecnologías para reducir las temperaturas.
8. Debemos colaborar urgentemente para invertir la destrucción de los ecosistemas y recuperar la biodiversidad, para construir resiliencia y proteger los sistemas naturales.

LECTURAS ACONSEJADAS

Para profundizar en los temas que han sido tratados en este libro, aquí hay una selección de puntos de partida; en mi página web WanderingGaia.com se recoge la última información actualizada. Mis otros libros, *Adventures in the Anthropocene* y *Transcendence* [trad. esp. de Josep Sarret Grau *Trascendencia: la evolución humana mediante el fuego, el lenguaje, la belleza y el tiempo*, Ed. de Intervención Cultural, Vilassar de Dalt, 2021], también contienen material y contexto muy relevantes.

Akala, Natives, *Race and class in the ruins of empire*, Hodder & Stoughton, 2021.

Banerjee, Abhijit V. y Esther Duflo, *Good Economics for Hard Times*, Allen Lane, 2019. [Trad. esp. de Ramón González Férriz: *Buena economía para tiempos difíciles: en busca de mejores soluciones a nuestros mayores problemas*, Taurus, Barcelona, 2020.]

Behrens, Paul, *The Best of Times, the Worst of Times: Futures from the frontiers of climate science*, Indigo Press, 2021.

BernersLee, Mike, *There is No Planet B*, Cambridge University Press, 2019.

Hayden, Sally, *My Fourth Time, We Drowned: Seeking refuge on the world's deadliest migration route*, Fourth Estate, 2022.

Holthaus, Eric, *The Future Earth: A radical vision for what's possible in the age of warming*, HarperOne, 2020.

Hooper, Rowan, *How to Spend a Trillion Dollars*, Profile Books, 2021.

Kolbert, Elizabeth, *Under a White Sky*, Vintage, 2022. [Trad. esp. de Joan Lluís Riera: *Bajo un cielo blanco*, Crítica, Barcelona, 2021.]

Krause, J. y T. Trappe, *Die Reise unserer Gene: Eine Geschichte über uns und unsere Vorfahren*, Ullstein Taschenbuch, 2020. [Trad. esp. de Jorge Seca Gil: *El viaje de nuestros genes: una historia sobre nosotros y nuestros antepasados*, Debate, Barcelona, 2020.]

Marquardt, Felix, *New Nomads*, Simon & Schuster, 2021.

Pickrell, John, *Flames of Extinction: The race to save Australia's threatened wildlife*, Island Press, 2021.

Purdy, J., *This Land is Our Land: The struggle for a new commonwealth*, Princeton University Press, 2020.

Stanley Robinson, Kim, *The Ministry for the Future*, Orbit, 2020. [Trad. esp. de Simón Saitó: *El ministerio del futuro*, Minotauro, Barcelona, 2021.]

Saunders, Doug, *Arrival City*, Vintage, 2012. [Trad. esp. de Fernando Garí Puig: *Ciudad de llegada: cómo la mayor migración de la historia configura nuestro futuro*, Debate, Barcelona, 2014.]

Smith, Laurence, *The New North: The World in 2050*, Dutton Books, 2010. [Trad. esp. de Juan Pedro Campos Gómez: *El mundo en 2050: las cuatro fuerzas que determinarán el futuro de la civilización*, Debate, Barcelona, 2011.]

—, *Rivers of Power: How a natural force raised kingdoms, destroyed civilizations, and shapes our world*, Little, Brown Spark, 2021.

Steel, Carolyn, *Sitopia: How food can save the world*, Chatto & Windus, 2020. [Trad. esp. de Efrén del Valle Peñamil: *Sitopía*, Capitán Swing Libros, Madrid, 2022.]

AGRADECIMIENTOS

Este libro recoge años de investigación que habrían sido imposibles sin la ayuda y la amabilidad de muchas personas de todo el mundo. Doy las gracias a todos los que me han ayudado a comprender las vidas de los demás y que han compartido conmigo sus historias. También he contado con el conocimiento de expertos que me han dedicado su tiempo hablando y explicándome sus estudios, por lo que les estoy sumamente agradecida. Quiero dedicar un agradecimiento especial a Margaret Young, Duncan Graham-Rowe, Mun-Keat Looi, Oli Franklin-Wallis, Deborah Cohen, Richard Betts, Laurence Smith, Doug Saunders, Hannah Ritchie, Max Roser, David King, David Keith, Jesse Reynolds, Chris Smaje, Neil Adger, Mariana Mazzucato, Ken Caldeira, Alex Randall, Stijn Hoorens, Fatih Birol, y a los equipos de Gavi, UNICEF y ACNUR.

Este libro no habría existido sin el apoyo y la motivación de mi brillante agente y amigo Patrick Walsh y de los maravillosos John Ash y Margaret Halton de PEW Literary. Un gracias enorme se lo dedico a los excelentes equipos de Allen Lane y Flatiron Books, en concreto a mis fantásticos y brillantes editores, Laura Stickney y Lee Oglesby, que brindaron consejos esenciales y ayudaron a dar forma al libro. Gracias también a Sam Fulton, Jane Birdsell y Richard Duguid.

Escribí el libro durante la pandemia de la COVID-19, con sus confinamientos, didáctica a distancia y otros tantos calamitosos obstáculos, una empresa que ha salido adelante gracias al amor y el afecto de familiares y amigos, como Jolyon Goddard, Rowan Hooper, Olive Heffernan, Sara Abdulla, John Witfield, Charlotte y Henry Nicholls; mis hermanas de correspondencia,

Jo Marchant y Emma Young; mis padres, Ivan y Gina; mi hermano David, y mi razón de ser, Nick, Kipp y Juno. Gracias por soportar mis quejas, la próxima vez irá mejor...

NOTAS

Introducción

1. Naciones Unidas (Departamento de Asuntos Económicos y Sociales), *World Population Ageing 2019* (ST/ESA/SER. A/444) (2020).
2. https://www.climate.gov/news-features/blogs/beyond-data/2021-us-billion-dollar-weather-and-climate-disasters-historical

Capítulo 1. La tormenta

3. Dos tercios de las personas entrevistadas en un sondeo global con la participación de más de un millón de personas. Programa de las Naciones Unidas para el Desarrollo: https://www.undp.org/publications/g20-peoples-climate-vote-2021
4. M. Haywood, Alan, Harry J. Dowsett y Aisling M. Dolan, «Integrating geological archives and climate models for the midPliocene warm period», en *Nature Communications*, vol. 7, núm. 1 (2016), págs. 11-14.
5. El efecto invernadero inmediato de esta emisión de CO_2 fue enteramente compensado por las grandes cantidades de azufre emitidas al mismo tiempo, que formaron una barrera reflectante de la luz solar. Las temperaturas globales cayeron y la falta de luz solar y los cambios en la circulación de los océanos acabaron con la vida vegetal de la Tierra y condujeron a las extinciones en masa.
6. De calentamiento global por encima de los niveles preindustriales.
7. Murphy, J. M., G. R. Harris, D. M. H. Sexton *et al.*, «UKCP18 land projections: Science report», informe del Servicio Meteorológico del Reino Unido, UK Met Office, 2018.
8. Slater, Thomas, Isobel R. Lawrence, Inès N. Otosaka *et al.*, «Earth's ice imbalance», en *The Cryosphere*, vol. 15, núm. 1 (2021), págs. 233-246.
9. CIRES, *The Threat from Thwaites: The retreat of Antarctica's riskiest glacier* (2021). Disponible en: https://cires.colorado.edu/news/

threat-thwaites-retreat-antarctica's-riskiest-glacier y https://www.youtube.com/watch?v=uBbgWsR4aw

10. Boers, N. y M. Rypdal, «Critical slowing down suggests that the western Greenland Ice Sheet is close to a tipping point», en *Proceedings of the National Academy of Sciences*, vol. 118, núm. 21 (2021), p.e2024192118.
11. En el Mioceno, cuando el CO_2 aumentó a 550 ppm aproximadamente, algo menos que los niveles actuales, la Antártida perdió lo que sería el 30-80 % de la capa de hielo moderna. Hoy el casquete antártico podría ser más vulnerable a un rápido retroceso y desintegración que en ningún otro momento de sus treinta y cuatro millones de años de historia.
12. Burls, N. y A. Fedorov, «Wetter subtropics in a warmer world: Contrasting past and future hydrological cycles», en *Proceedings of the National Academy of Sciences*, vol. 114, núm. 49 (2017), págs. 12888-12893.
13. Geisler, Charles y Ben Currens, «Impediments to inland resettlement under conditions of accelerated sea level rise», en *Land Use Policy*, vol. 66 (2017), pág. 322. [DOI: 10.1016/j.landusepol.2017.03.029]
14. Bova, Samantha, Yair Rosenthal, Zhengyu Liu *et al.*, «Seasonal origin of the thermal maxima at the Holocene and the last interglacial», en *Nature*, vol. 589, núm. 7843 (2021), págs. 548-553.
15. Téngase en cuenta que los seres humanos evolucionaron en el Pleistoceno, una era con severas glaciaciones, y nuestra especie transcurrió la mayor parte de su historia evolutiva luchando por sobrevivir en esas duras condiciones. Esto es algo insólito, ya que durante casi toda su historia la Tierra ha sido un lugar mucho más cálido que hoy, con niveles de CO_2 más elevados, gracias a los volcanes.
16. Durack, Paul J., Susan E. Wijffels y Richard J. Matear, «Ocean salinities reveal strong global water cycle intensification during 1950 to 2000», en *Science*, vol. 336, núm. 6080 (2012), págs. 455-458.
17. Grinsted, Aslak y Jens Hesselbjerg Christensen, «The transient sensitivity of sea level rise», en *Ocean Science*, vol. 17, núm. 1 (2021), págs. 181-186.

Capítulo 2. Los cuatro jinetes del Antropoceno

18. El término «Piroceno» fue acuñado por el estadounidense Stephen J. Pyne, historiador ambiental.
19. En agosto, el Estado vivió su primer megaincendio, en el que ardieron más de cuatrocientas mil hectáreas.

20. Young, Adam M., Philip E. Higuera, Paul A. Duffy y Feng Sheng Hu, «Climatic thresholds shape northern highlatitude fire regimes and imply vulnerability to future climate change», en *Ecography*, vol. 40, núm. 5 (2017), págs. 606-617.
21. Bowman, D., G. Williamson, J. Abatzoglou *et al.*, «Human exposure and sensitivity to globally extreme wildfire events», en *Nature Ecology & Evolution*, vol. 1 (2017), e0058.
22. Turetsky, Merritt R., Brian Benscoter, Susan Page *et al.*, «Global vulnerability of peatlands to fire and carbon loss», en *Nature Geoscience*, vol. 8, núm. 1 (2015), págs. 11-14.
23. Elbein, Saul, «Wildfires threaten California communities on new financial front», en *The Hill*, 8 de abril de 2021. Disponible en: https://thehill.com/policy/equilibrium-sustainability/566360-wildfires-threaten-california-communities-on -new-financial
24. McKay, A., «Just had my home insurance cancelled because Southern California is at too high risk now for fire and floods. This shit is real and happening right now. #endfossilfuels #dontlookup», Twitter, 14 de enero del 2022: https://twitter.com/ghostpanther/status/1482064740482359297 (Cuenta suspendida en la última revisión de estas notas.)
25. Estado de California, «Commissioner Lara protects more than 25,000 policyholders affected by Beckwourth Complex Fire and lava fire from policy nonrenewal for one year», en California Department of Insurance (s. f.).
26. Grupo Intergubernamental de Expertos sobre el Cambio Climático, «5: Changing ocean, marine ecosystems, and dependent communities», en *IPCC Special Report on the Ocean and Cryosphere in a Changing Climate* (2019). Disponible en: https://www.ipcc.ch/srocc/
27. Xu, Chi, Timothy A. Kohler, Timothy M. Lenton *et al.*, «Future of the human climate niche», en *Proceedings of the National Academy of Sciences*, vol. 117, núm. 21 (2020), págs. 11350-11355.
28. El Servicio Meteorológico de Estados Unidos, US National Weather Service, define como «peligroso» un «índice de calor» —que combina calor y humedad en una «sensación térmica»— de 40,6 °C.
29. Im, Eun-Soon, Jeremy S. Pal y Elfatih A. B. Eltahir, «Deadly heatwaves projected in the densely populated agricultural regions of South Asia», en *Science Advances*, vol. 3, núm. 8 (2017), e1603322.
30. *Ibidem*.
31. Carleton, Tamma A., Amir Jina, Michael T. Delgado *et al.*, *Valuing the Global Mortality Consequences of Climate Change Accounting for Adaptation Costs and Benefits*, National Bureau of Economic Research, documento de trabajo 27599 (2020).

32. Meng, Yan y Long Jia, «Global warming causes sinkhole collapse: Case study in Florida, USA», en *Natural Hazards and Earth System Sciences Discussions* (2018), págs. 1-8.

33. Como el aire caliente tiene menos densidad, la presión bajo las alas es insuficiente para despegar. Para colmo, una menor cantidad de oxígeno pasa por el motor, lo que reduce su capacidad de propulsión. Además, el calor extremo puede causar turbulencias de aire y también deformar y fracturar la pista.

34. Bassetti, F., «Environmental migrants: Up to 1 billion by 2050», en *Foresight*, 3 de agosto del 2021.
35. Liu, Zhao, Bruce Anderson, Kai Yan *et al.*, «Global and regional changes in exposure to extreme heat and the relative contributions of climate and population change», en *Scientific Reports*, vol. 7, núm. 1 (2017), págs. 1-9.
36. Coffel, Ethan D., Radley M. Horton y Alex De Sherbinin, «Temperature and humidity based projections of a rapid rise in global heat stress exposure during the 21st century», en *Environmental Research Letters*, vol. 13, núm. 1 (2017), e014001.
37. Guo, Yuming, Antonio Gasparrini, Shanshan Li *et al.*, «Quantifying excess deaths related to heatwaves under climate change scenarios: A multicountry time series modelling study», en *PLoS Medicine*, vol. 15, núm. 7 (2018), e1002629.
38. Kang, Suchul y Elfatih A. B. Eltahir, «North China Plain threatened by deadly heatwaves due to climate change and irrigation», en *Nature Communications*, vol. 9, núm. 1 (2018), págs. 1-9.
39. Mufson, S. «Facing unbearable heat, Qatar has begun to air-condition the outdoors», en *Washington Post*, 16 de octubre del 2019.
40. Team, E., «This airconditioned suit lets you work outside on even the hottest days», en eeDesignIt.com, 13 de diciembre del 2017.
41. Nguyen, M., «To beat the heat, Vietnam rice farmers resort to planting at night», en Reuters, 25 de junio del 2020.
42. Watts, Nick, Markus Amann, Nigel Arnell *et al.*, «The 2019 report of The Lancet Countdown on health and climate change: ensuring that the health of a child born today is not defined by a changing climate», en *The Lancet*, vol. 394, núm. 10211 (2019), págs. 1836-1878.
43. Milman, O. y A. Chang, «How heat is radically altering Americans' lives before they're even born - video», en *The Guardian*, 16 de febrero del 2021.

44. McElroy, Sara, Sindana Ilango, Anna Dimitrova *et al.*, «Extreme heat, preterm birth, and stillbirth: A global analysis across 14 lower-middle income countries», en *Environment International*, vol. 158 (2022), e106902.
45. Springmann, Marco, Daniel Mason-D'Croz, Sherman Robinson *et al.*, «Global and regional health effects of future food production under climate change: A modelling study», en *The Lancet*, vol. 387, núm. 10031 (2016), págs. 1937-1946.
46. IPCC, *Climate Change 2022: Impacts, adaptation, and vulnerability. Contribution of Working Group II to the Sixth Assessment Report of the Intergovernmental Panel on Climate Change*, ed. Pörtner, H-O., D. C. Roberts, M. Tignor *et al.*, Cambridge University Press (en imprenta).
47. «Report: Flooded future: Global vulnerability to sea level rise worse than previously understood», en *Climate Central*, 29 de octubre del 2019.
48. Jevrejeva, Svetlana, Luke P. Jackson, Riccardo E. M. Riva *et al.*, «Coastal sea level rise with warming above 2 °C», en *Proceedings of the National Academy of Sciences*, vol. 113, núm. 47 (2016), págs. 13342-13347.
49. Mohammed, K., A. K. Islam, G. M. Islam *et al.*, «Future floods in Bangladesh under 1.5 °C, 2 °C, and 4 °C global warming scenarios», en *Journal of Hydrologic Engineering*, vol. 23, núm. 12 (2018), e04018050; https://doi.org/10.1061/(asce)he.19435584.0001705
50. Emil Vollset, Stein, Emily Goren, ChunWei Yuan *et al.*, «Fertility, mortality, migration, and population scenarios for 195 countries and territories from 2017 to 2100: A forecasting analysis for the Global Burden of Disease Study», en *The Lancet*, vol. 396, núm. 10258 (2020), págs. 1285-1306.

Capítulo 3. Abandonar el propio hogar

51. McWilliams, Scott R. y William H. Karasov, «Migration takes guts» en *Birds of Two Worlds: The ecology and evolution of migration*, Smithsonian Institution Press, Washington DC (2005), págs. 67-78.
52. Maillet, Dominique y Jean-Michel Weber, «Performance-enhancing role of dietary fatty acids in a long-distance migrant shorebird: the semipalmated sandpiper», en *Journal of Experimental Biology*, vol. 209, núm. 14 (2006), págs. 2686-2695.
53. Los científicos han identificado en nuestro ADN lo que se ha denominado un «gen explorador» (gen G4GR) que podría haber ayudado a nuestros antepasados a adaptar los comportamientos migratorios

cuando seguían a las manadas de herbívoros en movimiento, con disponibilidad variable de agua; y podría haber contribuido a diversificar nuestro acervo genético más allá de la población presente en un determinado lugar.
54. Sabemos que la agricultura se difundió ampliamente, pero hasta hace poco no supimos cómo, es decir, si migró la idea o las personas mismas. Sucedieron ambas cosas, según los análisis genéticos. En la Medialuna Creciente, los pueblos desarrollaron y se intercambiaron conocimientos y herramientas agrícolas. Pequeños grupos de estos pueblos posteriormente abandonaron Anatolia y Levante hace entre nueve mil y siete mil años, y llevaron a Europa y África oriental sus nuevas competencias en la recolección de semillas y en la siembra, la fermentación de las bebidas y la cría de animales: un tercio del ADN somalí procede, de hecho, de la población de Levante.
55. Gallagher, Elizabeth, Stephen Shennan y Mark G. Thomas, «Food income and the evolution of forager mobility», en *Scientific Reports,* vol. 9, núm. 1 (2019), págs. 1-10.
56. Kaniewski, David, Joël Guiot y Elise Van Campo, «Drought and societal collapse 3200 years ago in the Eastern Mediterranean: A review», en *Wiley Interdisciplinary Reviews: Climate Change,* vol. 6, núm. 4 (2015), págs. 369-382.
57. Solomon, S., «The future is mixed-race and that's a good thing for humanity», en *Aeon,* 19 de febrero del 2022.
58. Varinsky, D., «Cities are becoming more powerful than countries», en *Business Insider,* 19 de agosto del 2016.

Capítulo 4. En los confines de la locura

59. Loarie, S., P. Duffy, H. Hamilton et al., «The velocity of climate change», en *Nature,* vol. 462 (2009), págs. 1052-1055.
60. Woetzel, Jonathan, Anu Madgavkar y Khaled Rifai, *People on the Move: Global migration's impact and opportunity,* McKinsey Global Institute, 2016.
61. Gaskell, A., «The economic case for open borders», en *Forbes,* 21 de enero de 2021.
62. Dias, I., «One man's quest to crack the modern antiimmigration movement by unsealing its architect's papers», en *Mother Jones,* 30 de marzo de 2021.
63. Bell, David A., *The Cult of the Nation in France,* Harvard University Press, Cambridge, MA, 2001.
64. Nagdy, M. y M. Roser, «Civil wars», en *Our World in Data.* Disponible en: https://ourworldindata.org/civil-wars

65. Las antiguas colonias con burocracias complejas, como India, tendían a convertirse en Estados nación relativamente estables. Las que no las tenían, donde los gobernantes coloniales se limitaban a extraer los recursos, como el antiguo Congo Belga, no iban a convertirse en democracias estables.
66. Salvini, M., «A Tripoli coi ragazzi della Caprera, che difendono I Mari e la Nostra Sicurezza: Onore!», Twitter, 25 de junio del 2018: https://twitter.com/matteosalvinimi/status/1011238185760886786
67. Xu, Chi, Timothy A. Kohler, Timothy M. Lenton et al., «Future of the human climate niche», en *Proceedings of the National Academy of Sciences,* vol. 117, núm. 21 (2020), págs. 11350-11355.
68. Este nuevo precedente mundial nació de un caso en que el comité se alineó con el rechazo de un Estado a conceder asilo. Ioane Teitiota, originario de la República de Kiribati, una nación insular del Pacífico, emigró con su familia a Nueva Zelanda, donde solicitó el estado de refugiado tras vencerle el visado en el 2010. Teitiota adujo que, como su isla natal, South Tarawa, se iba a volver inhabitable en los siguientes diez o quince años, la vida de su familia corría peligro. Nueva Zelanda rechazó la solicitud de asilo, decisión ratificada por la ONU, aludiendo a que Kiribati aún no era un territorio inhabitable y, por lo tanto, «podría permitir la intervención de la República de Kiribati, con ayuda de la comunidad internacional, para tomar medidas eficaces orientadas a proteger y, si fuera necesario, trasladar a la población». Sin embargo, el comité también estableció que la crisis climática podría «exponer a los individuos a una violación de sus derechos», lo que, a su vez, evitaría que los Estados devolvieran a los refugiados a sus países de origen, según las leyes del derecho internacional. La comisión citó los artículos 6 y 8 del Pacto Internacional de Derechos Civiles y Políticos, un tratado de las Naciones Unidas que garantiza el derecho a la vida de las personas.
69. El cambio climático no es el único riesgo ambiental para la vida reconocido últimamente por los tribunales. En 2021, un tribunal francés hizo historia del derecho al tener en cuenta las condiciones ambientales en el país de origen de un migrante en su recurso contra la extradición a Bangladés. Al hombre se le permitió quedarse en Francia porque los peligrosos niveles de contaminación atmosférica en su país de nacimiento hacían que no fuera seguro repatriarlo.

Capítulo 5. La riqueza de los migrantes

70. Caplan, B. D., Z. Weiner y M. Cagle, *Open Borders: The science and ethics of immigration,* St Martin's Press, 2019.

71. Almeida, Paul, Anupama Phene y Sali Li, «The influence of ethnic community knowledge on Indian inventor innovativeness», en *Organization Science,* vol. 26, núm. 1 (2015), págs. 198-217.
72. Theoharides, Caroline, «Manila to Malaysia, Quezon to Qatar: International migration and its effects on origincountry human capital», en *Journal of Human Resources,* vol. 53, núm. 4 (2018), págs. 1022-1049.
73. Gibson, John y David McKenzie, «Eight questions about brain drain», en *Journal of Economic Perspectives,* vol. 25, núm. 3 (2011), págs. 107-128.
74. https://www.oecd.org/dev/development-posts-Global-Skill-Partnerships-A-proposal-for-technical-training-in-a-mobile-world.htm
75. Woetzel, Jonathan, Anu Madgavkar y Khaled Rifai, *People on the Move: Global migration's impact and opportunity,* McKinsey Global Institute, 2016.
76. *Ibidem.*
77. Las rentas medias eran un 20 % más altas en condados con un flujo mediano de inmigrantes respecto a los que no tenían entrada de inmigrantes, la proporción de personas que vivía en condiciones de pobreza era un 3 % inferior, la tasa de desempleo también era un 3 % inferior, el índice de urbanización era un 31 % superior y el nivel de educación también era superior. Cf. Sequeira, Sandra, Nathan Nunn y Nancy Qian, *Migrants and the making of America: The short —and long— run effects of immigration during the age of mass migration,* National Bureau of Economic Research, documento de trabajo 23289 (2017).
78. Peri, G., «Immigration, labor markets, and productivity», en *Cato Journal,* vol. 32, núm. 1 (2012), págs. 35-53.
79. Como ya han explicado claramente los economistas ganadores del Premio Nobel Abhijit V. Banerjee y Esther Duflo, por ejemplo, en su libro *Good Economics for Hard Times* [Trad. esp. de Ramón González Férriz: *Buena economía para tiempos difíciles: en busca de mejores soluciones a nuestros mayores problemas,* Taurus, Barcelona, 2020.]
80. Nash, Andrew, «National population projections: 2016 based statistical bulletin», en *Office for National Statistics (ONS),* octubre del 2015.
81. Los *baby boomers* han consolidado su posición gracias a los precios disparados de los bienes inmuebles, a las herencias y al predominio de regímenes de pensiones basados en las últimas retribuciones. Cf. Canocchi, C., «One in five baby boomers are now

millionaires as their wealth doubles», en *This is Money*, 15 de enero del 2019.
82. Aurambout, J. P., M. Schiavina, M. Melchiori et al., *Shrinking Cities*, Comisión Europea, (2021); JRC126011.
83. Clemens, Michael A., «Economics and emigration: Trilliondollar bills on the sidewalk?», en *Journal of Economic Perspectives*, vol. 25, núm. 3 (2011), págs. 83-106.
84. Conferencia Internacional del Trabajo, 92ª reunión, *En busca de un compromiso equitativo para los trabajadores migrantes en una economía globalizada: Informe VI* (2004).
85. «La inmigración ha sido y sigue siendo un importante motor del crecimiento australiano», del discurso del ministro Stephen Kennedy, «Australia's response to the global financial crisis». Disponible en: https://treasury.gov.au/speech/australias-response-to-the-global-financial-crisis
86. Cruz, José Luis y Esteban Rossi Hansberg, *The Economic Geography of Global Warming*, National Bureau of Economic Research, documento de trabajo 28466 (2021).
87. De Haas, Hein, «International migration, remittances and development: Myths and facts», en *Third World Quarterly*, vol. 26, núm. 8 (2005), págs. 1269-1284.
88. Clist, Paul y Gabriele Restelli, «Development aid and international migration to Italy: Does aid reduce irregular flows?», en *World Economy*, vol. 44, núm. 5 (2021), págs. 1281-1311.

Capítulo 6. Los nuevos cosmopolitas

89. McConnell, E., «27 people drowned and I laughed», en *Kent Online*, 30 de noviembre del 2021.
90. Bahar, D., P. Choudhury y B. Glennon, «The day that America lost $100 billion because of an immigration visa ban», en *Brookings*, 20 de octubre del 2020.
91. Wadsworth, Tim, «Is immigration responsible for the crime drop? An assessment of the influence of immigration on changes in violent crime between 1990 and 2000», en *Social Science Quarterly*, vol. 91, núm. 2 (2010), págs. 531-553.
92. Eurostat 2021, «Solicitantes de asilo por tipo de solicitante, ciudadanía, edad y sexo. Datos mensuales».
93. Messing, Vera y Bence Ságvári, «Are antiimmigrant attitudes the Holy Grail of populists? A comparative analysis of attitudes towards immigrants, values, and political populism in Europe», en *Intersections: East European Journal of Society and Politics*, vol. 7, núm. 2 (2021), págs. 100-127.

94. Stokes, B., «How countries around the world view national identity», en *Pew Research Center's Global Attitudes Project,* 30 de mayo del 2020.
95. Bove, Vincenzo y Tobias Böhmelt, «Does immigration induce terrorism?», en *Journal of Politics,* vol. 78, núm, 2 (2016), págs. 572-588.
96. Según las proyecciones de un informe de la Oficina de Estadísticas Laborales de Estados Unidos, la US Bureau of Labor Statistics, «en el 2032 las personas de color constituirán la mayoría de la clase trabajadora estadounidense». Cf. Valerie Wilson, «People of color will be a majority of the American working class in 2032», en *Economic Policy Institute,* vol. 9 (2016).
97. Según los sondeos, a la mayoría de los inmigrantes le interesa mucho más la movilidad que el derecho a voto.
98. El sistema de *hukou* ha concedido ventajas mucho mayores a las familias de las áreas urbanas que a las de las áreas rurales, agravando las desigualdades. Actualmente se está reformando el sistema de *hukou.*
99. Held, D., *Democracy and the Global Order: From the modern state to cosmopolitan governance,* Polity Press, 1995.
100. Miller, David, *On Nationality,* Clarendon Press, 1995.
101. Trester, Anna Marie, *Bienvenidos a Costa Rica, la tierra de la pura vida: A Study of the Expression 'pura vida' in the Spanish of Costa Rica* (2003), págs. 61-69. Disponible en: https://georgetown.academia.edu/AnnaMarieTrester

Capítulo 7. Los refugios climáticos del planeta

102. Aunque esta área se duplicara para incluir las infraestructuras viales, seguiría siendo inferior a la superficie de Francia.
103. Xu, Chi, Timothy A. Kohler, Timothy M. Lenton et al., «Future of the human climate niche», en *Proceedings of the National Academy of Sciences,* vol. 117, núm. 21 (2020), págs. 11350-11355.
104. Kevin Summers, J., Linda C. Harwell, Kyle D. Buck et al., *Development of a Climate Resilience Screening Index (CRSI): An assessment of resilience to acute meteorological events and selected natural hazards,* US Environmental Protection Agency, Washington DC, 2017.
105. Mora, Camilo, Abby G. Frazier, Ryan J. Longman et al., «The projected timing of climate departure from recent variability», en *Nature,* vol. 502, núm. 7470 (2013), págs. 183-187.
106. Welch, C., «Climate change has finally caught up to this Alaska village», en *National Geographic,* vol. 22 (2019).

107. En agosto del 2021, el Instituto Meteorológico de Dinamarca registró temperaturas superiores a los veinte grados en el norte de Groenlandia, más del doble de la temperatura media del período estival.
108. Normand, Signe, Christophe Randin, Ralf Ohlemüller et al., «A greener Greenland? Climatic potential and long-term constraints on future expansions of trees and shrubs», en *Philosophical Transactions of the Royal Society B: Biological Sciences,* vol. 368, núm. 1624 (2013), e20120479.
109. Arrhenius, Svante, «XXXI. On the influence of carbonic acid in the air upon the temperature of the ground», en *London, Edinburgh, and Dublin Philosophical Magazine and Journal of Science,* vol. 41, núm. 251 (1896), págs. 237-276.
110. Hoegh-Guldberg, Ove, Marco Bindi y Myles Allen, «Chapter 3: Impacts of 1.5 °C global warming on natural and human systems 2», en *Global warming of 1.5 °C: An IPCC Special Report* (2018).
111. Garthwaite, J., «Climate change has worsened global economic inequality», en *Stanford University Earth Matters Magazine* (2019).
112. Finnsson, P. T. y A. Finnsson, «The Nordic region could reap the benefits of a warmer climate», en *NordForsk,* vol. 4, 13 de septiembre del 2014; disponible en: https://partner.sciencenorway.no/agriculture-climate-change-farming/ the-nordic-region-could-reap-the-benefits-of-a-warmer-climate/1406934
113. El reverdecimiento de la tundra, con la difusión de los robustos abedules, acelera ulteriormente el proceso de calentamiento, pues el abedul mejora el suelo y lo calienta con actividad microbiológica, al derretir el permafrost y liberar metano: este es un gas de efecto invernadero 85 veces más potente que el dióxido de carbono en cuanto a efectos de calentamiento, en un lapso más breve.
114. Jacob, Daniela, Lola Kotova, Claas Teichmann et al., «Climate impacts in Europe under +1.5 °C global warming», en Earth's Future, vol. 6, núm. 2 (2018), págs. 264-285.
115. El-Assal, K., «Canada breaks all-time immigration record by landing 401,000 immigrants in 2021», en *Canada Immigration News,* 23 de enero del 2022; https:// www.cicnews.com/2021/12/canada-breaks-all-time-immigration-record-by-landing-401000-immigrants-in-2021-1220461.html#gs.u4894i
116. Burke, Marshall, Solomon M. Hsiang y Edward Miguel, «Global nonlinear effect of temperature on economic production», en *Nature,* vol. 527, núm. 7577 (2015), págs. 235-239.

117. Parfenova, Elena, Nadezhda Tchebakova y Amber Soja, «Assessing landscape potential for human sustainability and "attractiveness" across Asian Russia in a warmer 21st century», en *Environmental Research Letters*, vol. 14, núm. 6 (2019), e065004.
118. Hjort, Jan, Dmitry Streletskiy, Guy Doré et al., «Impacts of permafrost degradation on infrastructure», en *Nature Reviews Earth & Environment,* vol. 3, núm. 1 (2022), págs. 24-38.
119. «A lot of Arctic infrastructure is threatened by rising temperatures», en *The Economist,* 15 de enero del 2022.
120. La eterna xenofobia rusa está arraigada y es de amplio espectro, mostrada también hacia judíos, romaníes, chinos y vietnamitas.
121. «Un acuerdo de coexistencia... según el cual el residente acepta explícita, libre y voluntariamente las estructuras de gobernanza, los sistemas reguladores y la autoridad de Próspera».
122. Carrie Wong, Julia, «Seasteading: Tech leaders' plans for floating city trouble French Polynesians», en *The Guardian,* 2 de enero del 2017.
123. Meghir, Costas, Ahmed Mushfiq Mobarak, Corina D. Mommaerts y Melanie Morten, *Migration and Informal Insurance: Evidence from a randomized controlled trial and a structural model,* en National Bureau of Economic Research, documento de trabajo 26082 (2019).
124. Mushfiq Mobarak, Ahmed, «Can a bus ticket prevent seasonal hunger?», en *Yale Insights,* vol. 18 (2018).
125. Lyte, B., «Remote workers are flocking to Hawaii: But is that good for the islands?», en *The Guardian,* 26 de enero del 2021.
126. Deryugina, Tatyana, Laura Kawano y Steven Levitt, «The economic impact of Hurricane Katrina on its victims: Evidence from individual tax returns», en *American Economic Journal: Applied Economics,* vol. 10, núm. 2 (2018), págs. 202-233.

Capítulo 8. Las casas de los migrantes

127. Scott, Allen J. «World Development Report 2009: Reshaping economic geography», en *Journal of Economic Geography,* vol. 9, núm. 4 (2009), págs. 583-586.
128. Arango, Joaquín, Ramón Mahía, David Moya Malapeira y Elena Sánchez-Montijano, «Inmigración y asilo, en el centro de la arena política», en *Anuario CIDOB de la Inmigración* (2018), págs. 14-26.
129. Connor, Phillip, «A majority of Europeans favor taking in refugees, but most disapprove of EU's handling of the issue», en *Pew Research Center,* 19 de septiembre del 2018.

130. Arango, Joaquín, *Exceptional in Europe? Spain's experience with immigration and integration,* Migration Policy Institute, marzo del 2013.
131. Tablas sobre el uso del suelo, disponibles en: https://www.gov.uk/government/statistical-data-sets/live-tables-on-land-use-change-statistics
132. Gabobe, N., «Living together: It's time for zoning codes to stop regulating family type», en Sightline Institute, 28 de febrero del 2020.
133. Desde entonces, Araveno ha puesto en línea todos sus proyectos arquitectónicos para que se usen libremente, algo que están haciendo otras ciudades.
134. «The world's first affordable 3D printed village pop-sup in Mexico», en *The Spaces,* 13 de diciembre del 2019.

Capítulo 9. Los hábitats del Antropoceno

135. *Urbanisation and Climate Change Risks: Environmental risk outlook 2021* (Verisk Maplecroft); disponible en: https://www.maplecroft.com/insights/analysis/asian-cities-in-eye-of-environmental-storm-global-ranking/
136. El aumento del nivel de los mares en las ciudades costeras es de 7,8-9,9 mm al año, comparado con la media global de 2,5 mm al año en las dos últimas décadas.
137. Fischetti, Mark, «Sea level could rise 5 feet in New York City by 2100», en *Scientific American,* 1 de junio del 2013.
138. Fratzke, S. y B. Salant, *Moving beyond Root Causes: The complicated relationship between development and migration,* Migration Policy Institute, enero del 2018.
139. https://maldivesfloatingcity.com
140. Wainwright, O., «A £300 monsoon-busting home: The Bangladeshi architect fighting extreme weather», en *The Guardian,* 16 de noviembre del 2021.
141. *Chicago Sustainable Development Policy, 2017,* City of Chicago.
142. Heat Island Group, Berkley Lab, «Cool roofs»; disponible en: https://heatisland.lbl.gov/coolscience/cool-roofs
143. Los científicos que desarrollaron la pintura, creada con sulfato de bario, calculan que revestir el 1 % de la superficie terrestre con ella —«quizá una zona no habitada, llena de rocas»— podría compensar significativamente el calentamiento global; https://www.bbc.co.uk/news/scienceenvironment56749105
144. Laski, Jonathon y Victoria Burrows, *From Thousands to Billions: Coordinated action towards 100 per cent net zero carbon buildings by 2050,* World Green Building Council, 2017.

145. «19 global cities commit to make new buildings "netzero carbon" by 2030», en *C40 Cities,* 15 de octubre del 2021.
146. Socio, M. De «The US city that has raised $100m to climate-proof its buildings», en *The Guardian,* 19 de agosto del 2021.
147. La ciudad noruega de Rjukan, construida alrededor de un complejo hidroeléctrico a la sombra de las montañas, se ha valido de la geoingeniería para sortear el problema colocando grandes espejos giratorios que reflejan la valiosa luz solar sobre la ciudad, alargando así los días.
148. Alex Nowrasteh y Andrew C. Forrester, *Immigrants Recognize American Greatness: Immigrants and their descendants are patriotic and trust America's governing institutions,* Cato Institute, Immigration Research and Policy Brief 10 (2019).

Capítulo 10. La comida

149. Hengel, L., «Famine alert: How WFP is tackling this other deadly pandemic», página web del Programa Mundial de Alimentos de las Naciones Unidas, 29 de marzo del 2021.
150. Zhongming, Zhu, Lu Linong, Zhang Wangqiang y Liu Wei, «Impact of climate change on crops adaptation and strategies to tackle its outcome: A review», en *Plants,* vol. 8, núm. 2 (2019), pág. 34.
151. Kummu, Matti, Matias Heino, Maija Taka et al., «Climate change risks pushing one-third of global food production outside the safe climatic space», en *One Earth,* vol. 4, núm. 5 (2021), págs. 720-729.
152. Zhao, Chuang, Bing Liu, Shilong Piao et al., «Temperature increase reduces global yields of major crops in four independent estimates», en *Proceedings of the National Academy of Sciences,* vol. 114, núm. 35 (2017), págs. 9326-9331.
153. Brierley, Andrew S. y Michael J. Kingsford, «Impacts of climate change on marine organisms and ecosystems», en *Current Biology,* vol. 19, núm. 14 (2009), págs. R602-614.
154. Byrne, B., 2020 *State of the Industry Report: Cultivated meat,* Good Food Institute.
155. Szejda, Keri, Christopher J. Bryant y Tessa Urbanovich, «US and UK consumer adoption of cultivated meat: A segmentation study», en *Foods,* vol. 10, núm. 5 (2021), pág. 1050.
156. Witte, Björn, Przemek Obloj, Sedef Koktenturk et al., «Food for thought: The protein transformation», en *Industrial Biotechnology,* 2021.
157. King, Myron, Daniel Altdorff, Pengfei Li et al., «Northward shift of the agricultural climate zone under 21st-century global climate change», en *Scientific Reports,* vol. 8, núm. 1 (2018), págs. 1-10.

158. Singer, D., «The drones watching over cattle where cowboys cannot reach», página web de la BBC, fecha no disponible.
159. Anseeuw, Ward y Giulia Maria Baldinelli, *Uneven Ground: Research findings from the Land Inequality Initiative,* Fondo Internacional de Desarrollo Agrícola, 2020.
160. «Seis formas en que los pueblos indígenas ayudan al mundo a lograr el #HambreCero», Organización de las Naciones Unidas para la Alimentación y la Agricultura. Disponible en: https://www.fao.org/indigenous-peoples/news-article/es/c/1034445/

Capítulo 11. De energía y agua, entre otros

161. La energía solar flotante cuesta al menos un diez por ciento más que las instalaciones en tierra firme, pero en el agua los paneles se ensucian menos de polvo, tienen un mayor rendimiento porque permanecen más fríos y, sobre todo, la energía solar flotante requiere un menor uso de terrenos nuevos para instalar los paneles o de cuencas hídricas.
162. En China, la presa de las Tres Gargantas, de 22 500 MW, ha creado el lago más largo del mundo con las aguas del río Yangtsé, lo que ha provocado el desahucio de 1,3 millones de personas, la inundación de 1500 pueblos y aldeas, y la destrucción de numerosos emplazamientos de interés cultural y ecológico.
163. En el plan de acción de la Agencia Internacional de la Energía del 2021 para unas emisiones netas cero en el 2050, se calculó un crecimiento extraordinario de la capacidad nuclear, que debería alcanzar los 30 GW por hora al año para el 2030, un ritmo cinco veces mayor que en la última década, por lo que para el año 2050 la capacidad instalada a nivel mundial debería ser del doble que la actual. Teniendo en cuenta el estado de las inversiones en el sector durante las últimas décadas y los cierres previstos en muchos países, parece un objetivo ambicioso que requiere una realización extremadamente rápida.
164. Un proyecto innovador, definido como hidroeléctrico «de intensidad elevada y pendiente suave», prevé el uso de un fluido mineral con una densidad doble que la del agua para el bombeo eléctrico subterráneo, con el fin de poder usar simples colinas para almacenar energía.
165. Pero en general, y ciertamente en la Unión Europea, el uso de energías renovables para producir hidrógeno debe sopesarse cuidadosamente frente a otros muchos usos que este tipo de energías desempeñarán en nuestra economía verde, y la producción de electricidad para alimentar nuestro mundo es un modo más

eficaz de usar la energía eólica y solar que destinarla a separar el agua con el fin de producir hidrógeno. Es decir, conviene dar prioridad a la electrificación sin distraerse con los proyectos del hidrógeno, especialmente si tienen que ver con las calefacciones de los hogares o la alimentación de los vehículos, que pueden lograrse de forma más eficiente con bombas de calor y baterías respectivamente.

166. Hoy el transporte marítimo es una actividad especialmente contaminante a causa de los combustibles fósiles de baja calidad empleados, que emiten muchas partículas y sulfatos. Una parte de esta contaminación tiene, en realidad, un efecto refrigerante en la atmósfera, si bien representa un terrible peligro para la salud; así pues, a medida que se limpien las emisiones del transporte marítimo, habrá que tener en cuenta este «calor escondido».
167. Hace cinco años que tengo una bicicleta de carga, que uso para llevar a mis hijos al colegio, desplazamientos locales y hacer la compra; en el 2021, mi barrio londinense introdujo un programa de préstamo de este tipo de bicicletas en el marco de una iniciativa pensada para reducir la cantidad de coches en las calles.
168. Caldeira, Ken e Ian McKay, «Contrails: Tweaking flight altitude could be a climate win», en *Nature,* vol. 593, núm. 7859 (2021), pág. 341.
169. Acemoglu, Daron y James A. Robinson, «The economic impact of colonialism», en *The Long Economic and Political Shadow of History: Volume I* (libro electrónico gratis, CEPR Press, 2017), pág. 81; Mitchell. I. y A. Baker, *New Estimates of EU Agricultural Support: An «uncommon» agricultural policy,* Center for Global Development, noviembre del 2019; Birdsall, Nancy, Dani Rodrik y Arvind Subramanian, «How to help poor countries», en *Foreign Affairs,* vol. 84, núm. 4 (jul-ago del 2005), págs. 136-152.
170. Medir el crecimiento económico es difícil, porque cuesta medir el valor de todos los bienes y servicios que produce una sociedad y luego determinar si ha aumentado o disminuido en el tiempo. Un modo para medir el crecimiento es seleccionar una lista de productos que la gente desea y después calcular el porcentaje de la población que puede acceder a ellos. Esta lista suele incluir recursos básicos como el agua potable, los servicios higiénicos y la electricidad. Con este baremo, algunos países como Bangladés han registrado un rápido crecimiento, mientras que Chad no. Es un método útil hasta cierto punto, se basa en una cantidad reducida de bienes y servicios, por eso no tiene demasiados matices y tampoco aporta nada sobre la renta, es decir, sobre las posibilida-

des de elección de bienes y servicios de una persona. Por ejemplo, si se seleccionaran libros o bocadillos de atún, ¿cuánto nos revelarían los datos sobre el crecimiento económico de un país? Para medir las opciones representadas por la renta de una persona, debemos comparar su renta con los precios de los bienes y servicios que desean. Tenemos que observar la relación entre los ingresos y los precios. Es algo que la página web de estadística Our World in Data hace de maravilla. A lo largo de los años, por ejemplo, el precio de los libros disminuyó en Europa en comparación con la renta, en concreto durante las décadas inmediatamente posteriores a la invención de la imprenta en el siglo XVI, que aumentó enormemente el ritmo y la capacidad de producción editorial, pasando del trabajo de los copistas a un proceso industrializado. Así, los libros se convirtieron en un bien más asequible, cuyo precio pasó de equivaler a meses de salario al trabajo de pocas horas. Y esta productividad condujo luego a un mayor crecimiento económico, en términos de producción del papel, alfabetización y conocimiento, por ejemplo.

171. Hausfather, Z., «Absolute decoupling of Economic Growth and emissions in 32 countries», en Breakthrough Institute, 6 de abril del 2021.
172. Ello se debe en parte a los cambios demográficos: el sector de la construcción japonés está envejeciendo rápidamente, con el 35 % de sus obreros con una edad de cincuenta y cinco años o más.
173. En el 2015, China instituyó un órgano de gobierno del río Mekong llamado Lancang-Mekong Cooperation Framework —«Río compartido, futuro compartido»— con un amplio mandato que se extiende más allá de la gestión del río e incluye una cooperación transfronteriza en materia de fuerzas de seguridad, terrorismo, turismo, agricultura, reacción ante los desastres y sector bancario. China está dando miles de millones de dólares en préstamos y líneas de crédito para invertir en infraestructuras regionales, vías fluviales incluidas.
174. Barnett, R., «China is building entire villages in another country's territory», en *Foreign Policy,* 7 de mayo del 2021.

Capítulo 12. Restauración

175. Plumptre, A., «Just 3 per cent of Earth's land ecosystems remain intact - but we can change that», en *The Conversation,* 15 de abril del 2021.
176. Dinerstein, Eric, A. R. Joshi, C. Vynne et al., «A "global safety net" to reverse biodiversity loss and stabilize Earth's climate», en *Science Advances,* vol. 6, núm. 36 (2020), eabb2824.

177. En el Reino Unido se ha creado un nuevo fondo de inversión verde para contribuir a la recuperación de los parques nacionales. Cf. Tridimas, B., «Revere: New restoration financing initiative for national parks attracts corporate backing», en *Business Green News,* 5 de octubre del 2021.
178. Los desiertos, de hecho, desempeñan un papel crucial en el enfriamiento del planeta, pues reflejan hacia el espacio hasta el treinta por ciento de la radiación solar que reciben y pierden un 47 % más de noche en forma de calor desprendido hacia los cielos sin nubes, mientras que las áreas con vegetación reflejan solo un 10-15 %. Así pues, reverdecer los desiertos podría aumentar la temperatura.
179. Di Sacco, Alice, Kate A. Hardwick, David Blakesley et al., «Ten golden rules for reforestation to optimize carbon sequestration, biodiversity recovery and livelihood benefits», en *Global Change Biology,* vol. 27, núm. 7 (2021), págs. 1328-1348.
180. Se podrían cultivar plantaciones de algas laminariales a vastísima escala y sin muchos de los problemas de la reforestación terrestre, como los incendios o la necesidad de riego.
181. Algunos científicos han propuesto colocar en mar abierto unos tubos verticales que permitan aspirar las aguas profundas y que se mezclen con las de superficie. Serían necesarias también unas válvulas para impedir el flujo contrario.
182. Lavery, Trish J., Ben Roudnew, Peter Gill et al., «Iron defecation by sperm whales stimulates carbon export in the Southern Ocean», en *Proceedings of the Royal Society B: Biological Sciences,* vol. 277, núm. 1699 (2010), págs. 3527-3531.
183. Chami, Ralph, Thomas F. Cosimano, Connel Fullenkamp y Sena Oztosun, «Nature's solution to climate change: A strategy to protect whales can limit greenhouse gases and global warming», en *Finance & Development,* vol. 56, núm. 004 (2019).
184. En el último siglo la actividad humana ha acelerado drásticamente el ciclo del nitrógeno del planeta, a través de la contaminación industrial y del uso de fertilizantes artificiales en los cultivos (muchos posteriormente vertidos en los cauces de agua con consecuencias desastrosas), y aun así nadie sugiere que se ponga fin a la fertilización terrestre.
185. Lewis, Amy L., Binoy Sarkar, Peter Wade et al., «Effects of mineralogy, chemistry and physical properties of basalts on carbon capture potential and plant-nutrient element release via enhanced weathering», en *Applied Geochemistry,* 2021, e105023.

186. Renforth, Phil, «The potential of enhanced weathering in the UK», en *International Journal of Greenhouse Gas Control,* vol. 10 (2012), págs. 229-243.
187. Smith, Pete, Steven J. Davis, Felix Creutzig et al., «Biophysical and economic limits to negative CO2 emissions», en *Nature Climate Change,* vol. 6, núm. 1 (2016), págs. 42-50.
188. Realmonte, Giulia, Laurent Drouet, Ajay Gambhir et al., «An intermodel assessment of the role of direct air capture in deep mitigation pathways», en *Nature Communications,* vol. 10, núm. 1 (2019), págs. 1-12.
189. Un método consiste en usar la potasa como solvente para disolver el CO_2 del aire, luego la cal de la construcción para eliminar el CO_2 de la potasa e introducirlo en piedra calcárea, que se calienta en un calcinador mientras el CO_2 se captura como gas. Para eliminar 10 Gt de CO_2 del aire al año serían necesarios cuatro millones de toneladas de potasa, una cantidad equivalente a 1,5 veces el suministro completo global diario de esta sustancia química. Para calentar el calcinador a 800 °C, una temperatura demasiado elevada para alcanzarla únicamente con energía eléctrica, serían necesarios un calentador de gas y un gas, probablemente hidrógeno.
190. Keller, David P., Andrew Lenton, Emma W. Littleton et al., «The effects of carbon dioxide removal on the carbon cycle», en *Current Climate Change Reports,* vol. 4, núm. 3 (2018), págs. 250-265.
191. Madge, G., «Temporary exceedance of 1.5 °C increasingly likely in the next five years», página web del Servicio Meteorológico del Reino Unido, UK Met Office, 27 de mayo del 2021.
192. https://www.arcticiceproject.org
193. Fan, Yuanchao, Jerry Tjiputra, Helene Muri et al., «Solar geoengineering can alleviate climate change pressures on crop yields», en *Nature Food,* vol. 2, núm. 5 (2021), págs. 373-381.
194. Zarnetske, Phoebe L., Jessica Gurevitch, Janet Franklin et al., «Potential ecological impacts of climate intervention by reflecting sunlight to cool Earth», en *Proceedings of the National Academy of Sciences,* vol. 118, núm. 15 (2021).
195. Irvine, Peter, Kerry Emanuel, Jie He et al., «Halving warming with idealized solar geoengineering moderates key climate hazards», en *Nature Climate Change,* vol. 9, núm. 4 (2019), págs. 295-299.
196. Dagon, Katherine y Daniel P. Schrag, «Regional climate variability under model simulations of solar geoengineering», en *Journal of Geophysical Research: Atmospheres,* vol. 122, núm. 22 (2017), págs. 12-106.

197. La SRMGI es una colaboración entre la Royal Society y The World Academy of Sciences (TWAS), ambas del Reino Unido, y el Environmental Defense Fund (EDF) estadounidense.
198. Zheng, Yixuan, Steven J. Davis, Geeta G. Persad y Ken Caldeira, «Climate effects of aerosols reduce economic inequality», en *Nature Climate Change,* vol. 10, núm. 3 (2020), págs. 220-224.
199. *Atlas de la OMM sobre mortalidad y pérdidas debidas a fenómenos meteorológicos, climáticos e hidrológicos (1970-2019),* Organización Meteorológica Mundial, OMM núm. 1267 (2021). Disponible en: https://library.wmo.int/records/item/28270-atlas-de-la-omm-sobre-mortalidad-y-perdidas-economicas-debidas-a-fenomenos-meteorologicos-climaticos-e-hidrologicos-extremos-1970-2019?language_id=13&back=&offset=

Conclusiones

200. Vázquez, I., «Europe's shame: Criminalising Mediterranean search and rescue missions», en *Friends of Europe,* 2 de abril del 2019.
201. Gordon, Eleanor y Henrik Larsen, «Criminalising search and rescue activities can only lead to more deaths in the Mediterranean», blog de LSE European Politics and Policy (EUROPP), 20 de noviembre del 2020.
202. Rees, Nicholas, «La crisis climática es una crisis de los derechos de la infancia», página web de UNICEF, agosto del 2021. Disponible en: https://www.unicef.org/reports/climate-crisis-child-rights-crisis
203. En 1990 faltaban casi veinte años para que llegaran los teléfonos inteligentes, en el Reino Unido solo había cuatro cadenas de televisión, y Google, Amazon y Facebook no existían. Pueden pasar muchas cosas en treinta años...

ÍNDICE